国家级一流本科专业建设点配套教材·产品设计专业系列
高等院校艺术与设计类专业“互联网+”创新规划教材

丛 书 主 编 | 薛文凯
丛书副主编 | 曹伟智

# 产品设计人机工程学

赵妍　孙兵　编著

## 内 容 简 介

产品设计是一门综合了理性思辨、科学原理、视觉传达、创意思考、用户体验研究及价值论证等各项活动的综合学科。面对日益扩展的学科范围和日益复杂的设计课题，本书将产品设计涉及的人机工程学知识体系进行了系统的划分，共分为以下5个阶段。第一阶段：用户观察与人机分析。根据设计的目标群体切入课题，运用人机工程学的知识对用户进行生理与心理调研分析，同时，对用户的静态、动态数据和修正量进行实地取样，并综合一手和二手调研做出目标用户心理和生理分析报告。第二阶段：设计目标与创意定位。根据目标用户的真实需求，在确定设计目标后，再次细化目标用户的人机关键要素。同时，对现有产品和目标产品进行设计调研，寻找设计的创新因素，进行产品设计目标定位。第三阶段：概念原型生成。本阶段需要参考人机工程学中所提供的各项指标进行方案设计，鼓励通过设计草图、实物样机模型等方式进行设计过程展示。第四阶段：样机人机测试与用户反馈。根据产品设计目标邀请参与测试的利益相关用户群体，以反复测试和用户反馈中所显示出来的设计问题为基础，检验产品的样机是否符合人机标准。第五阶段：人机评估与设计迭代。每一次设计迭代都要以设计测试过程中的用户反馈和设计师焦点会议决策为基准，不断对设计进行设计反思和改进，以促进设计的优化与迭代。本书中的人机设计方法均以设计实践案例加以解释，力求为读者营造沉浸式的学习情境。

本书既可作为产品设计、工业设计及机械设计等设计类专业的教材，也可供产品设计人员和相关工程技术人员参考。

**图书在版编目（CIP）数据**

产品设计人机工程学 / 赵妍，孙兵编著．—北京：北京大学出版社，2023.6

高等院校艺术与设计类专业“互联网+”创新规划教材

ISBN 978-7-301-34057-8

Ⅰ.①产…　Ⅱ.①赵…　②孙…　Ⅲ.①产品设计—工效学—高等学校—教材　Ⅳ.①TB472

中国国家版本馆CIP数据核字（2023）第100890号

| | |
|---|---|
| **书　　名** | 产品设计人机工程学<br>CHANPIN SHEJI RENJI GONGCHENGXUE |
| **著作责任者** | 赵　妍　孙　兵　编著 |
| **策划编辑** | 孙　明 |
| **责任编辑** | 李瑞芳 |
| **数字编辑** | 金常伟 |
| **标准书号** | ISBN 978-7-301-34057-8 |
| **出版发行** | 北京大学出版社 |
| **地　　址** | 北京市海淀区成府路205号　100871 |
| **网　　址** | http://www.pup.cn　　新浪微博：@北京大学出版社 |
| **编辑部邮箱** | pup6@pup.cn |
| **总编室邮箱** | zpup@pup.cn |
| **电　　话** | 邮购部010-62752015　　发行部010-62750672　　编辑部010-62750667 |
| **印 刷 者** | 北京宏伟双华印刷有限公司 |
| **经 销 者** | 新华书店 |
| | 889毫米×1194毫米　16开本　13.25印张　320千字 |
| | 2023年6月第1版　2023年6月第1次印刷 |
| **定　　价** | 79.00元 |

# 序　言

产品设计在近十年里遇到了前所未有的挑战，设计的重心已经从产品设计本身转向了产品所产生的服务设计、信息设计、商业模式设计、生活方式设计等“非物”的层面。这种转变让人与产品系统之间有了更加紧密的联系。

工业设计人才培养秉承致力于人类文化的高端和前沿的探索，放眼于世界，并且具有全球胸怀和国际视野。鲁迅美术学院工业设计学院编写的系列教材是在教育部发布“六卓越一拔尖”计划2.0，推动新文科建设、“一流本科专业”和“一流本科课程”双万计划的背景下，继2010年学院编写的大型教材《工业设计教程》之后的一次新的重大举措。“国家级一流本科专业建设点配套教材·产品设计专业系列”忠实记载了学院近十年来在学术思想和理论方面的成果，以及国际校际交流、国际奖项、校企设计实践总结、有益的学术参考等。本系列教材倾工业设计学院全体专业师生之力，汇集学院近十年的教学积累之精华，体现了产品设计（工业设计）专业的当代设计教学理念，从宏观把控，从微观切入，既注重基础知识，又具有学术高度。

本系列教材基本包含了国内外通用的高等院校产品设计专业的核心课程，知识体系完整、系统，涵盖产品设计与实践的方方面面，“设计表现基础－专业设计基础－专业设计课程－毕业设计实践”一以贯之，体现了产品设计专业设计教学的严谨性、专业化、系统化。本系列教材包含两条主线：一条主线是研发产品设计的基础教学方法，其中包括设计素描、产品设计快速表现、产品交互设计、产品设计创意思维、产品设计程序与方法、产品模型塑造、3D设计与实践等；另一条主线是产品设计实践与研发，如产品设计、家具设计、交通工具设计、公共产品设计等面向实际应用方向的教学实践。

本系列教材适用于我国高等美术院校、高等设计院校的产品设计专业、工业设计专业，以及其他相关专业。本系列教材强调采用系统化的方法和案例来面对实际的概念和课题，每本教材都包括结构化流程和实践性案例，这些设计方法和成果更加易于理解、掌握、推广，而且实践性较强。同时，本系列教材的章节均通过教学中的实际案例对相关原理进行分析和论述，最后附有思考题，以使读者体会到知识的实用性和可操作性。

中国工业化、城市化、市场化、国际化的背后是国民素质的现代化，是现代文明的培育，也是先进文化的发展。本系列教材立足于传播新知识、介绍新思维、树立新观念、建设新学科，致力于汇集当代国内外产品设计领域的最新成果，也注重以新的形式、新的观念来呈现鲁迅美术学院的原创优秀设计作品，从而将引进吸收与自主创新结合起来。

本系列教材既可作为从事产品设计与产品工程设计人员及相关学科专业从业人员的实践指南，也可作为产品设计等相关专业本科生、研究生、工程硕士研究生和产品创新管理、研发项目管理课程的辅助教材。在阅读本系列教材时，读者将体验到真实的对产品设计与开发的系统逻辑和不同阶段的阐述，有助于在错综复杂的新产品、新概念的研发世界中更加游刃有余地应对。

相信无论是产品设计相关的人员还是工程技术研发人员，阅读本系列教材之后，都会受到启迪。如果本系列教材能成为一张“请柬”，邀请广大读者对产品设计系列知识体系中出现的问题做进一步有益的探索，那么本系列教材的编著者们将会喜出望外；如果本系列教材中存在不当之处，也敬请广大读者指正。

2020 年 9 月

于鲁迅美术学院工业设计学院

# 前　言

随着工业设计、产品设计专业教学改革的快速发展，针对产品设计人机工程学课程的研究迎来了新的机遇与挑战，其中包括更为复杂的社会因素、人种学、社会伦理问题，以及由社会生产力和科学技术催生的新的产品种类，这些变量因素将成为未来产品设计创新和迭代的加速器。本书将不断更新的人机生理数据、标准和用户心理因素融入设计研究方法之中，在未来的设计情景中，从不同的视角提出产品设计创新的可能，进而帮助设计师厘清思路，高效完成各项设计任务。同时，掌握产品设计中所需的人机参数和分析方法是促进设计优化、迭代的关键逻辑渠道，是方便设计师展示设计规划与进程、抓住机遇并迎接挑战的内部逻辑。因此，正确使用本书，可以在复杂的设计项目中找准方向，将方法付诸实践，并在实践中批判性地进行人机设计经验总结和设计反思。

本书讲述了人机工程学相关研究方法在产品设计中的应用，涵盖了从课题提出→设计调研→设计定义→创新概念生成→设计呈现→模型测试→设计改进→设计评估→项目总结这一过程中所应用到的人机工程学知识和原理。而人机工程学在产品设计中的作用不仅为设计提供人与产品的各项参数，而且进行更广泛的设计启发式训练。因此，本书引用了大量案例，以证实人机工程学对产品设计的创新价值，进而让设计团队或个人找到设计创新的机遇。此外，应用人机工程学进行产品设计创新的方法取决于具体项目的目标、任务、用户、环境，以及设计师自己的知识背景、经验和设计认知。运用本书进行设计实践时，要做到具体问题具体分析。

在以用户为中心的设计背景下，本书的亮点在于为产品设计项目提供多种可以参考的人机设计调研方法、设计创新方法、设计表现方法和设计评估方法，这种学习和积累可以有效地避免设计中的固化程式和思维僵化。书中引用大量人机工程学驱动的产品设计创新案例，可以帮助读者搭建符合设计项目需求的人机设计程序与思维方法。在具体设计过程中，设计师可以在各种不确定因素和人机限定性因素中遵循本书提供的方法，寻找更多的突破与可能性，发现新的机遇并最终实现创新。灵活掌握不同的人机工程学资料收集与分析方法，在面对用户、设计问题、环境、科技命题时，就可以找到适用的设计方法。

本书所介绍的产品设计人机工程学的标准参数与案例分析，可以为不同学科的设计人员提供参考与启示。无论你是学生还是职业设计师，本书都可以作为一本参考工具书，它将辅助你掌握产品设计中人机工程学的背景知识。尤其是在产品概念形成过程中，不但可以让设计师通过人机数据和分析找到新的设计思路，还可以通过人机工程学的启发和驱动，最终形成不同的设计创新和设计反响。然而，作为设计师，盲目地依赖客观参数将会迷失其中，无法到达设计优化与创新的彼岸。因此，设计的实时性、逻辑性、思辨性是有效利用产品设计人因因素的基础和核心。书中的人机评估环节，将促成设计团队不断进行设计反思和思辨，这将对产品设计的优化与迭代提供重要依据，同时，通过洞察与批判，可以帮助设计师实现多方面自我能力的突破。

本书由赵妍、孙兵编著，书中的设计实践案例均出自赵妍的“产品设计应用人机工程学”课程作业。本书的第1～9章及附录由赵妍编著，孙兵进行了全书的统稿和审稿工作。

本书在编著过程中，得到鲁迅美术学院工业设计学院院长薛文凯教授的大力支持，并提出大量宝贵建议，而且在教材结构和构思方面给予极大的帮助，在此表示衷心的感谢!

由于编著者的水平有限，同时产品设计的方法与趋势正处于不断变化、发展的阶段，许多新知识的融入需要具体的分析和反思，书中不足之处在所难免，恳请广大读者批评指正，从不同领域提供新的思路和见解。

【资源索引】

赵　妍

2022 年 9 月

# 目录

第 1 章　5W 解析产品设计与人机工程学 / 001
1.1　What- 什么是产品设计中的人机工程学 / 002
1.2　Why- 人机工程学对产品设计的价值 / 003
1.3　When- 产品设计人机工程研究的起源 / 004
1.4　Where- 人机工程学应用于产品设计的哪些领域 / 006
1.5　Who- 产品设计人机工程学的研究对象 / 008
思考题 / 009

第 2 章　How-tos 解析产品设计人机研究方法 / 011
2.1　观察采样 - 人机设计案例 1 / 012
2.2　访谈和问卷 - 人机设计案例 2 / 016
2.3　实地测量 - 人机设计案例 3 / 021
2.4　角色扮演 - 人机设计案例 4 / 025
2.5　案例分析 - 人机设计案例 5 / 029
2.6　同理心分析 - 人机设计案例 6 / 032
2.7　样机测试 - 人机设计案例 7 / 035
2.8　感觉评估 - 人机设计案例 8 / 038
2.9　对比研究 - 人机设计案例 9 / 042
2.10　情境模拟 - 人机设计案例 10 / 045
思考题 / 048

第 3 章　人机研究对接产品设计各要素 / 049
3.1　创新要素 - 人机设计案例 11 / 050
3.2　功能要素 - 人机设计案例 12 / 054
3.3　审美要素 - 人机设计案例 13 / 057
3.4　商业要素 - 人机设计案例 14 / 061
3.5　社会要素 - 人机设计案例 15 / 064
3.6　适用要素 - 人机设计案例 16 / 069
思考题 / 074

第 4 章　人机因素与用户中心设计 / 075
4.1　人体测量学 / 076
4.1.1　人体测量学术语 / 077
4.1.2　人体测量的基本原则 / 078
4.1.3　人体尺寸数据选用标准 / 080
4.1.4　人体测量数据获取方法 / 083
4.2　人体感知系统 / 084
4.2.1　神经系统 / 084
4.2.2　感觉特征和感觉器官 / 084
4.2.3　视觉机制及其特征 / 085
4.2.4　听觉机制及其特征 / 088
4.2.5　嗅觉机制及其特征 / 089
4.2.6　味觉机制及其特征 / 089
4.2.7　皮肤觉机制及其特征 / 089

4.2.8 人体内部知觉及其规律 / 090
4.3 人体工作效率 / 091
4.3.1 主要关节的活动范围 / 091
4.3.2 肢体的活动范围 / 094
4.3.3 肢体的出力范围 / 094
4.3.4 肢体的动作速度和频率 / 096
4.3.5 肌肉的负荷 / 096
4.3.6 个体作业行为与研究 / 096
4.4 产品设计中的人机修正量 / 097
4.4.1 生理修正量 / 097
4.4.2 心理修正量 / 098
思考题 / 099

**第 5 章 感性工学与产品设计 / 101**
5.1 感性工学与设计心理学 / 102
5.2 用户心智研究方法 / 103
5.3 用户消费心理分析 / 104
5.4 消费者心理差异研究 / 104
5.5 情绪与情感因素的价值 / 110
思考题 / 110

**第 6 章 人机因素与人机交互界面 / 111**
6.1 信息显示设计 / 112
6.2 设计语义符号 / 116
6.3 操纵控制系统设计 / 118
6.4 UI 设计 / 121
6.5 用户体验设计 / 123
思考题 / 125

**第 7 章 以人机思维应对新的设计挑战 / 127**
7.1 可持续产品设计 – 人机设计案例 17 / 128
7.2 道德伦理问题 – 人机设计案例 18 / 130
7.3 地域差别与民族志 – 人机设计案例 19 / 132
7.4 人工智能与大数据 – 人机设计案例 20 / 135
7.5 社会弱势群体服务 – 人机设计案例 21 / 136
思考题 / 138

**第 8 章 AEIOU 解析人机环境系统 / 139**
8.1 Activity- 系统中的行为 / 140
8.2 Environment- 系统所需的情境 / 142
8.3 Interaction- 系统中的互动 / 145
8.4 Objective- 系统运行的目标载体 / 147
8.5 Users- 系统的使用者 / 150
思考题 / 152

**第 9 章　产品设计人机工程学的设计流程 / 153**
9.1　课题的确立 / 154
9.2　时间任务清单 / 154
9.3　知识体系地图 / 156
9.4　目标用户实地观察 / 158
9.5　目标用户画像 / 160
9.6　目标用户静态尺度测量 / 162
9.7　目标用户动态尺度测量 / 165
9.8　市场竞品分析 / 167
9.9　产品功能尺度 / 169
9.10　产品使用行程图 / 171
9.11　角色扮演 / 172
9.12　同理心地图 / 176
9.13　设计定位 / 178
9.14　设计原型呈现 - 草图 / 180
9.15　设计原型呈现 - 草模型 / 182
9.16　人机测试与反馈 / 183
9.17　方案改进 - 草图 / 186
9.18　方案改进 - 样机 / 188
9.19　样机测试与反馈 / 191
9.20　方案优化 - 渲染图 / 194
9.21　方案优化 - 故事板与情境图 / 196
9.22　人机评估 / 198
思考题 / 199

**参考文献 / 200**
**结语 / 201**

# 第 1 章
# 5W 解析产品设计与人机工程学

## 本章要点

1. 产品设计人机工程学的重要性。
2. 产品设计人机工程学的发展历程。
3. 产品设计人机工程学的应用情况。
4. 产品设计人机工程学的研究对象。

## 本章引言

本章将从 5 个方面全面解析产品设计与人机工程学的关系，通过 5W 法建立一个关于二者发展进程的知识体系地图，对人机工程学应用于产品设计的过程进行解析。人机工程学以设计对象的生理、心理特性为依据，分析研究用户与产品、产品与环境的关系。人机工程学与产品设计在服务对象和目标上具有一致性。人机工程学为产品设计中“以用户为中心”的目标提供人体尺度数据参考，同时也为产品功能的合理性提供科学依据，为坚持以人为核心的产品设计思路提供研究方法和依据。由此可见，人机工程学与产品设计密切相关。

# 1.1 What- 什么是产品设计中的人机工程学

人机工程学(Ergonomics)，也称人因学(Human Factors)，是研究人在某种工作环境中的解剖学、生理学和心理学等方面的因素；研究人和机器及环境的相互作用；研究用户在工作、家庭生活中和休假时怎样统一考虑工作效率、人的健康、安全和舒适等问题的学科。这个定义阐明了人机工程学的研究对象、研究内容和研究目的。人机工程学被广泛应用于多个设计领域，是跨越不同学科领域延伸到设计学科的一门课程，因此针对不同专业应具有相对应的研究目标，才能更好地融合应用。

产品设计提倡“以人为本，以用户为中心”的设计理念，在产品实现其本身功能的同时，着重考虑人与产品之间的相宜性，将人、产品、环境三者联系起来进行思考，让产品能够适用于人（图1.1）。因此，根据产品设计专业特点，明确人机工程学的研究目标，科学合理地构建产品设计应用型的人机工程学知识体系，系统地解析其基础理论和方法，有助于培养产品设计师运用人机工程学的知识进行产品设计创作，为之后的设计实践打好基础；使设计师在知识运用、思维创造、实践操作等方面有综合性的提高。

产品设计人机工程学的研究内容包括目标对象的特性研究、机器设计的特性研究、所处环境的特性研究、人机系统的研究、人与产

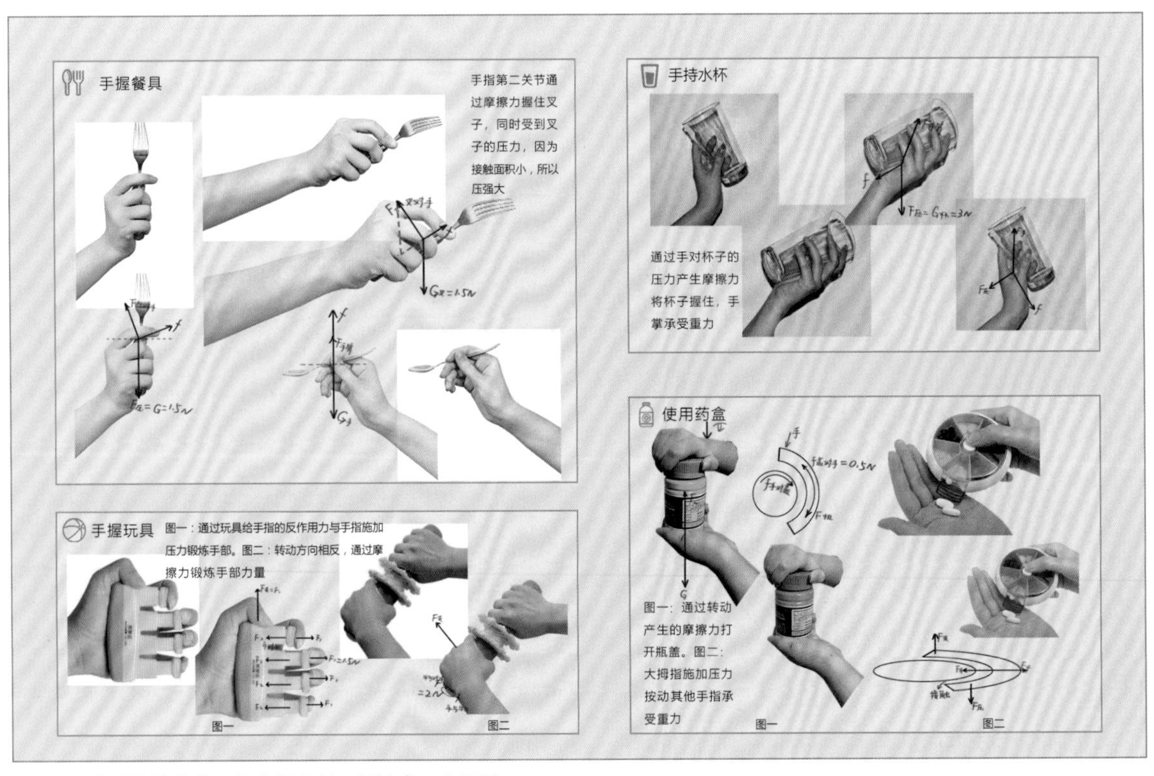


图1.1 产品设计中的人机分析案例，设计者：班雨泽

品关系的研究（图 1.2）等。时至今日，随着我国科技和经济的发展，人们对工作条件、生活品质的要求正逐步提高，对产品的人机工程学特性也日益重视。产品设计学科中“以人为本”的理念、“设计符合人机工程学”的观念也成为产品的新卖点，这些新的需求取向，让产品设计与人机工程学的关系更加紧密。

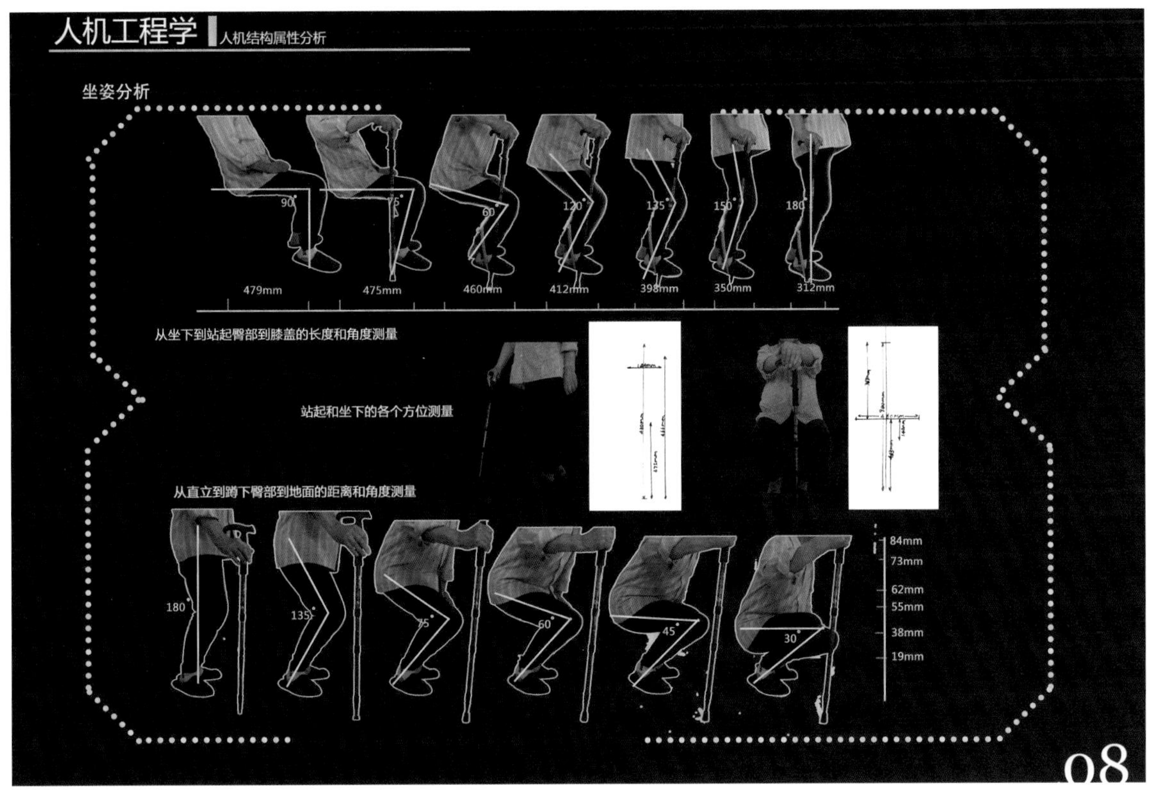

图 1.2　产品设计中的人机分析案例，设计者：颜佳慧

## 1.2　Why－人机工程学对产品设计的价值

在基本思想和应用范围方面，人机工程学与产品设计之间存在诸多相似之处，它们都是对人与物之间关系进行研究的学科。人机工程学应用系统工程的观点，从系统的高度，将人－机－环境看成一个相互作用、相互依存的系统。将使用“物”（产品）的人（用户）和所设计的“物”及人与“物”所共处的环境作为一个系统来研究。其中，人机工程学最基本的理论就是保证产品的设计与人生理因素、心理因素相适应。而产品设计则是为人们提供使用服务且创新产品类型的过程，同样将人作为工作的核心。

在产品设计中，所有为人设计的产品都离不开创新，也离不开人机工程学。作为人机工程学的应用者，产品设计师在设计活动中，为了使产品实现使用操作更加安全、高效和舒适的目标，一直做着大量的创造性尝试。由此可见，所有的产品在设计方面都要将人的因素融入其中。而在产品设计中引入人机工程学并应用，能够对设计领域的可持续发展与产品优质效果产生直接的影响，从而设计出综合考虑人、经济、技术与社会多方面需求的优质产品。

目前，在科学技术进步与发展的背景下，企业之间的产品质量差异逐渐突显出来，而产品设计中尤其是实用外观专利也逐渐成为不可替代的知识产权。其中，产品不仅要与功能及美学方面的要求相适应，还要满足使用者的心理需求、安全需求，进而达到环境友好型设计的基本要求（图 1.3）。在这种情况下，在人－机－环境三者之间寻求最为理想的匹配关系，在产品设计中深入探索设计理念、研究方法等，逐渐发展成为产品品质与人机标准相互比肩的重要路径，而这同样也是产品设计工作关注的重点。

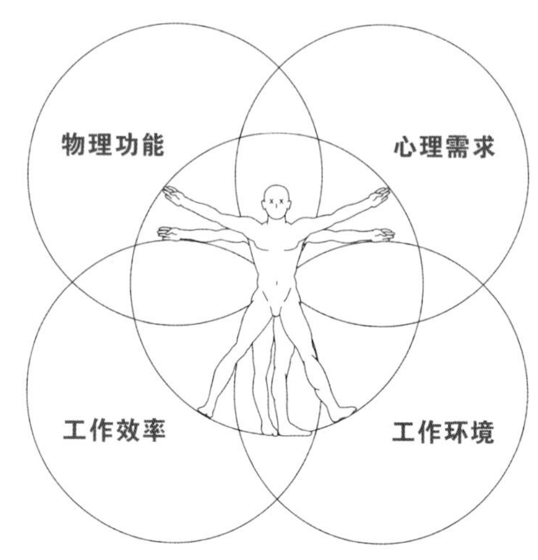


图 1.3 产品设计中的人机工程学的应用价值

# 1.3 When－产品设计人机工程研究的起源

自从有了人类就有了造物，有了造物就有了人机关系。早在石器时代，人类就学会把石头打制成可供砍、砸、刮、割的各种工具。人类在不断的实践中逐渐学会通过打磨使石器的外形、大小适合人手的掌握，并且边缘和表面光滑以避免刺伤人手，开始了原始的、不自觉的、符合使用需求的产品设计。图 1.4 是由石头造型产生联想进而设计出的石头鼠标。

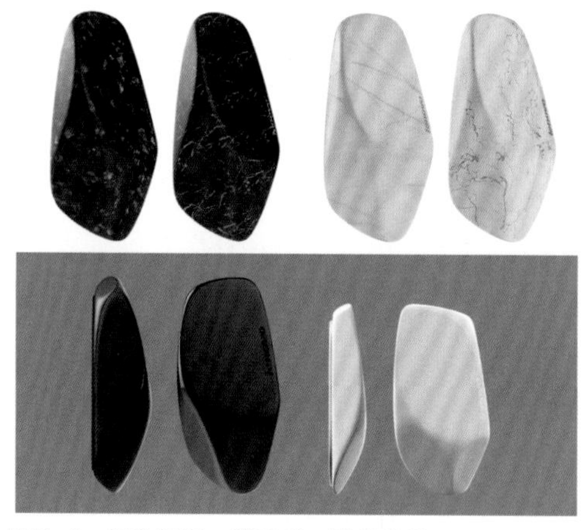

图 1.4 石头鼠标，设计者：联想公司

我国两千多年前的《周礼 · 冬官考工记》记

载了商周时期车辆的形制规格："兵车之轮，六尺有六寸""乘车之轮，六尺有六寸"，这是因为"六尺有六寸之轮，轵崇三尺有三寸也，加轸与轐焉，四尺也"，则"人长八尺，登下以为节"，否则"轮已崇，则人不能登也"。史书中清晰论述了车辆设计中车轮的高度与人体尺度的关系，是中国古代人机关系的初步探索（图 1.5）。

图 1.5　商周时期车轮对后期车轮的影响

1911 年，弗兰克 · 吉尔布雷斯夫妇用新发明的高速摄影机拍摄砌砖工的动作过程，分析哪些动作是必需的，哪些动作是多余的，去掉无效动作，把砌砖动作效率提高了一倍多；他们还对外科手术的过程进行了改进，将外科医生自己从器械盘中取器械的方式改变为外科医生只需说出器械名称，由助手取出器械并递给外科医生，这些与人机工程学和工作效率提升相关的研究成果一直沿用至今（图 1.6）。

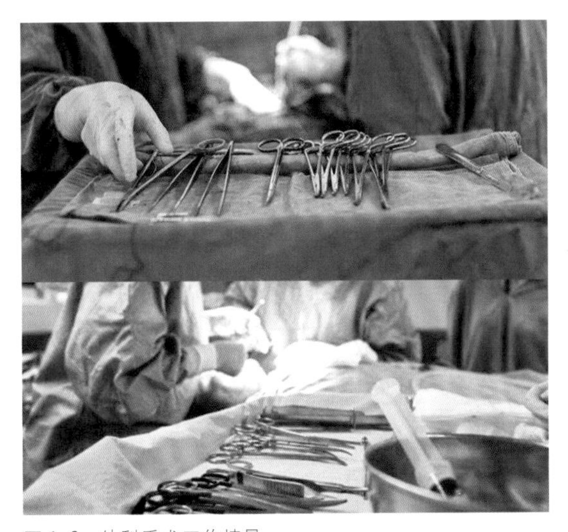

图 1.6　外科手术工作情景

人机工程学正式成为一门学科是在近现代时期。工业革命至第一次世界大战期间，人机工程学开始萌芽，主要表现为以机器为中心，大量生产机械设施，同时考虑如何避免工作疲劳和提高工作效率。第二次世界大战至 20 世纪 60 年代，该学科主要应用于军事领域，重视对"人的因素"的研究和应用，主题从"人适应机器"转变为"机器适应人"。

随着新一轮科技革命的到来，各国进入了经济恢复和发展时期，人们把人机工程学的实践和研究成果迅速有效地应用到空间技术、工业生产、建筑室内和产品设计中。1960 年，国际人机工程学协会成立，该组织对推动各国人机工程学的发展起到重要作用。直至现在，后工业化和信息化发展浪潮涌动，现代人机工程学发展势头强劲，强调从人自身出发，在以人为主体的前提下研究人们的一切生活、生产活动，从而研发出契合人机工程学的新产品。

# 1.4 Where- 人机工程学应用于产品设计的哪些领域

人机工程学已成为产品设计师进行设计活动的一个最基本的准则。所有的工业产品，小到餐具、家具、通信产品，大到机械设备、交通工具、公共设施，在设计这些产品时都需要考虑两方面的因素：一方面，使用者在使用过程中的安全性、舒适性、易操作性；另一方面，人作为大自然有机整体的一部分，对其内在的影响不容忽视。以家具为例，家具本身为人所用，且与人体接触密切，所以，家具的尺寸、造型、色彩及布置方式都必须符合人生理、心理尺度及人体各部分的活动规律，以达到安全实用、方便舒适和美观的目的，如图 1.7、图 1.8 所示。

如今，人机工程设计的研究已经在医疗、航天、交通、制造业等领域起到积极的影响作用。例如，在医疗产品设计过程中进行人机工程设计，可以充分体现产品对人的尊重与关怀。医疗产品设计中的人机工程设计的研究内容，是人机系统优化设计的核心。而医疗产品是与人生命密切相关的特殊产品，其人机工程设计比其他产品的设计更具有特殊性。以老年人下滑式血压测量机设计为例（图1.9、图1.10），需要从产品与老龄病人、产品与环境、老龄病人与环境的角度进行分析，按照人机工程学的原理充分考虑目标用户与产品的功能特性、设计的参数范围限度、用户的能力限度、操作条件的可靠性、与环境的适应性等因素，对产品的功效进行预测，选出最佳设计方案。

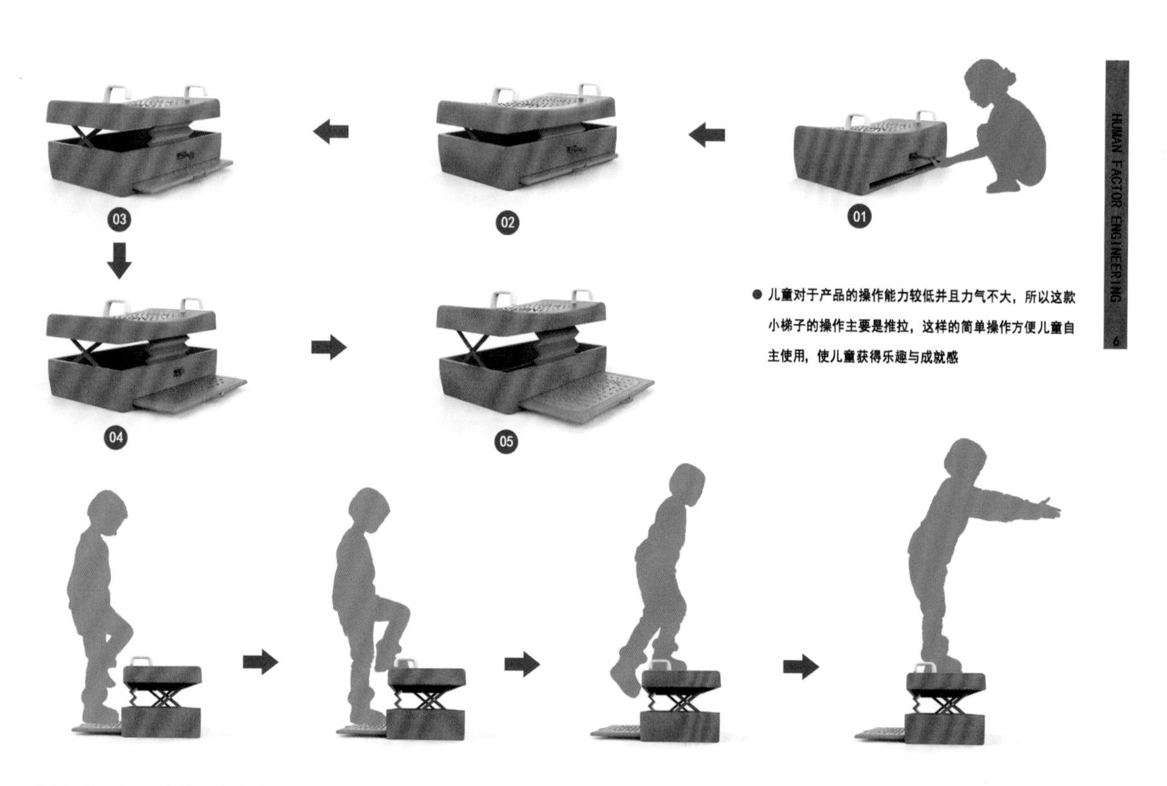

01
02
03
04
05
儿童对于产品的操作能力较低并且力气不大，所以这款小梯子的操作主要是推拉，这样的简单操作方便儿童自主使用，使儿童获得乐趣与成就感
HUMAN FACTOR ENGINEERING
6


图 1.7 多功能儿童家具设计（1），设计者：薛佳惠

根据人机工程学的要求，确定产品的尺寸及性能参数，制作产品模型并进行试验，从产品的使用环境、产品使用者的活动范围、操作方便程度、使用舒适度、疲劳损伤最小等方面进行评价，预测产品在使用过程中可能出现的各种问题，进一步确定人－机－环境的可靠度与可行性，提出修改意见，并反复进行分析与修正。



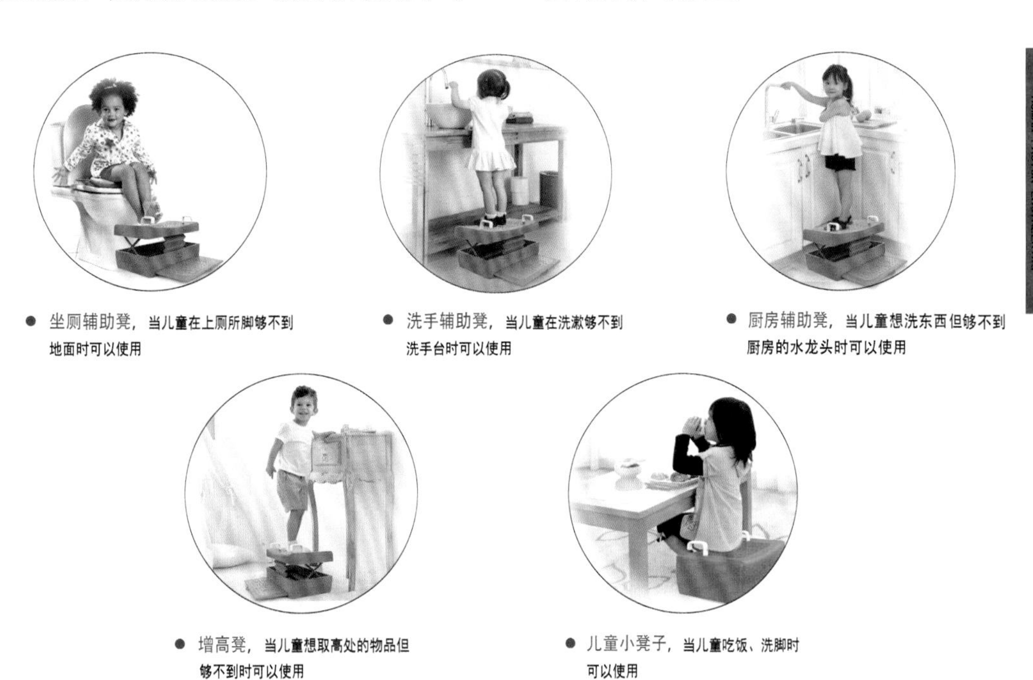

● 坐厕辅助凳，当儿童在上厕所脚够不到地面时可以使用
● 洗手辅助凳，当儿童在洗漱够不到洗手台时可以使用
● 厨房辅助凳，当儿童想洗东西但够不到厨房的水龙头时可以使用
● 增高凳，当儿童想取高处的物品但够不到时可以使用
● 儿童小凳子，当儿童吃饭、洗脚时可以使用


图 1.8　多功能儿童家具设计（2），设计者：薛佳惠

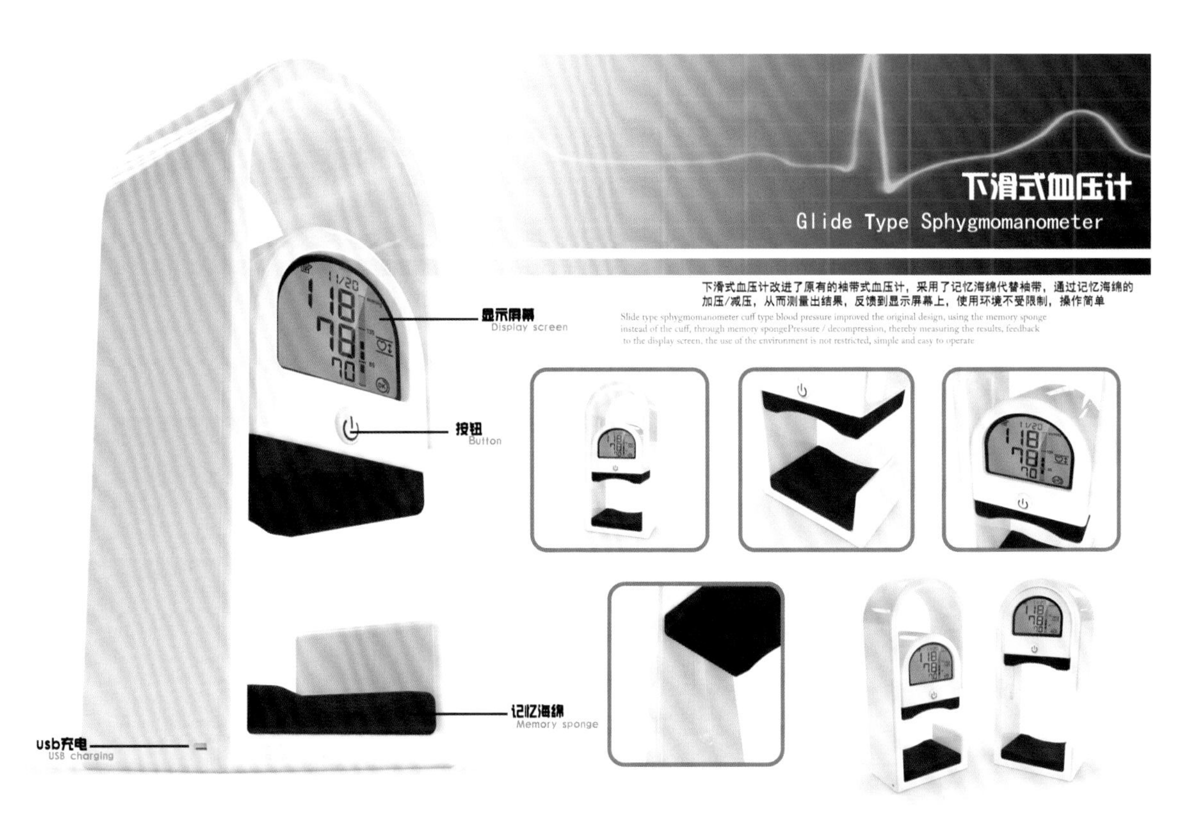


图 1.9　老年人下滑式血压测量机－模型测试（1），设计者：孙克昭

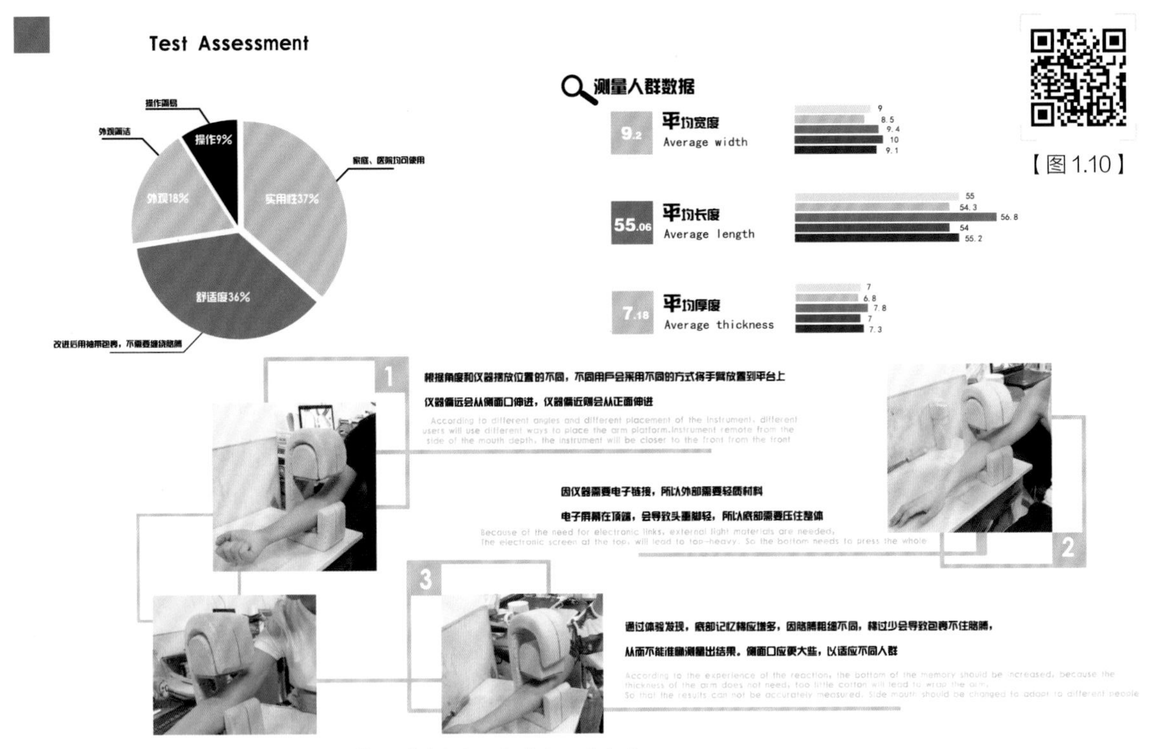


图 1.10　老年人下滑式血压测量机 - 模型测试 (2)，设计者：孙克昭

# 1.5　Who- 产品设计人机工程学的研究对象

产品设计人机工程学的研究目标是更好地让产品符合用户的各项使用需求，而其研究对象绝大部分情况下指的是目标使用者，即人类本身，但在某些特殊情况下，使用产品的用户从人类向其他群体转移。例如，2013 年德国红点设计奖的至尊奖获奖作品中，有一个为饲养家禽而设计的方便清洁和喂养的笼子，这项设计不但考虑了家禽饲养者的使用体验，而且还要将家禽的生理尺度和活动区域要求等因素也考虑其中。2020 年，因为疫情的影响，给每天出门遛狗的用户带来许多生活上的困扰，人们担心在外出遛狗期间感染病毒，也担心狗外出归来后携带病毒，于是学生在产品设计人机工程学课上设计了这个两用穿鞋凳，不但可以存放鞋子，还方便用户清理狗身上的细菌，如图 1.11、图 1.12 所示。

图 1.11　两用穿鞋凳设计 - 产品使用情境图，设计者：赵良元

USER FEEDBACK
User experiment feedback

觉得好的点:
1.像一个大大的球，让人喜欢
2.可以带出门的玩具

反映的问题:
1.儿童身高比较矮小，凳子略高，弯腰时够不到鞋子
2.储物空间深度不够，有些玩具不能放进去
3.色彩不够彩艳

觉得好的点:
1.造型简约
2.储物空间很多
3.使用便捷，适合快节奏生活

反映的问题:
1.储物空间内部不方便清理
2.如果不旋转椅子，后方空间不易够到
3.靠背小，不能倚靠

觉得好的点:
1.座垫柔软舒适，对臀部有很好的包裹
2.储物空间多，可以放置零碎的小物品

反映的问题:
1.凳子前面鼓起来，弯腰时会挤到小腿
2.内部拼装或拆卸、清理不方便
3.蹲下拿鞋不方便

觉得好的点:
1.可以依据狗的大小在购买时选择内圈尺寸
2.洞口圆滑，内部橡胶头可以帮狗清洁毛发挠痒痒

反映的问题:
1.不适合大型犬使用
2.脚掌部位踩着有点儿不舒适
3.没有奖励的话，狗能否主动钻进清洁洞呢

图 1.12　两用穿鞋凳设计 - 用户反馈，设计者：赵良元

这种用户范围不断由人类向外扩展的趋势在设计中会经常遇到，但其依然不会影响人在产品使用过程中的主导性地位，因此，产品设计人机工程学依然要以人的生理和心理因素作为最主要的研究对象，作为人机工程学的基础组成部分。人体测量学是通过测量人体各部位尺寸来确定个体之间与群体之间在人体尺寸上的差别，用以研究人的形态特征，从而为各种工业设计和工程设计提供人体测量数据。人体测量数据包括两类：人体静态尺寸（度）和人体动态尺寸（度）。此外，感性工学也可以对人的心理尺度进行分析研究，以更好地辅助设计师对产品设计的研究对象进行全面的分析和理解。

**思考题**

(1) 什么是产品设计人机工程学？
(2) 产品设计人机工程学的重要研究价值包括哪些内容？
(3) 简述产品设计人机工程学的发展进程。
(4) 产品设计人机工程学的应用领域有哪些？
(5) 如何确定产品设计人机工程学的服务对象，研究的主要问题有哪些？

# 第2章 How-tos 解析产品设计人机研究方法

本章要点

1. 产品设计人机研究的3个基本方法。
2. 产品设计人机研究方法之间的逻辑关系。
3. 产品设计人机调研的关联。
4. 产品设计人机模拟实验的作用。

本章引言

本章将具体介绍产品设计人机工程学的研究方法，这些方法在产品设计的不同领域也会被使用。例如，设计调研的3个基本方法：观察法、问卷法和访谈法。值得注意的是，这些方法要遵循调研的逻辑，有目的、分层级地展开。此外，人机工程学中人体测量学和感性工学的研究方法，将对产品设计起到重要的支撑作用。总的来讲，整套人机研究方法重视各环节之间的逻辑关系，在设计师面对日益复杂的设计课题时，需要投入大量时间去理解、洞察课题，再根据具体情况选择有效的研究方法。由此可见，设计研究方法的正确使用，不但可以产生优秀的设计成果，还可以有效提升设计效率和积累经验。

## 2.1 观察采样 – 人机设计案例 1

观察法是指调查者在一定的理论指导下，根据一定的目的，用人的感觉器官或借助一定的观察仪器或观察技术（计时器、录像机等）观察、测定和记录自然情境下发生的现象的一种方法。观察法可分为参与式观察和非参与式观察、结构式观察（根据预先设计的表格和记录工具，并严格按照规定的内容和程序观察物质表征、动作行为、态度行为等方面）和无结构式观察、直接观察和间接观察等类别。

产品设计人机工程学通过对目标人群的直接观察，了解目标对象的作业情况，以及他们在进行生产或工作时出现的困难和痛点，以此作为人机类产品设计研究的起点。以青少年的学习姿势不当会导致近视作为研究案例。为了防止他们写字时造成驼背和近视，设计师设计出各种姿势纠正器具来限制弓腰，使学生写字时保持直坐姿势。但是通过对目标用户的短期和长期使用观察获得的用户体验报告显示，这些器具未必能够使学生满意。通过观察法发现的关键问题是：人的眼睛是长在面部的，更适合于正面观察，而看书和写字要求面部向下倾斜，这时要挺直脊柱，必然加大颈部弯曲角度。如果既要挺胸又要直颈，就需要眼睛向下看。实际上，在作业中自然形成的适度的驼背姿势，把这个角度的扭曲交给脊柱、颈部和眼睛来共同分担，可能更适合人的生理特性。针对这个问题，合理的解决办法是让桌面具有适当的斜度，另外座椅角度也应做适当调节，以适应课桌的设计。

面对正常的青少年用户设计的学习课桌可以通过观察法进入设计关键因素的总结，然而，如果面对的用户是一些特殊群体，如多动症儿童，那么在课桌椅设计的基础上，姿势矫正工具的设计也是解决他们困难的关键之一。这一节中选出的设计案例就是为多动症儿童设计的穿戴式学习矫正按摩背心。通过对目标群体的生理观察，以及他们在学习过程中的静态尺寸和动态尺寸进行采集，建立了用户行程图和人机测量，如图 2.1 至图 2.3 所示。

根据观察所发现的问题，寻找如何让目标群体集中注意力的方案，进而思考能否通过可穿戴设备对这类儿童进行行为干预和辅助治疗。在图 2.4 中，设计者对设计的各种细节所进行的定位，也通过支撑条件的论证证明设计者具有一定的创新性和可行性。根据设计目标，设计者继续对设计进行圆形呈现，并通过多轮人机实验和用户反馈不断优化样机设计，如图 2.5、图 2.6 所示。

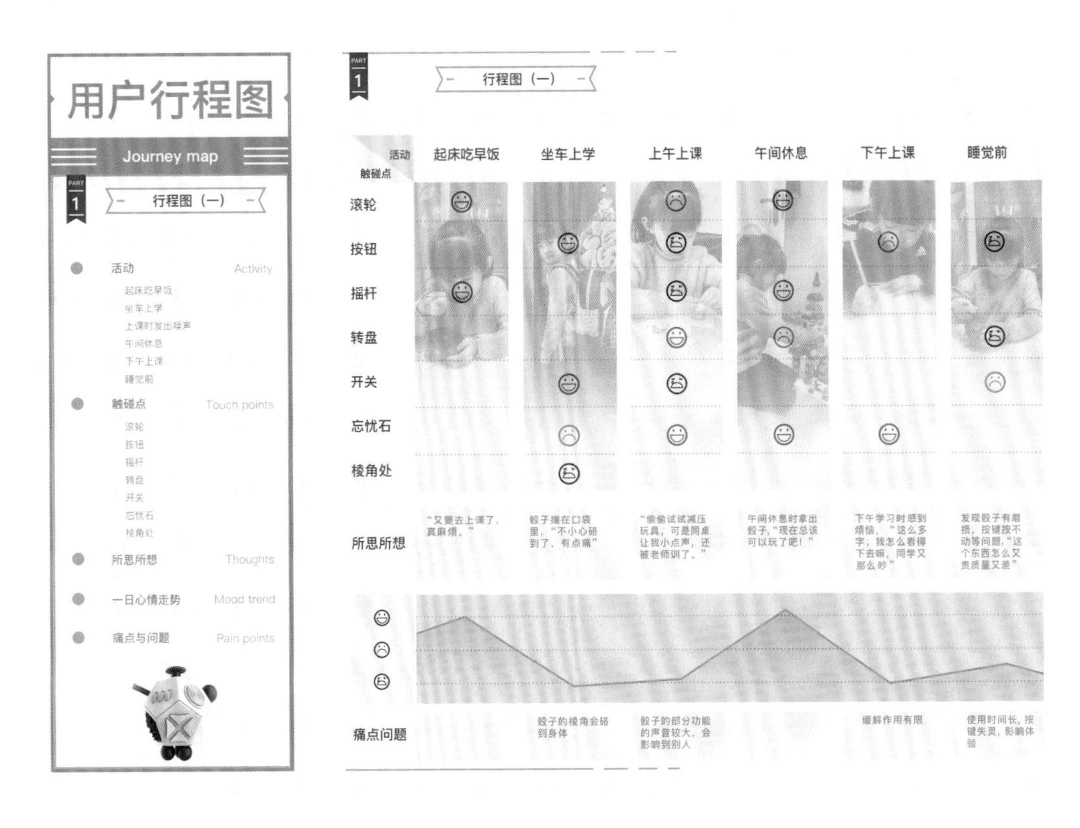


图 2.1　多动症儿童穿戴式学习矫正按摩背心设计 - 用户行程图，设计者：陈宏浚

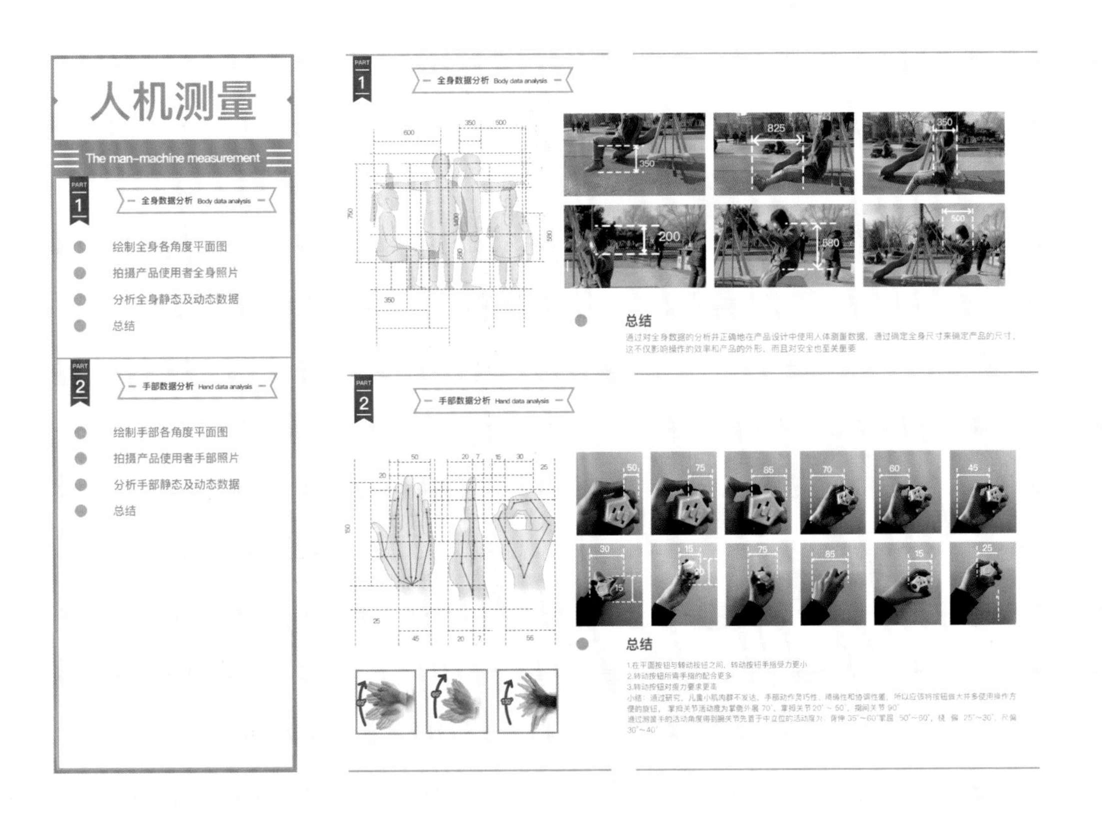


图 2.2　多动症儿童穿戴式学习矫正按摩背心设计 - 人机测量（1），设计者：陈宏浚

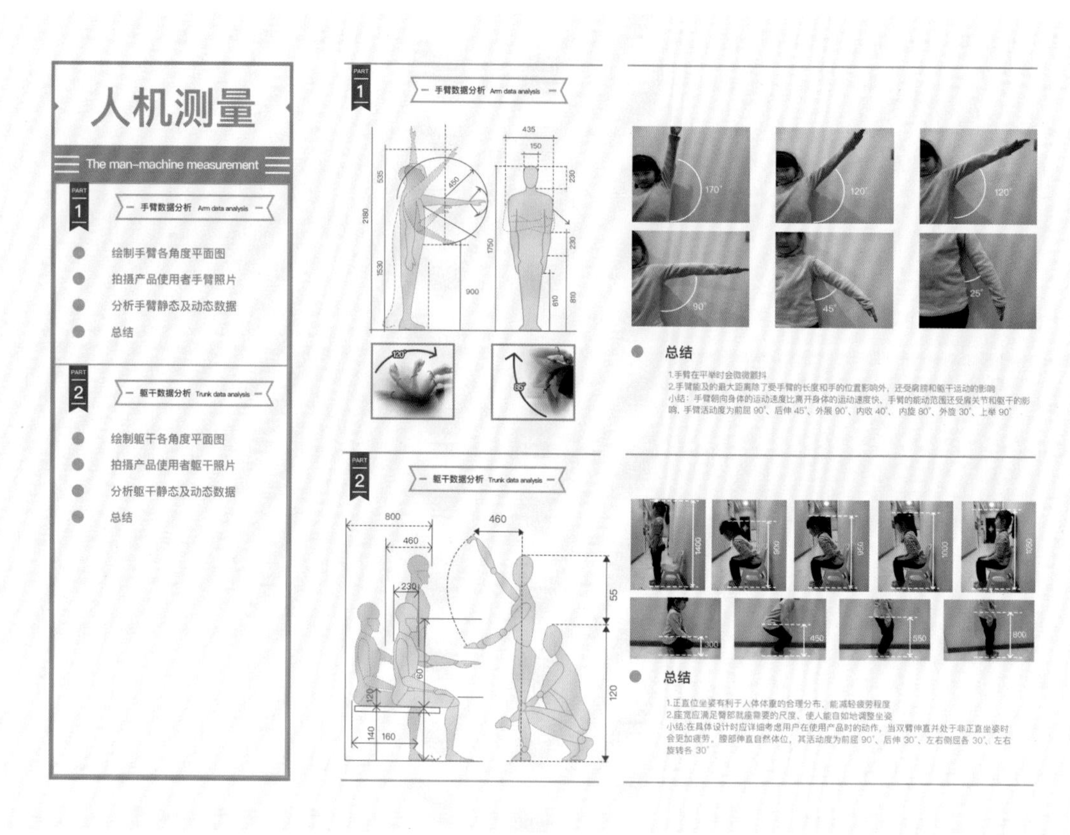


图 2.3　多动症儿童穿戴式学习矫正按摩背心设计 – 人机测量 (2)，设计者：陈宏浚

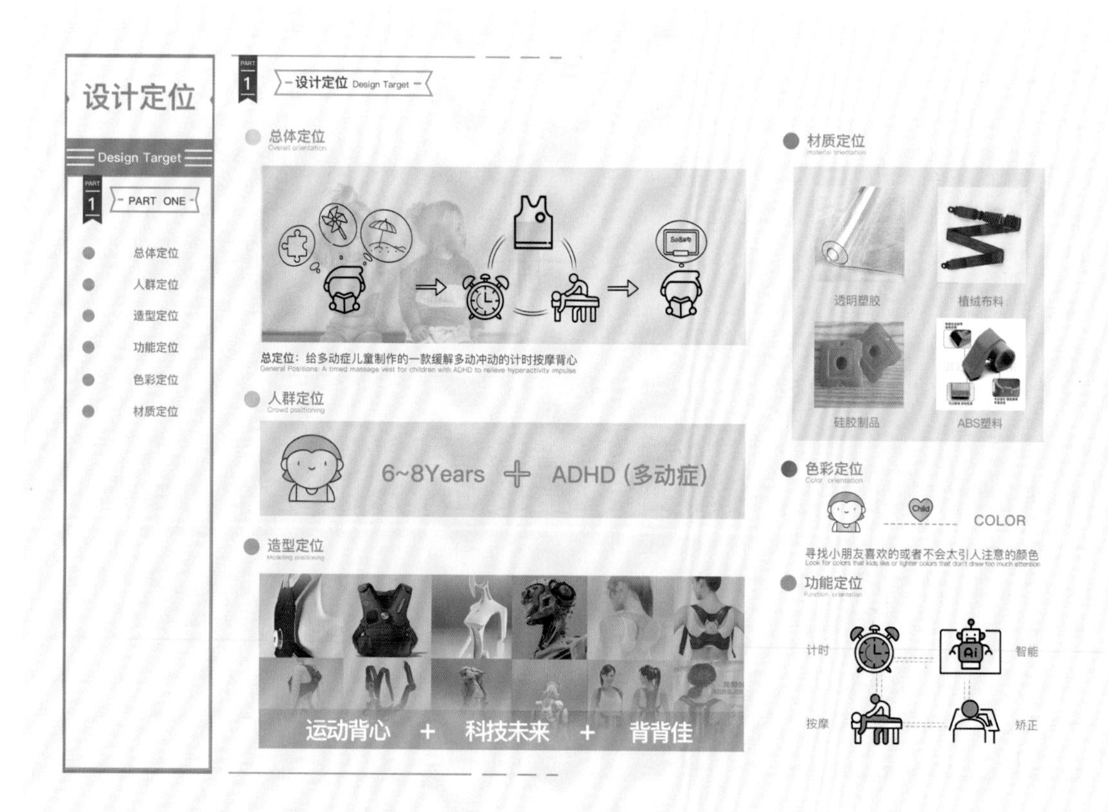


图 2.4　多动症儿童穿戴式学习矫正按摩背心设计 – 设计定位，设计者：陈宏浚

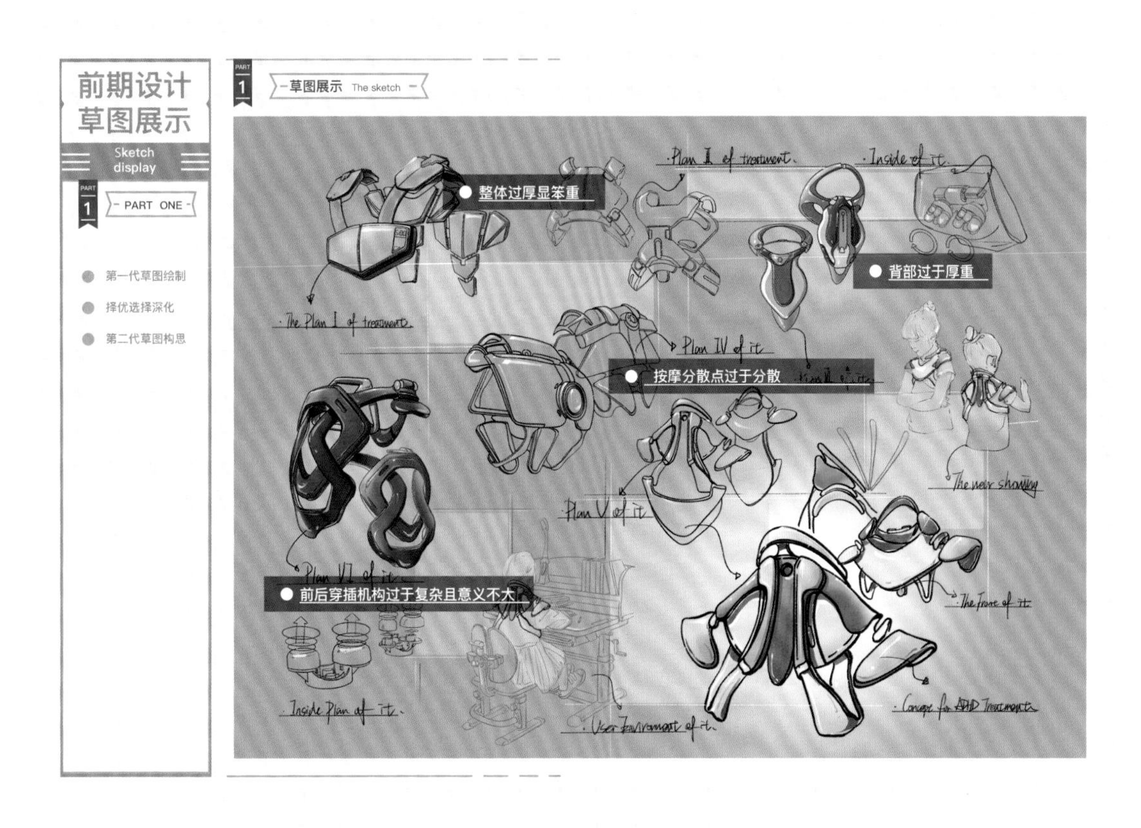


图 2.5　多动症儿童穿戴式学习矫正按摩背心设计 - 草图展示，设计者：陈宏浚

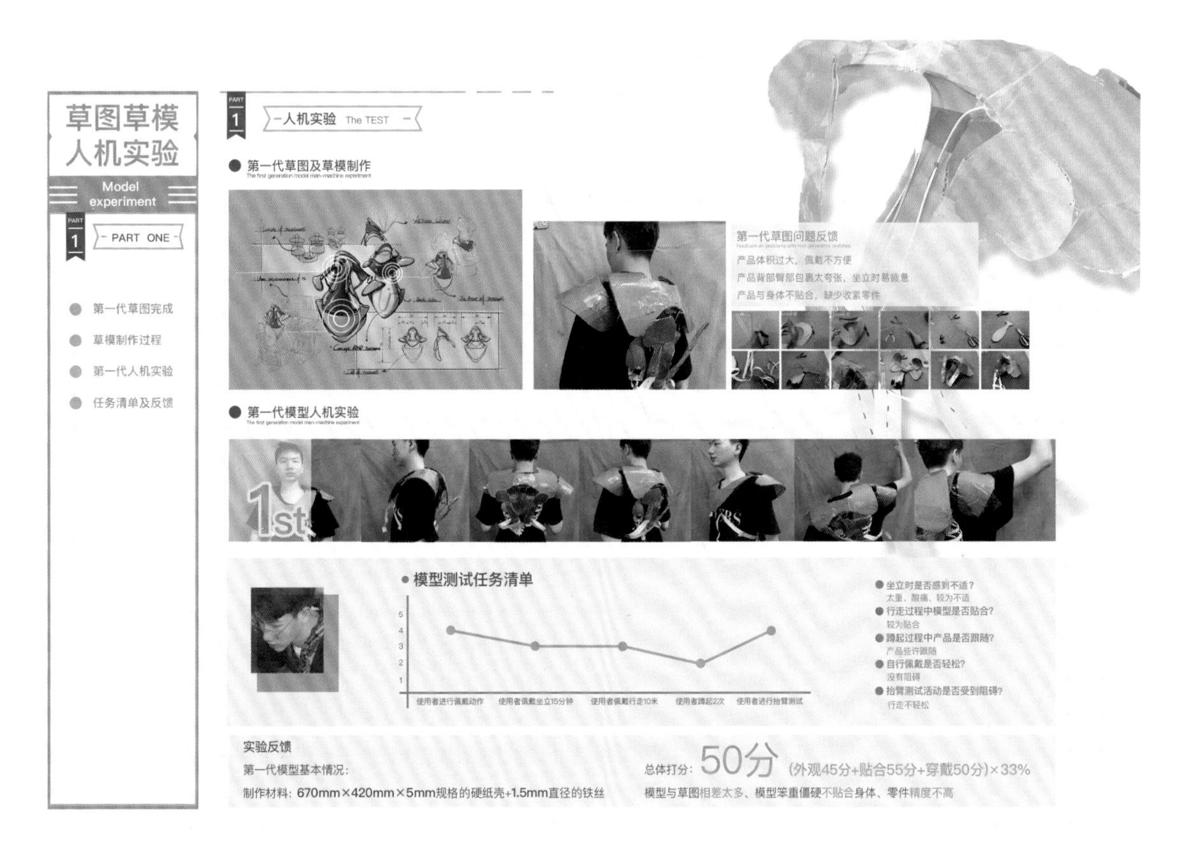


图 2.6　多动症儿童穿戴式学习矫正按摩背心设计 - 人机实验，设计者：陈宏浚

## 2.2 访谈和问卷 – 人机设计案例 2

用户研究常用的方法有观察、访谈和问卷（图 2.7）。访谈和问卷作为调查法的主要内容，是获取有关研究对象材料的基本方法，是获得一手调研资料或实地调研报告的重要方法。访谈是研究者通过询问交谈来收集有关资料的方法；问卷是研究者根据研究目的预先制定好的一系列问题和项目，以问卷或量表的形式收集被调查者的答案并进行分析的一种方法。许多设计者在进行设计调研时，习惯性地以问卷开始。而借助互联网和智能手机，网络问卷确实可以在最短时间内收集数量可观的问卷，然而，缺乏对项目核心利益相关者的筛选，以及没有和用户面对面地交流获取信息，根据网络问卷结果确定的设计目标和策略能否真正解决问题，值得思考。

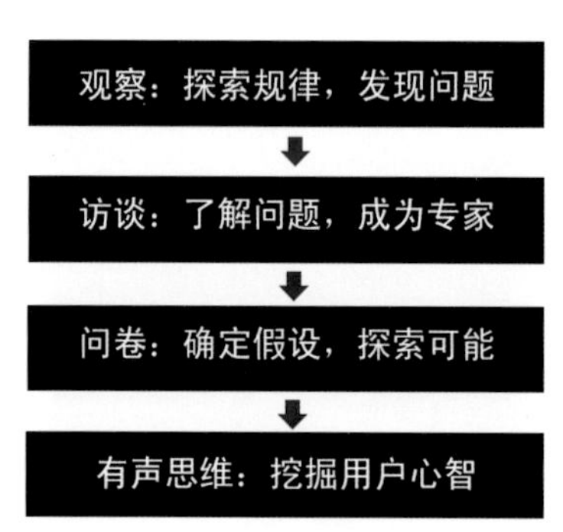


图 2.7　用户研究常用的方法

在面对每个现实问题的设计方案时，设计师需要注意网络问卷的填写对象不一定是你的目标用户，这会成为问卷结果不准确的主要原因；其次，问卷的答案一般都是在给定的范围内做出选择，许多填写问卷的用户无法找到自己想要的答案，导致问卷结果不准确。因此，在进行人机设计调研之前，设计团队需要对设计方法使用的顺序和逻辑关系进行梳理。一般来讲，研究可以从实地观察切入，再结合目标用户的访谈来进行。访谈尽量不要一次完成，可以将受访用户分成几个小组，让他们在设计的不同阶段，给予设计团队相应的反馈。在实地观察和用户访谈的基础上，有针对性地进行问卷调研，可以更有效地挖掘设计的关键信息，进而建立用户心智地图，洞察用户所期待的设计目标。

本节引用的设计案例是失能老人的勺子设计，可以帮助照顾老人的人给老人喂饭。在进行这个课题的访谈和问卷调查时应注意，虽然目标用户是失能老人，但是许多设计关键信息却需要围绕照顾老人的人展开采集，如图 2.8 所示。设计者在采集失能老人信息的时候先通过用户访谈的方式，将失能老人分为早期、中期和晚期，分别进行访谈，同时，还对照顾老人的人进行访谈，来了解目标群体的真实情况和吃饭过程中遇到的痛点问题。随后，又针对核心问题展开失能老人的问卷调查，如图 2.9 所示。

同时，设计团队对失能老人的生活情景进行实地采集，形成用户行程图（图 2.10）。然后，通过让设计团队成员角色扮演老人，模拟他们在生活中遇到困难的各种片段，来深入体会如何设计才能给予他们更好的帮助。在角色扮演的过程中，设计团队会对扮演老人者进行实时的访谈，以获得更多有效信息。

## 目标用户分析

● 简述

2020年，全球痴呆患者人数已达4680万人，其中50%~75%为阿尔茨海默病患者。至2021年全球新增 990 万名痴呆患者，平均每3 秒钟新增1人。全球痴呆患者每20年增加1倍，预测2050年将达到1.31亿人。在中国65岁以上的老年人口中，每9人中就有1名阿尔茨海默病患者。目前，中国是阿尔茨海默病患者最多的国家，预测2050年将达到2800万人

● 用户

姓名：苏某 性格：孤僻
年龄：66岁 爱好：作
身高：168cm
体重：71kg

姓名：尹某 性格：温和
年龄：41岁 爱好：表演
身高：164cm
体重：58kg

姓名：王某 性格：安静
年龄：78岁 爱好：下棋
身高：167cm
体重：69kg

早期 32% 持续1~3年
中期 48% 持续2~10年
晚期 20% 持续8~12年

姓名：李某 性格：平和
年龄：41岁 爱好：旅游
身高：164cm
体重：61kg

阿尔茨海默病患者在患病的3个阶段都会出现不同程度的记忆力衰退，需要看护人员介入患者的日常生活，因此看护患者时的便利性和舒适度非常重要

● 数据分析

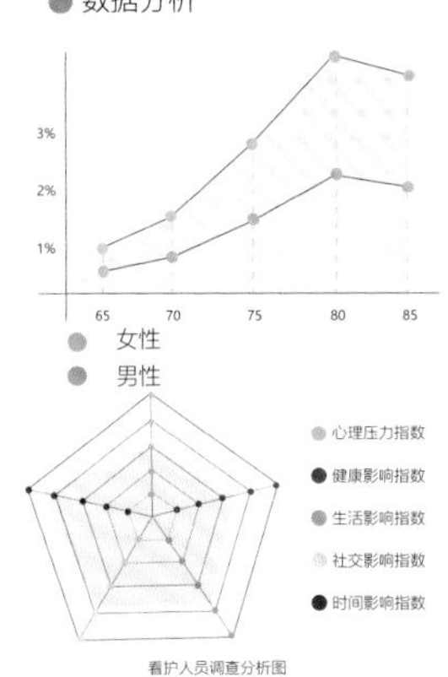


| | 早期 | 中期 | 晚期 |
|---|---|---|---|
| 生理患者 | 记忆力衰退<br>逻辑混乱<br>理解力下降 | 自理能力下降<br>依靠外界<br>出现幻觉 | 自理能力完全丧失<br>记忆丢失<br>沟通障碍 |
| 看护人员 | 私人时间减少<br>看护不便 | 看护不便<br>私人时间减少 | 看护不便<br>私人时间减少 |
| 心理患者 | 兴趣减退<br>爱好减少 | 情绪波动较大<br>易暴躁 | 思想和认知幼龄化 |
| 看护人员 | 焦躁感<br>耐心减少 | 痛苦<br>耐心减少 | 悲伤<br>耐心减少 |

图 2.8 失能老人的勺子设计－目标用户分析，设计者：班雨泽

## 同理心地图

采访用户

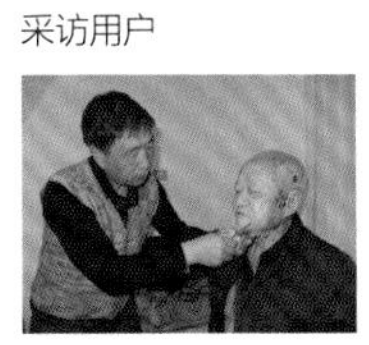

姓名：宝林
年龄：54 岁
身高：167cm
体重：74kg
性格：和蔼，有耐心

我们采访的是一位阿尔茨海默病患者家属，他长期看护患者并与其一起生活

问卷调查

患病老人能否理解餐具的使用方式?
老人的排泄问题较大，老人基本上丧失自理能力
老人是否愿意主动补充水分?
我觉得不太会吧……至少我没看见我父亲自己喝水
老人是否有能力单独回家?
我认为老人没有能力单独回家
给老人喂饭过程中有什么不便的地方?
我的父亲有些抗拒吃饭，他总是不愿意吃我送到他嘴边的饭
患病老人能否理解餐具的使用方式?
根本不可能
您认为患病老人需要哪些娱乐活动?
我觉得只要家人多陪伴就好了
老人能否记得自己的药量
没注意过，但是我觉得我父亲可能已经记不住了
患病老人夜间起夜次数多吗?
多，很多，每次父亲起夜我都要起来，睡眠状态一直不是很好
防止患病老人走丢的最好办法是什么?
家人多陪伴出去溜达溜达吧，这样他也就不想自己去外面了
100
80
60
40
20
0
护理类
保健类
益智类
穿戴类
对现有产品的满意度
睡觉
辅助走路
吃药
餐具
身体清洁
对产品的需求


总结

通过和看护人员交流得知患者在日常生活中受病情影响，行为异于常人，在看护过程中应注意以下几点：
老人的排泄问题大，没有自理能力，难以解决
老人喝水进食困难，需要看护人员喂食，但缺少相应的针对性产品
老人的药物服用因记忆力衰退存在困难，缺少强提示类药盒产品
老人的娱乐活动相对匮乏，需要亲人的陪伴

看护时的耐心程度

图 2.9 失能老人的勺子设计－问卷调查，设计者：班雨泽

## 行为分析

● 用户行程图

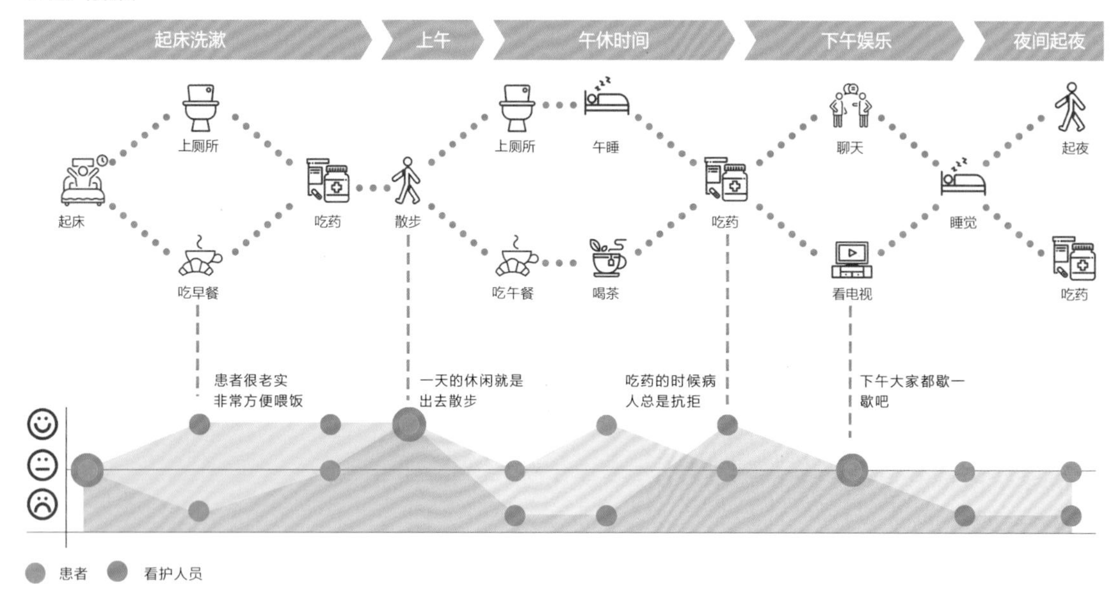


图 2.10　失能老人的勺子设计 – 用户行程图，设计者：班雨泽

根据以上信息，设计者对喂食勺子进行了设计定位（图 2.11），在设计草图阶段参考了幼儿喂食工具的使用方式（图 2.12、图 2.13），充分照顾到老年人牙齿没有力量或缺失的问题，增加勺子把手的空间，将捣碎的食物放入后，慢慢进行喂食可以有效防止老人在吞咽食物时发生危险。在草模型测试时（图 2.14），设计者发现勺子的角度和口径非常关键，于是在后期优化方案的过程中，这两个问题成为设计迭代的关键（图 2.15）。

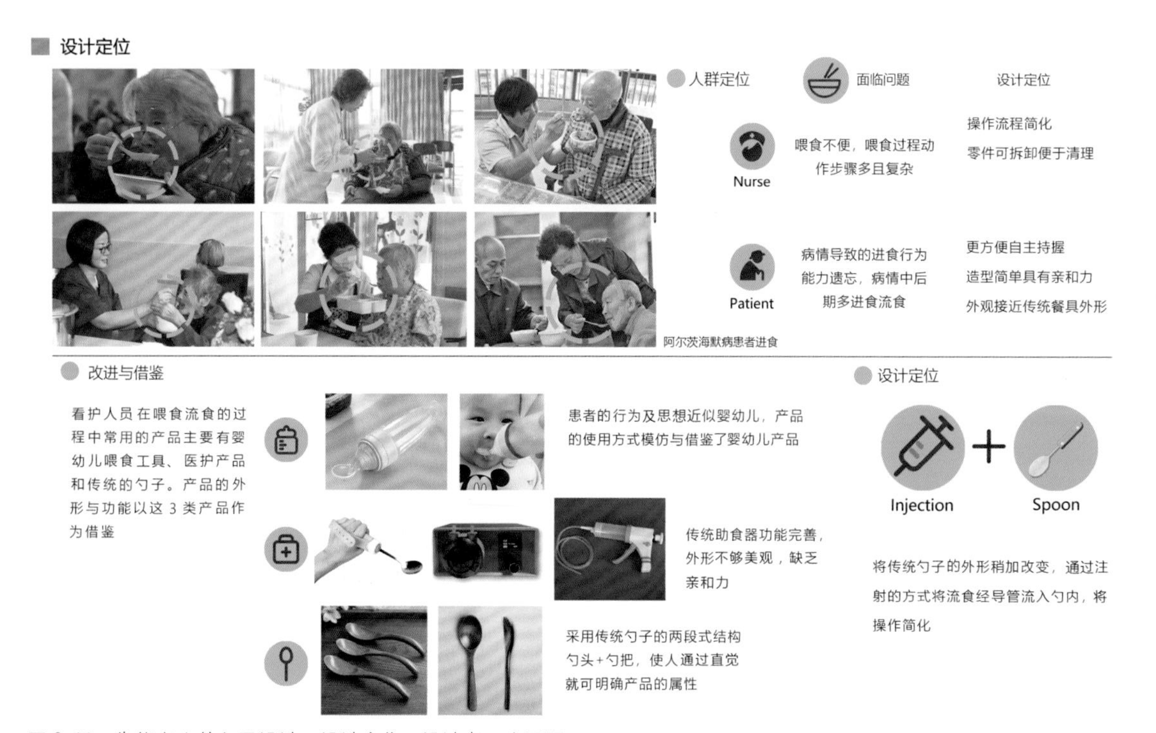


图 2.11　失能老人的勺子设计 – 设计定位，设计者：班雨泽

■ 设计草图

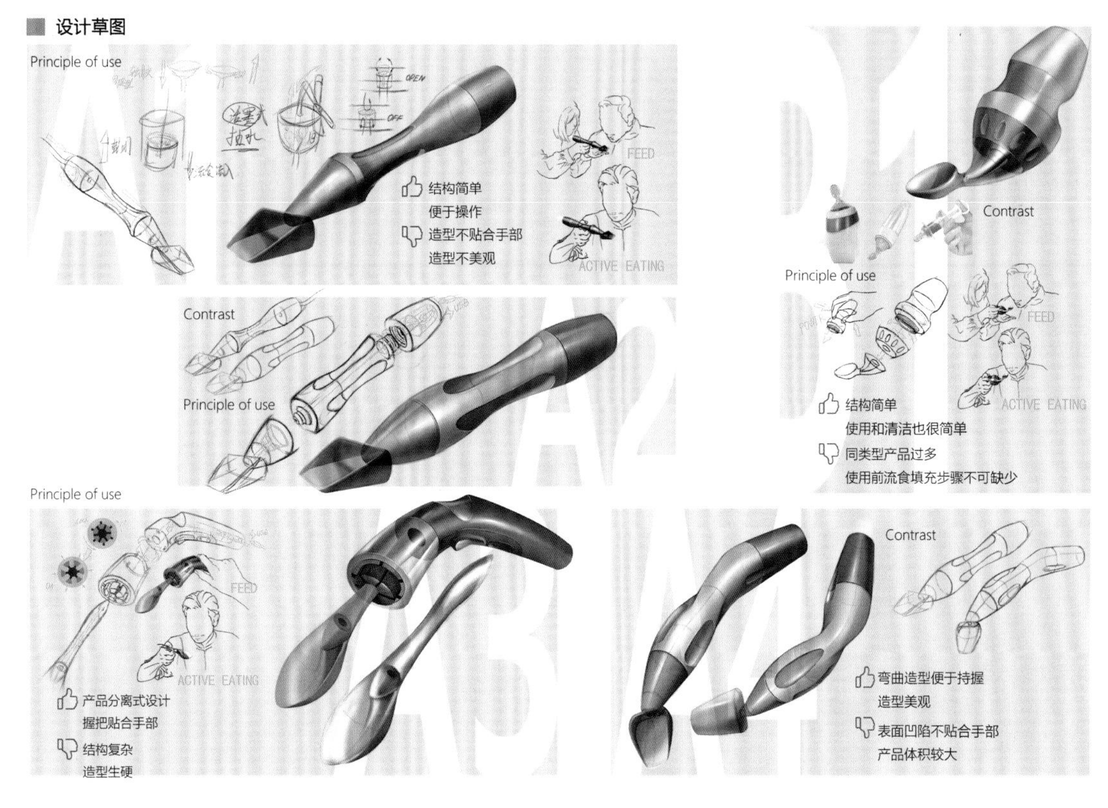


图 2.12　失能老人的勺子设计－设计草图，设计者：班雨泽

■ 优化草图

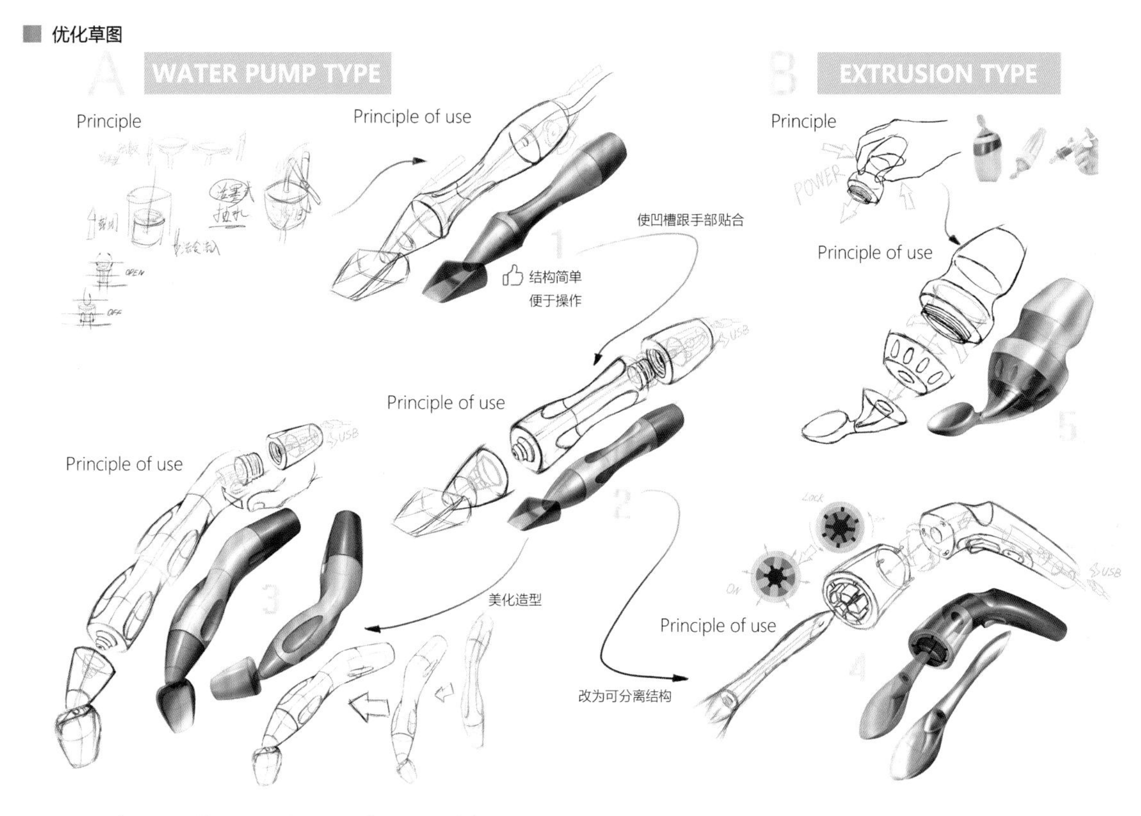


图 2.13　失能老人的勺子设计－优化草图，设计者：班雨泽

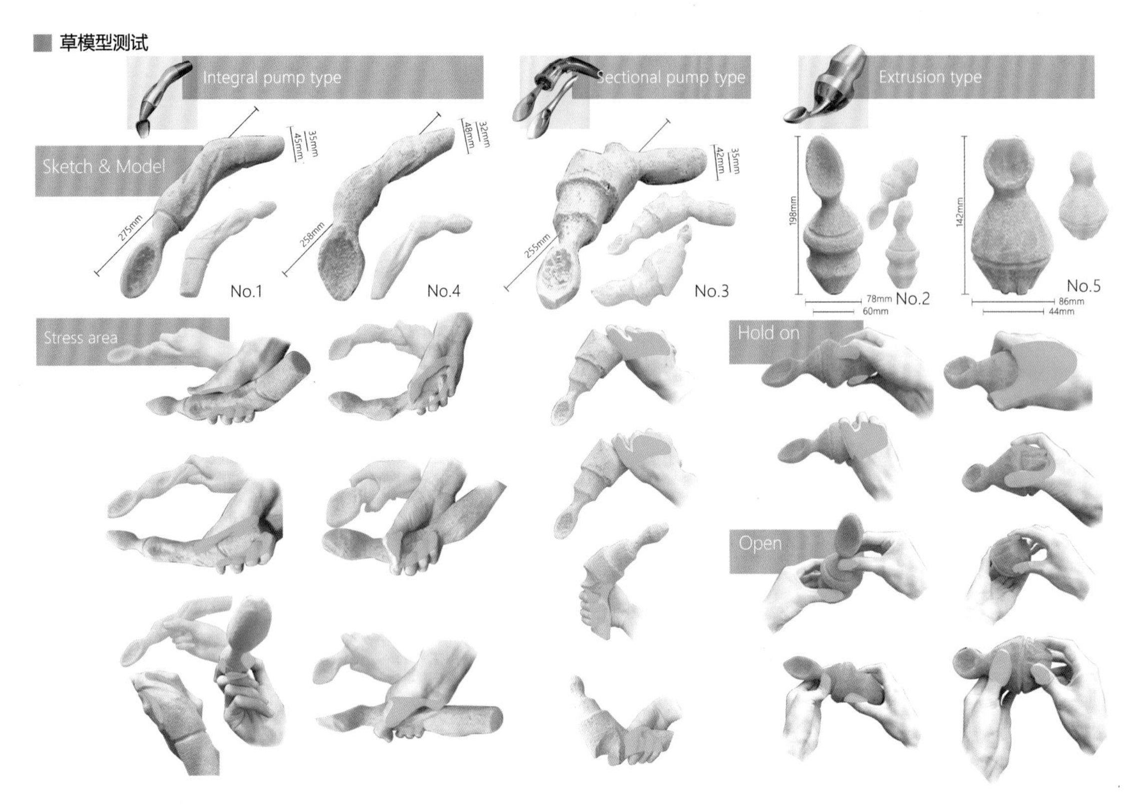


图 2.14 失能老人的勺子设计 - 草模型测试，设计者：班雨泽

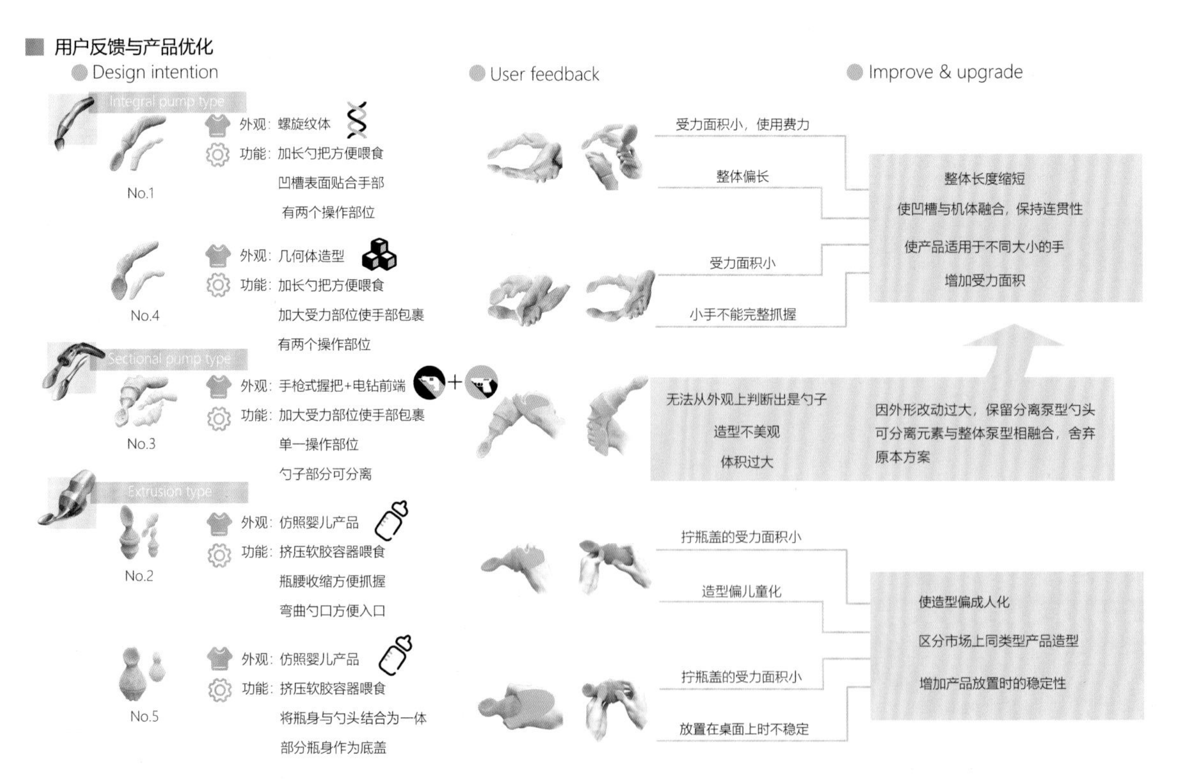


图 2.15 失能老人的勺子设计 - 用户反馈与产品优化，设计者：班雨泽

# 2.3　实地测量 – 人机设计案例 3

针对具体设计课题而开展的测量任务是产品设计人机工程学研究的基础，其中实地测量作为一手数据可以与收集到的二手数据配合使用。由于课题不同，测量任务需要根据设计目标具体指定，一般而言，实地测量的内容需要包括对目标用户人体尺度的静态测量和动态测量。人体尺度是产品体量和空间环境设计的基础依据，合理的设计首先要符合人的形态和尺寸，使人感到方便和舒适。

人体尺度可分为构造尺寸和功能尺寸。构造尺寸是指静态的人体尺寸，是在人体处于固定的标准状态下测量的，包括不同的标准状态下和不同部位的尺寸（如手臂长度、腿长度、坐高等），对与人体关系密切的物体有较大的关系（如家具、服装和手动工具等），主要为人体各种装备提供数据。功能尺寸是指动态的人体尺寸，是人在进行某种功能活动时肢体所能达到的空间范围，是在人体动态的状态下测量的，是由关节活动所产生的角度与肢体的长度协调产生的范围尺寸，用以解决许多带有空间范围、位置的问题，如室内空间等。

同时，还要观察和记录目标用户与目标产品设计之间的关系，简言之，是指工作效率和时间消耗的记录研究。工作效率与时间研究也称“工效学”或“工作效率研究”，是指用科学系统的方法测定、分析和研究目标用户使用某种产品完成作业的动作与时间，以获得最佳的工作方法。工作效率与时间研究在提高工作效率、降低疲劳，以及劳动测定与管理方面有极其重要的作用（图 2.16）。工作效率与时间研究的主要发明者是吉尔布雷斯夫妇。吉尔布雷斯于 1885 年进行了著名的“砌砖研究”。在该研究中，他通过对砌砖动作进行分析和改进，使工人的砌砖效率提高了近 200%。1912 年，吉尔布雷斯夫妇在美国机械工程师学会会议上首次发表了题为《细微动作研究》的论文。在文中，他们首创用电影摄影机和计时器将作业动作拍摄成影片并进行分析的方法，同时，通过自己的研究将人的作业动作分解成三大类共 18 种基本动作，并命名为“动素”。这些基本动作是：空运、握取、实运、装配、应用、拆卸、放手、检验、寻找、选择、计划、对准、预对、发现、持住、休息、迟延、故延。其中前 8 种动作称为“必需动作”，中间 6

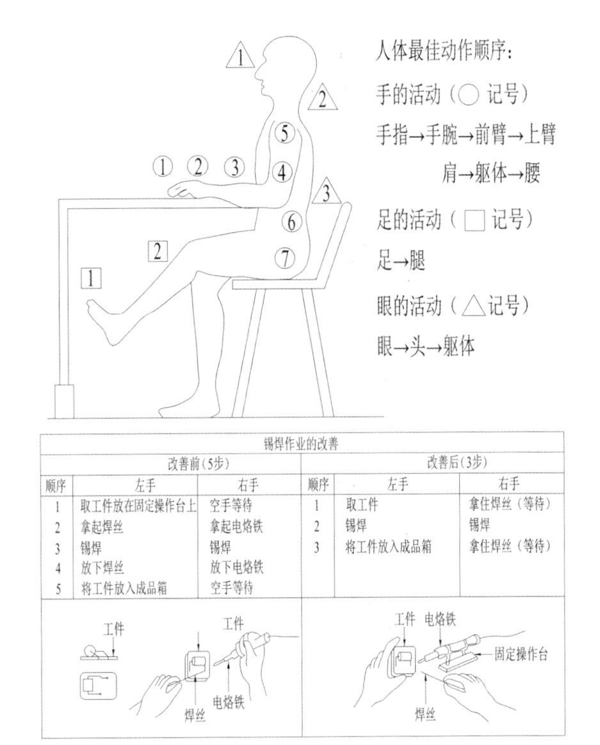


| 锡焊作业的改善 | | | | | |
|---|---|---|---|---|---|
| 改善前(5步) | | | 改善后(3步) | | |
| 顺序 | 左手 | 右手 | 顺序 | 左手 | 右手 |
| 1 | 取工件放在固定操作台上 | 空手等待 | 1 | 取工件 | 拿住焊丝（等待） |
| 2 | 拿起焊丝 | 拿起电烙铁 | 2 | 锡焊 | 锡焊 |
| 3 | 锡焊 | 锡焊 | 3 | 将工件放入成品箱 | 拿住焊丝（等待） |
| 4 | 放下焊丝 | 放下电烙铁 | | | |
| 5 | 将工件放入成品箱 | 空手等待 | | | |

图 2.16　人体最佳动作顺序与工作效率改善对比

种动作称为“辅助动作”，最后4种动作称为“无效动作”。他们指出，提高工作效率必须尽可能地删减辅助动作和无效动作。在此之后，吉尔布雷斯又独创性地发明了“灯光示迹摄影”和“设计灯光示迹摄影”两种摄影方法，使动作分析的准确性和有效性有了很大的提高。为了缓和、消除工人对早期动作研究的抵触和不满情绪，吉尔布雷斯又逐渐将动作研究范围扩大到工作疲劳与单调、动机及工作态度等方面。

开坚果器的创新设计是设计团队根据实地测量而进行的改良型设计案例。根据此课题，他们梳理出需要实地测量的内容。由于此类产品主要产生交互的身体部位是手部，于是对手的静态尺度和动态活动范围进行测量，是首先需要获得的数据（图2.17）。随后，要对手部持握开坚果器的使用状态进行分析（图2.18）。接下来需要测量的身体部位是手臂，因为在手部施力过程中，手臂的状态也会发生变化（图2.19）。

根据以上测量分析发现，传统的开坚果器在使用过程中容易因施力过度对手部造成损害，长期使用容易使人产生肌肉疲劳。设计者开始尝试增加把手的受力面积或者寻找更省力的方式。图2.20中的开坚果器设计在外形和使用方式上均与传统开坚果器有所不同，通过两轮的样机测试，来提高新的设计方案的可行性和作业效率，如图2.21所示。

【图2.17】

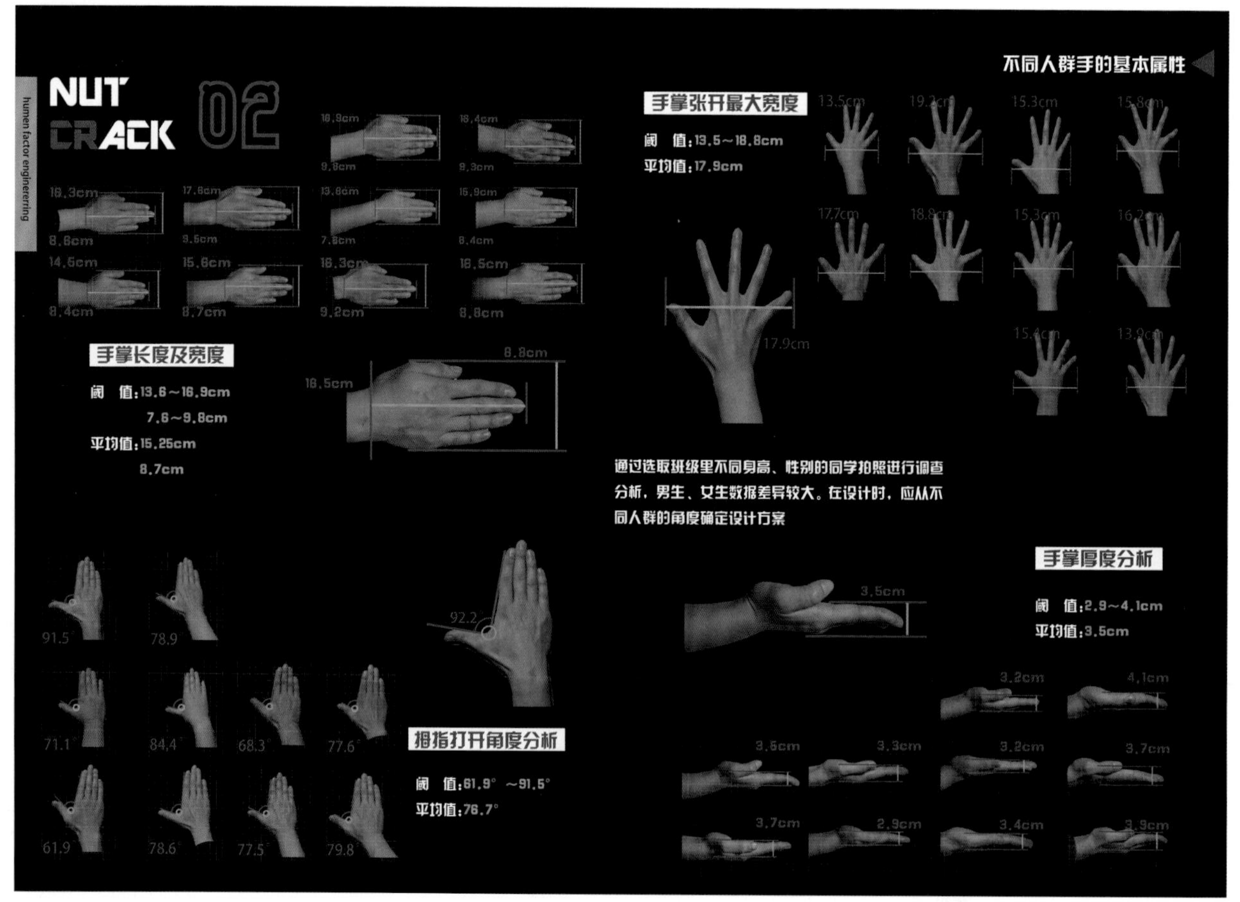


图2.17　手部的静态尺度测量，设计者：鲁迅美术学院工业设计团队

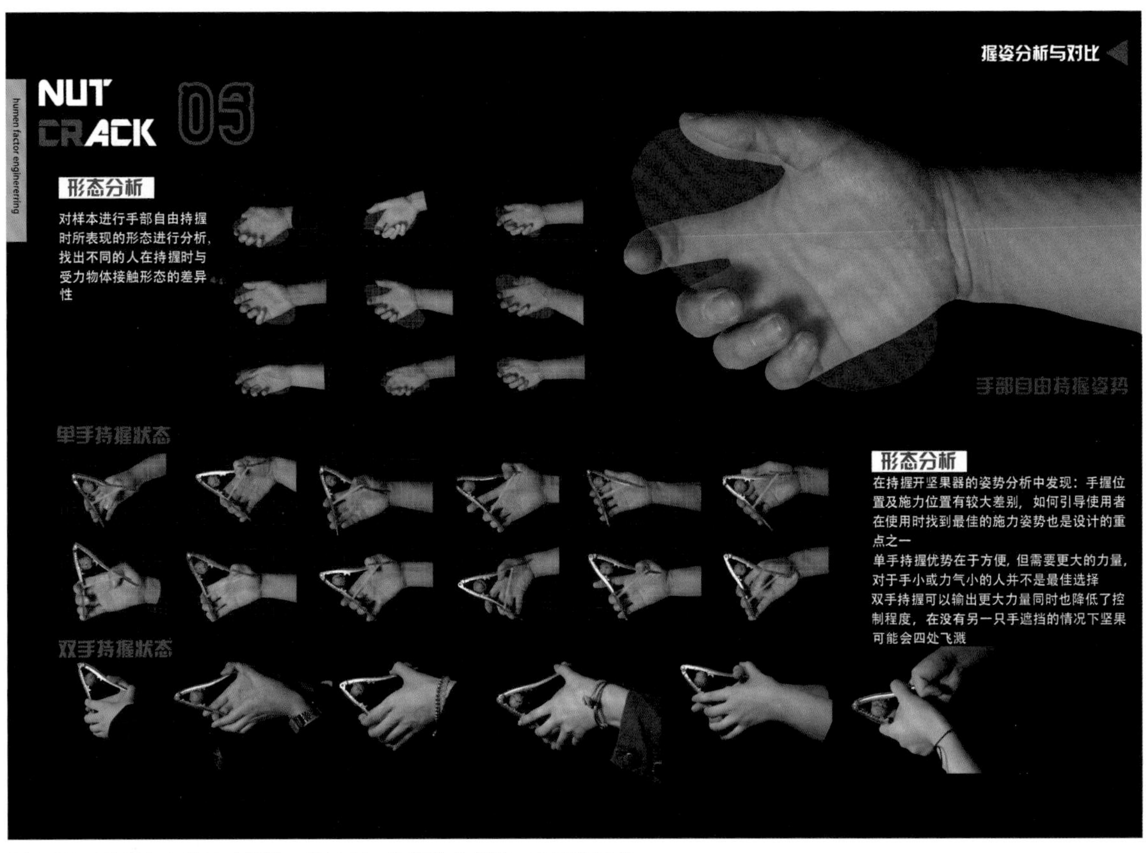


图 2.18　手部施力的尺寸测量，设计者：鲁迅美术学院工业设计团队

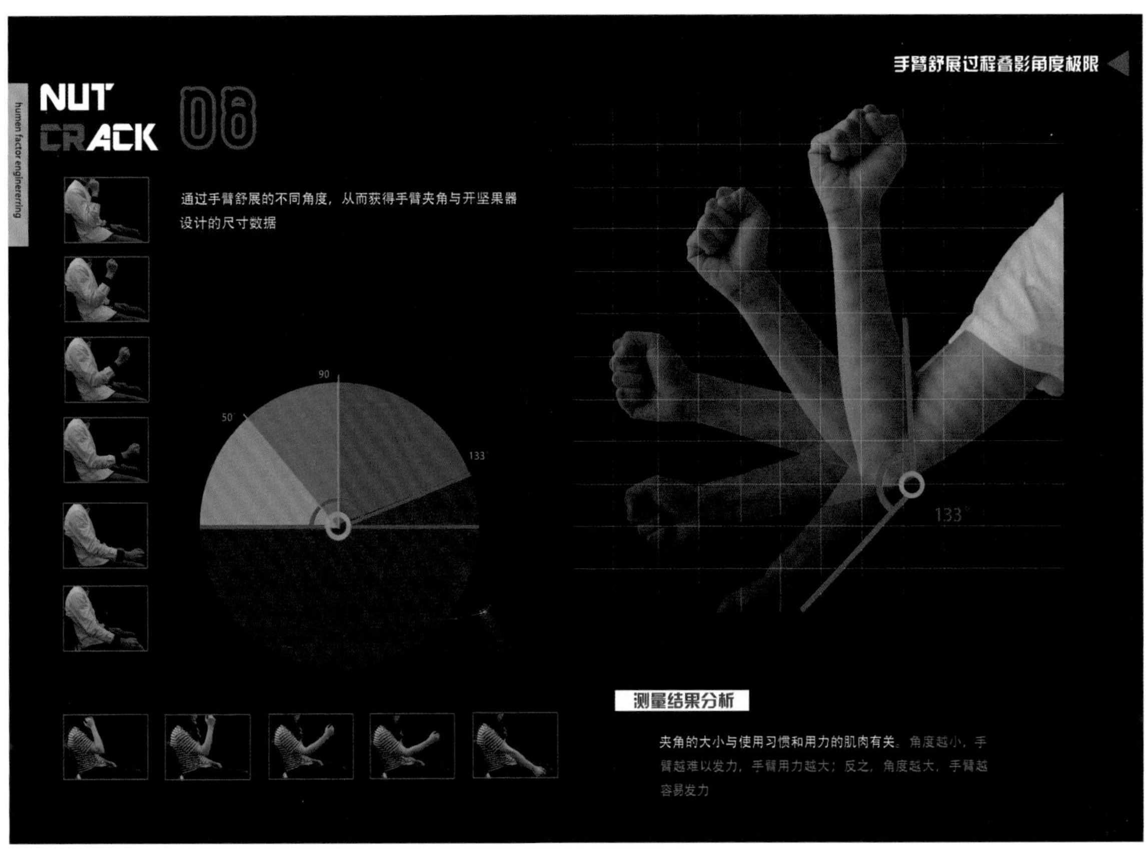


图 2.19　手臂的尺度测量，设计者：鲁迅美术学院工业设计团队

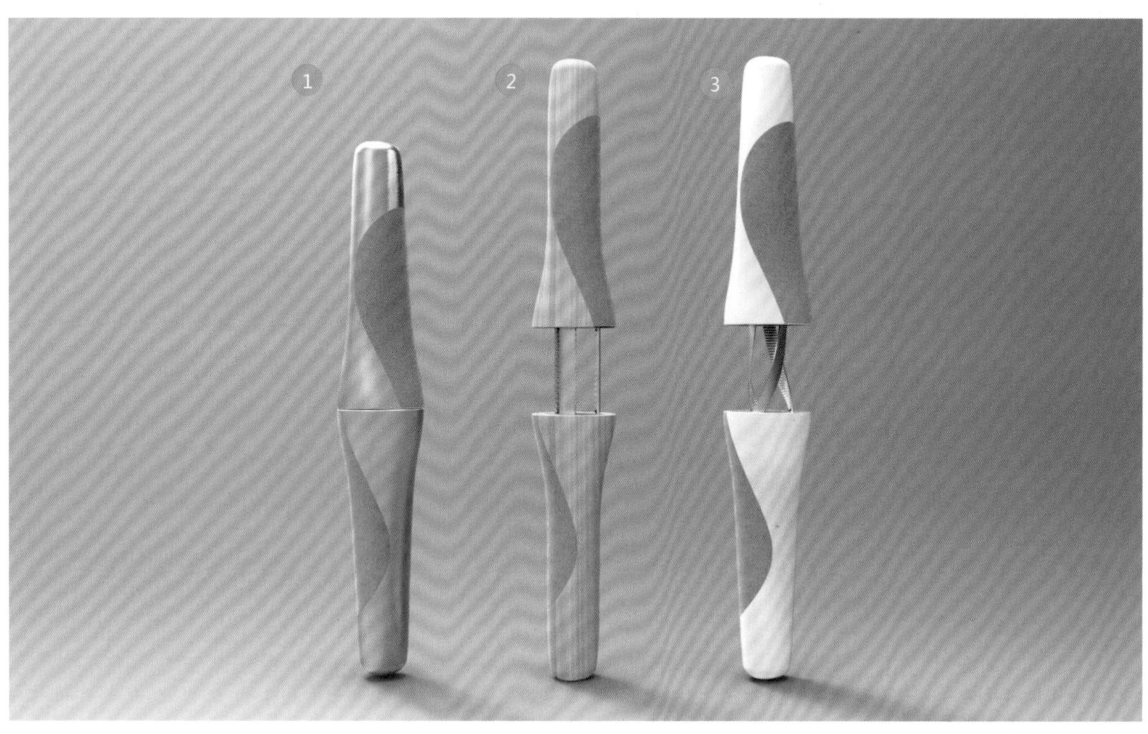


图 2.20　开坚果器设计－效果图，设计者：刘佳敏

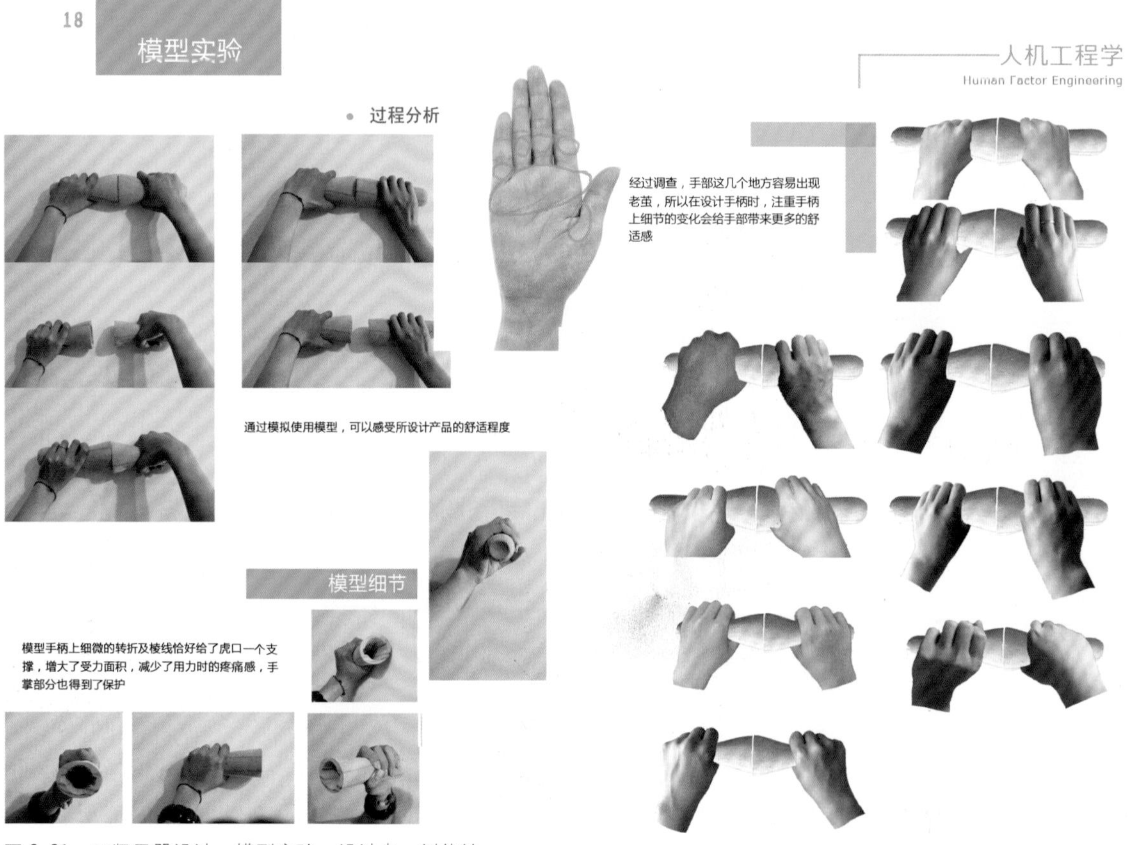


图 2.21　开坚果器设计－模型实验，设计者：刘佳敏

# 2.4　角色扮演 – 人机设计案例 4

角色扮演可以让设计师有机会亲身体验发生在用户身上的各种事件，寻找设计机遇和痛点。例如，在设计医疗产品和相关服务时，一些设计师会扮演医生、护士、麻醉师和患者等角色，以模拟在手术室医生及工作人员所要求的相互依赖、团队协作完成的一系列具体任务。在角色扮演过程中，设计团队中的每个成员都应提前规划好角色扮演的任务和具体实施流程，同时也要承担特定的角色，并根据所承担的角色在特定情境下完成相关的任务。这样，团队可以更好地想象产品的具体使用情况，激发对实际用户的同理心，并发现那些需要解决或改进的问题。角色扮演信息模板如图 2.22 所示。

本节的设计案例是专为盲人设计的导航设备。在寻找设计机遇的过程中，设计团队制定了多轮实地观察和用户访谈，如图 2.23 所示。面对盲人用户在日常生活中经常遇到的困难进行排查，通过用户访谈和用户行程记录（图 2.24），了解用户如何利用现有产品解决这些问题。然而，要想更好地与目标用户建

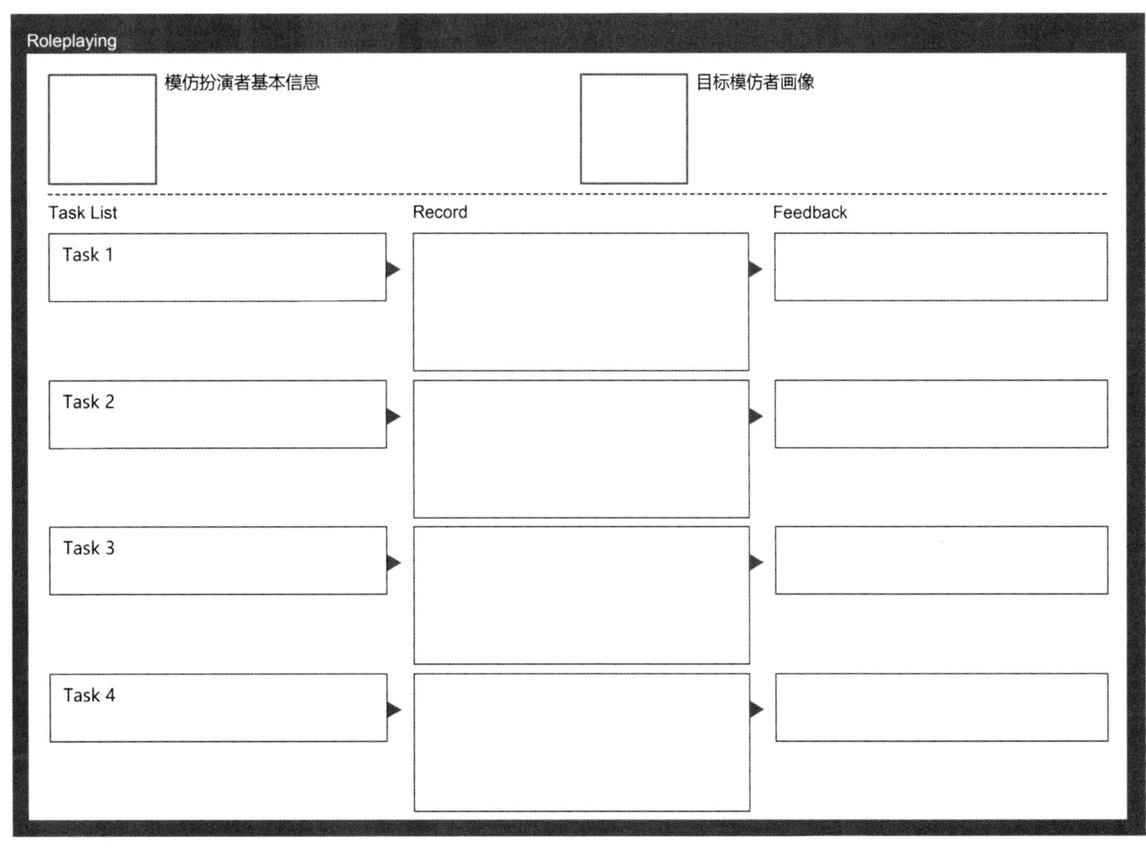


图 2.22　角色扮演信息模板

# 03 目标用户

根据桌面调研，我们发现盲人分为先天性盲人与后天性盲人两种类型，我们选择了有一定生活概念基础的后天性盲人

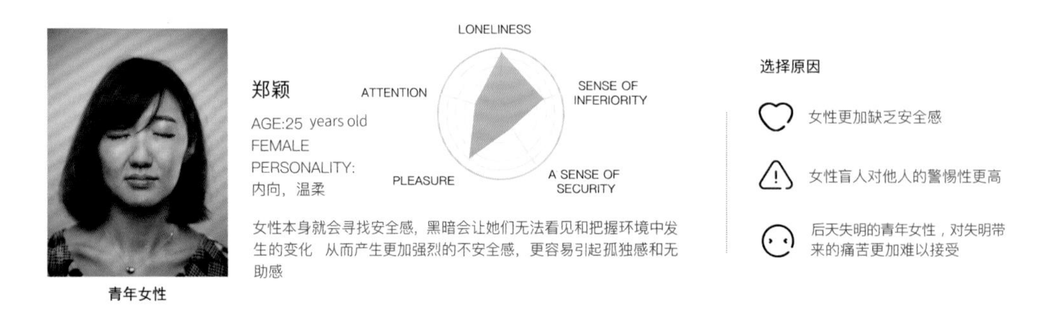


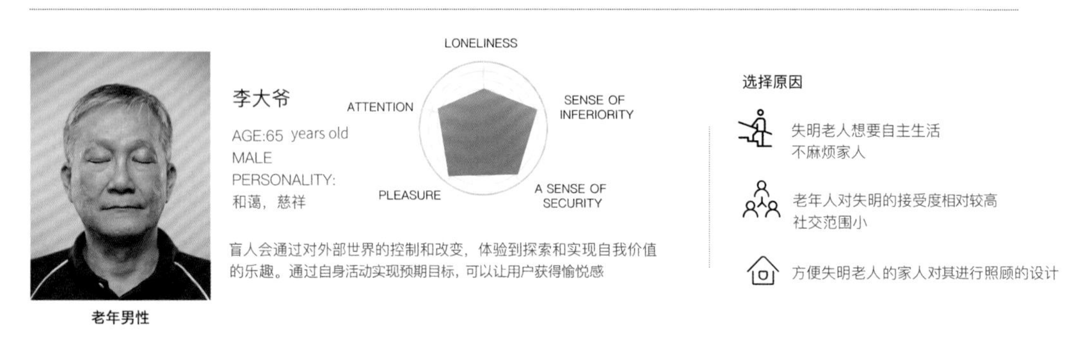

李大爷
AGE:65 years old
MALE
PERSONALITY:
和蔼，慈祥
LONELINESS
ATTENTION
SENSE OF INFERIORITY
PLEASURE
A SENSE OF SECURITY
盲人会通过对外部世界的控制和改变，体验到探索和实现自我价值的乐趣。通过自身活动实现预期目标，可以让用户获得愉悦感
老年男性
选择原因
失明老人想要自主生活
不麻烦家人
老年人对失明的接受度相对较高
社交范围小
方便失明老人的家人对其进行照顾的设计


图 2.23 盲人导航设备设计 - 用户访谈，设计者：赵龄皓

# 13 用户行程图

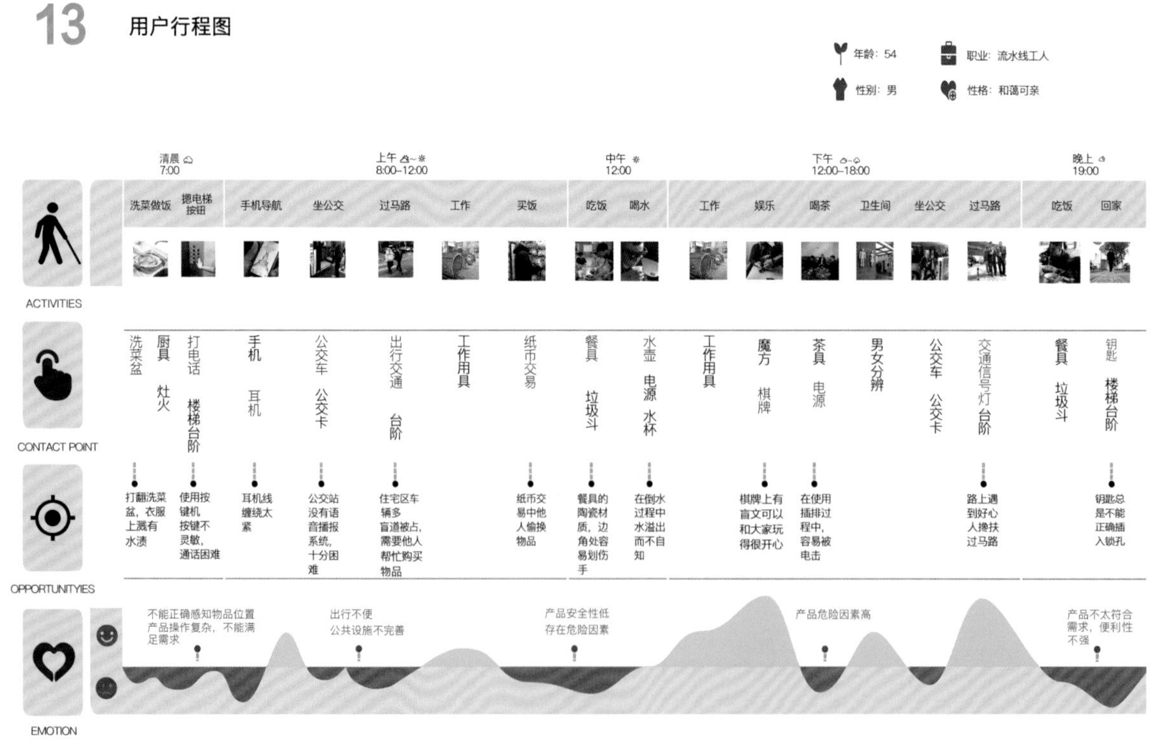


图 2.24 盲人导航设备设计 - 用户行程图，设计者：赵龄皓

立同理心，单纯依靠观察和访谈是不够的，而角色扮演可以帮助设计团队近距离感受失去视觉能力后生活中的许多细节问题。根据图 2.25 中的角色扮演信息模板，学生确定模仿者和被模仿者的人选，并根据之前的调研排查出在盲人日常生活中最容易出现问题的一些情景，依此制定出系列任务。模仿者需要在完成系列任务的全程遮挡双眼，凭借其他感官去完成任务；同时，模仿者需要实时向负责记录的人员汇报他们的感受，并由记录人员对每项任务进行拍摄和填写模板中用户反馈的部分。通过亲身体验，让设计者能够听到、想到、感受到用户的想法，进而在制作移情图（图 2.26）时更容易梳理出一手的用户痛点。

除了以上调研，基础的产品人机测量是必须进行的。依据这些调研成果，学生找到了设计的机遇并做出了盲人导航腰带的设计定位，如图 2.27 所示。这款可穿戴设备通过发送超声波测量距离，根据陀螺仪和角动量守恒原理，帮助盲人在日常外出时发现身边的危险，为他们选择安全、便捷的出行路线。同时，也可以有效缓解他们心里的恐惧和不安。

## 14　角色扮演

图 2.25　盲人导航设备设计 – 角色扮演，设计者：赵龄皓

## 15 移情图

图 2.26 盲人导航设备设计 - 移情图，设计者：赵龄皓

## 16 设计定位

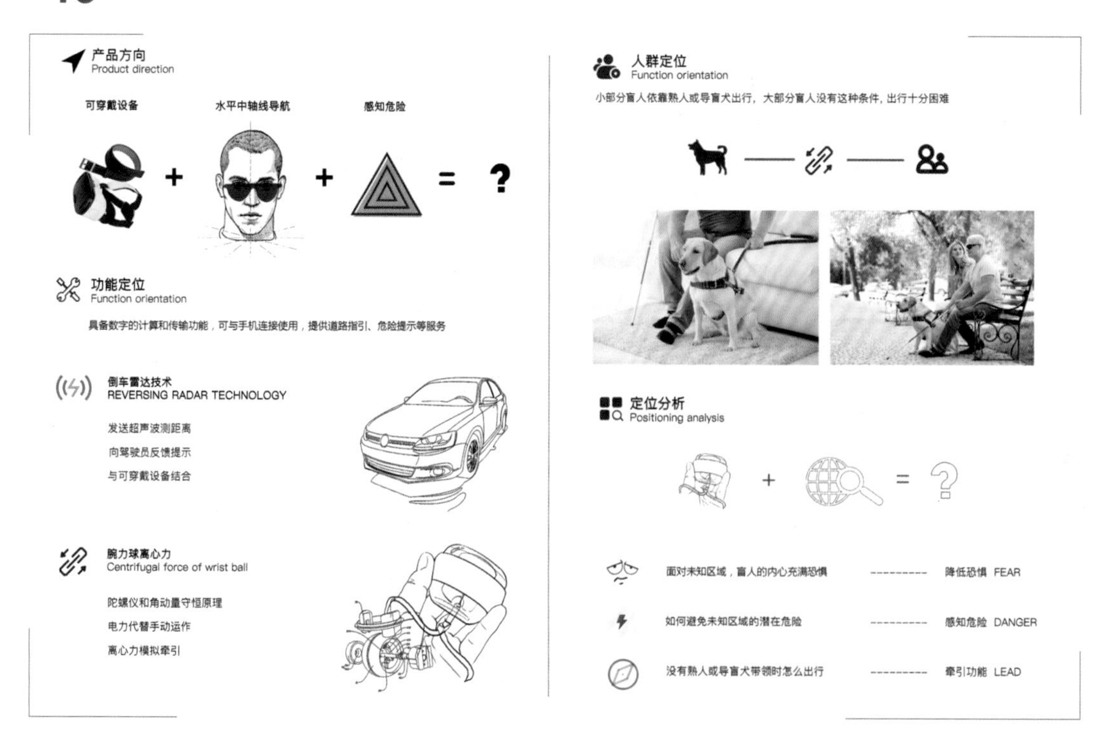


图 2.27 盲人导航腰带设计 - 设计定位，设计者：赵龄皓

## 2.5　案例分析 – 人机设计案例 5

案例分析法是在实测法和试验法的基础上进行的。如果要对人在操作产品时的动作进行案例分析，首先需要对人机交互的过程进行实测，即将人在操作过程中所完成的每个连续动作用仪器逐一记录下来；然后进行分析研究，排除其中不符合人机要求的部分，纠正不良姿势，从而有效地减轻人在工作时的劳动强度，提高工作效率。在对一种动作在一个作业班次内需要重复成千上万次的情况下，利用案例分析法，即使只去掉或改进一个动作，也可以对提高工作效率起到重要作用。在案例分析法中，通常要研究自变量和因变量。自变量就是实测中需要考虑的内容，如作业器具的尺度、照度值等因素；因变量是随自变量变化的因素。研究这两种变量的关系，找出其中的规律，进而为设计提供可靠的依据。

案例分析的基本步骤是“发现问题→分析问题→解决问题”。主要问题类型包括：①阐释型案例研究，描述别人不了解、不熟悉的情况；②探索型案例研究，用来研究大规模的综合型项目；③焦点型案例研究，关注某个独特案例，通常不具有普遍性。例如，为盲人设计的导航设备，在设计定位之前，通过阅读案例，列出重要事实及关键问题。进而分析存在的问题，即问题的起因是什么，这些问题会造成什么影响，是谁造成了这些问题？接下来，设计团队需要探索可能的解决方案，利用头脑风暴法集思广益，结合课堂阅读、课堂讨论、调研资料和设计师的个人经验，列出可能的解决方案。最后，设计团队确认最佳方案，通过案例分析收集最有力的证据来支持最后的设计决定，利用 SWOT 分析法客观公正地评估该方案的优势、劣势、机会和威胁。

图 2.28 中所进行的案例分析是关于盲人的出行辅助工具研究，根据现有产品的尺度、使用方式进行分析，做出设计待解决问题的深度界定。通过目标产品的竞品分析（图 2.29）和心理修正量（图 2.30）研究展示用户对产品的生理和心理需求。在分析问题环节，通过对目标用户的测量和分析，以方便使用、提高工作效率为前提，找到用户适合穿戴导航设备的身体部位（图 2.31）。在解决问题中，设计团队规避了传统的导盲杖解决思路，创新性地提出通过腰带进行导航的概念设想。

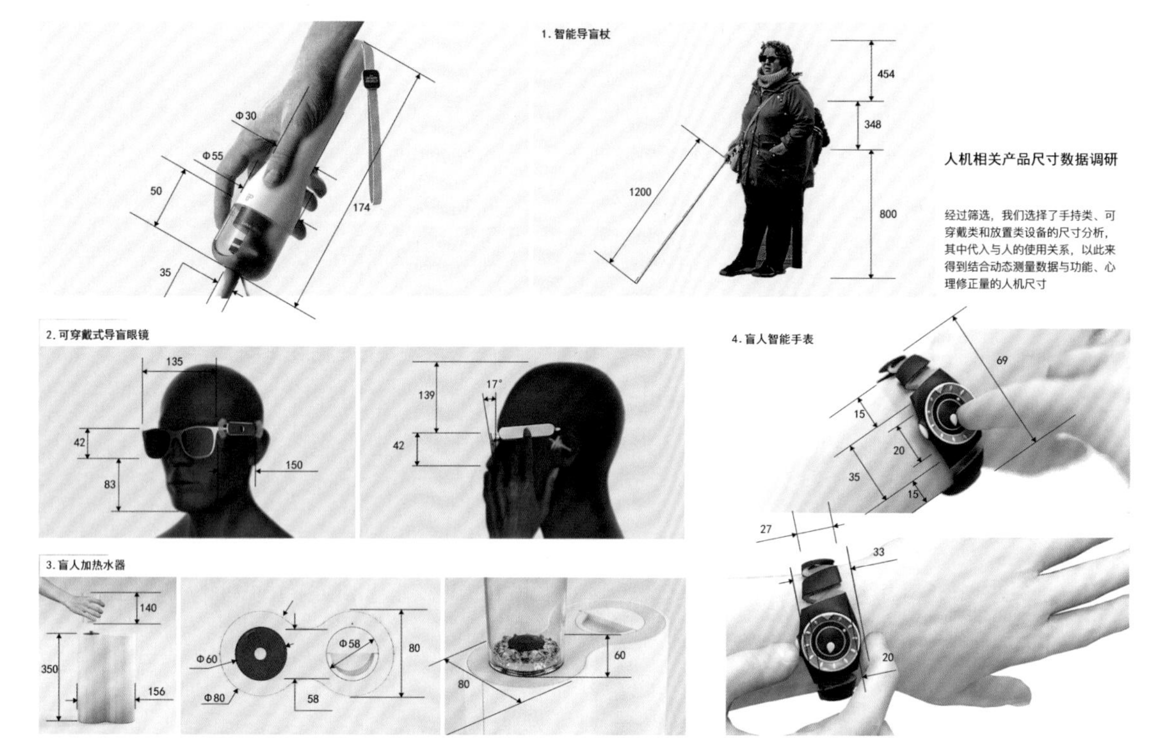


图 2.28　盲人导航设备设计－产品人机分析，设计者：赵龄皓

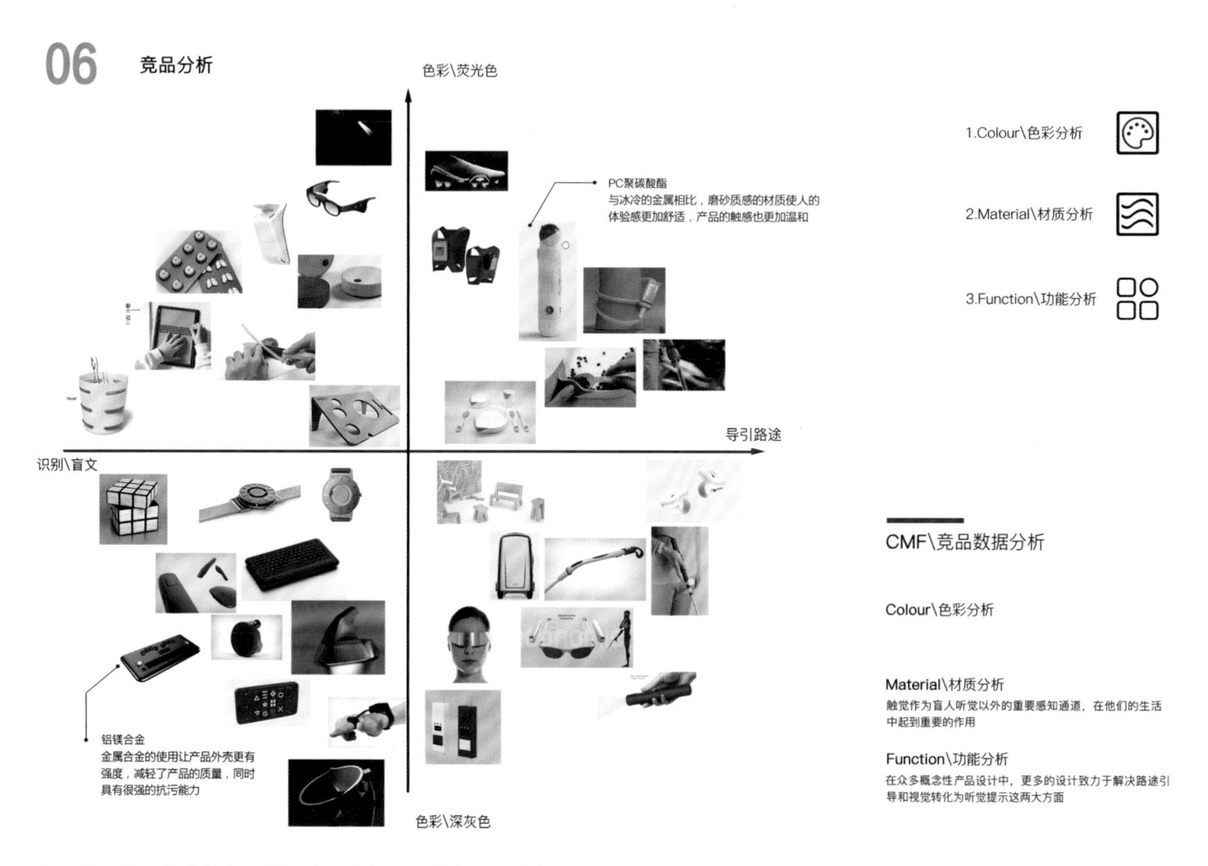


图 2.29　盲人导航设备设计－竞品分析，设计者：赵龄皓

## 11 心理修正量

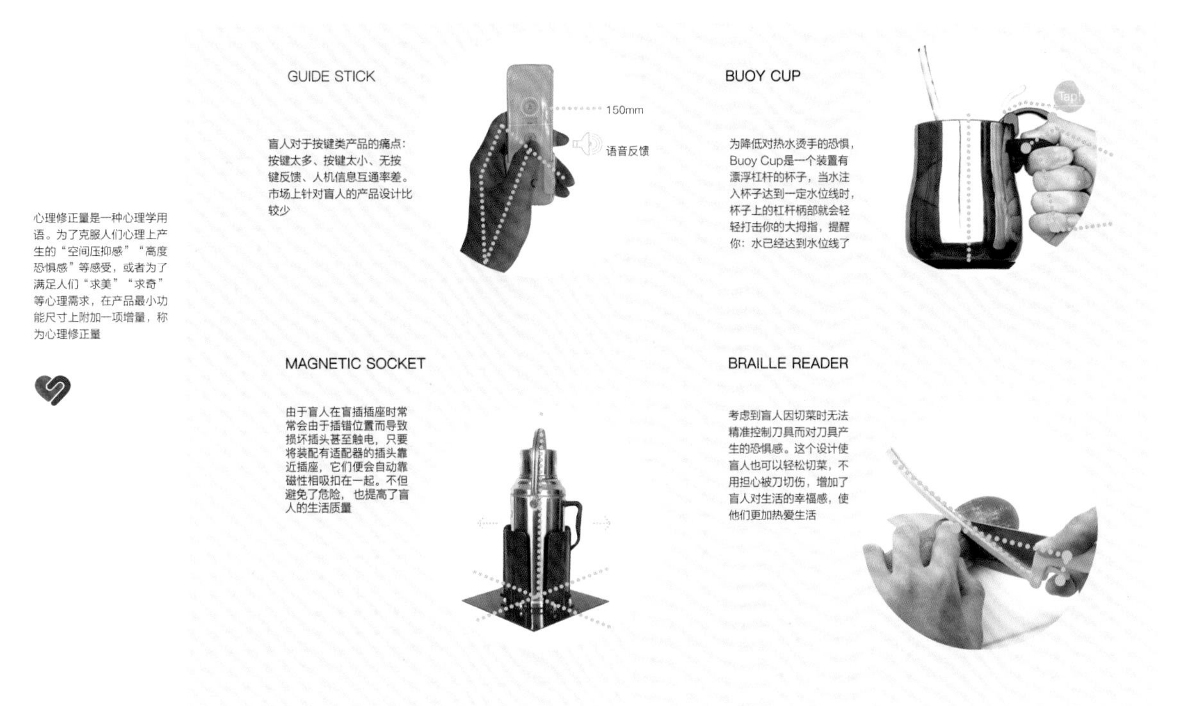

心理修正量是一种心理学用语。为了克服人们心理上产生的“空间压抑感”“高度恐惧感”等感受，或者为了满足人们“求美”“求奇”等心理需求，在产品最小功能尺寸上附加一项增量，称为心理修正量
GUIDE STICK
盲人对于按键类产品的痛点：按键太多、按键太小、无按键反馈、人机信息互通率差。市场上针对盲人的产品设计比较少
150mm
语音反馈
BUOY CUP
为降低对热水烫手的恐惧，Buoy Cup是一个装置有漂浮杠杆的杯子，当水注入杯子达到一定水位线时，杯子上的杠杆柄部就会轻轻打击你的大拇指，提醒你：水已经达到水位线了
MAGNETIC SOCKET
由于盲人在盲插插座时常常会由于插错位置而导致损坏插头甚至触电，只要将装配有适配器的插头靠近插座，它们便会自动靠磁性相吸扣在一起。不但避免了危险，也提高了盲人的生活质量
BRAILLE READER
考虑到盲人因切菜时无法精准控制刀具而对刀具产生的恐惧感。这个设计使盲人也可以轻松切菜，不用担心被刀切伤，增加了盲人对生活的幸福感，使他们更加热爱生活


图 2.30 盲人导航设备设计 – 心理修正量，设计者：赵龄皓

## 07 人机测量

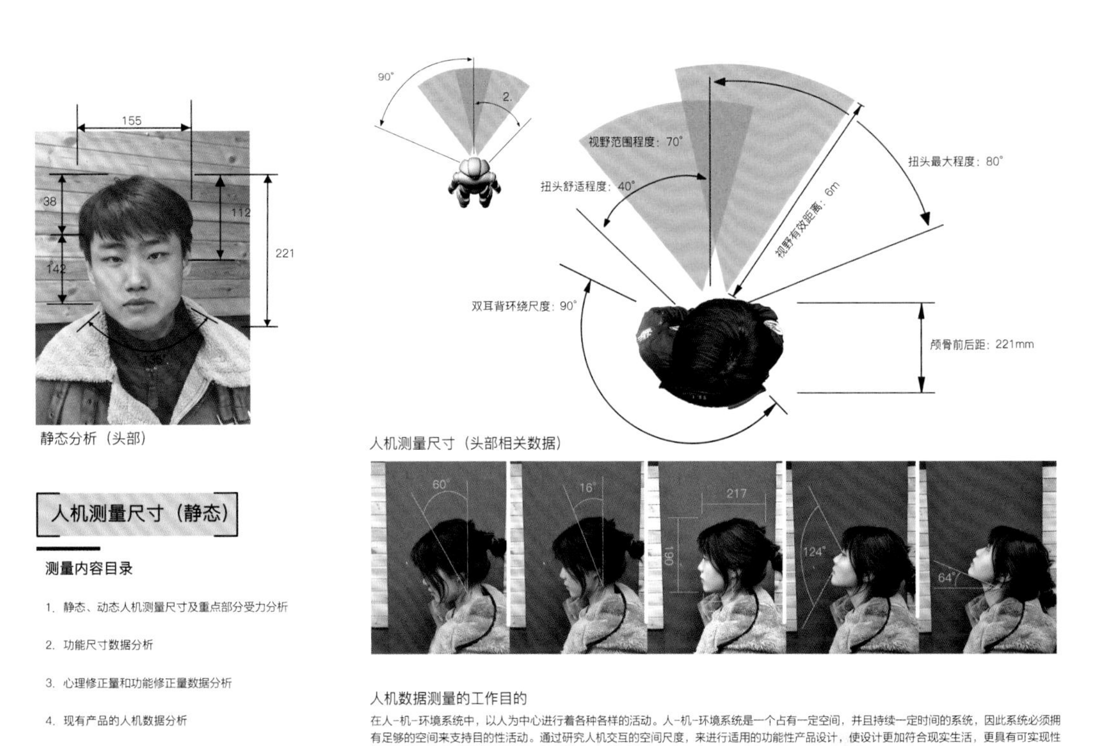

155
38
142
112
221
静态分析（头部）
人机测量尺寸（静态）
测量内容目录
1. 静态、动态人机测量尺寸及重点部分受力分析
2. 功能尺寸数据分析
3. 心理修正量和功能修正量数据分析
4. 现有产品的人机数据分析
90°
视野范围程度：70°
扭头舒适程度：40°
扭头最大程度：80°
视野有效距离：6m
双耳背环绕尺度：90°
颅骨前后距：221mm
人机测量尺寸（头部相关数据）
60°
16°
217
190
124°
64°
人机数据测量的工作目的
在人-机-环境系统中，以人为中心进行着各种各样的活动。人-机-环境系统是一个占有一定空间，并且持续一定时间的系统，因此系统必须拥有足够的空间来支持目的性活动。通过研究人机交互的空间尺度，来进行适用的功能性产品设计，使设计更加符合现实生活，更具有可实现性


图 2.31 盲人导航设备设计 – 人机测量，设计者：赵龄皓

# 2.6 同理心分析 - 人机设计案例 6

同理心地图是一个方便设计师了解目标用户的工具，一般在观察、访谈、用户行程图、角色扮演之后，综合各方面对目标用户的了解后，再进行同理心地图的制作，所以，这种方法类似于一种对目标用户各方面信息的总结。该方法不但可以帮助设计师在研究阶段产生同理心，更为关键的是，综合设计师的观察结果往往可以得出关于用户需求出乎意料的见解。同理心地图会有一个中心，并由该中心放射出 4 个象限，如图 2.32 所示。值得注意的是，地图的中心可以是一类目标用户，也可以是某个目标产品，随着中心的切换，4 个象限反映的内容也会发生调整。例如，如果中心是目标用户，那么，4 个象限反映了目标用户在观察和研究阶段展示其拥有的 4 个关键特征。其中，Hear 中可以包含的信息如用户周围的人会怎么评价他(她)；Think & Feel 是用户在完成目标过程中的想法和情绪体验；Say & Do 是用户为完成目标所做或者所说的事情；See 是用户

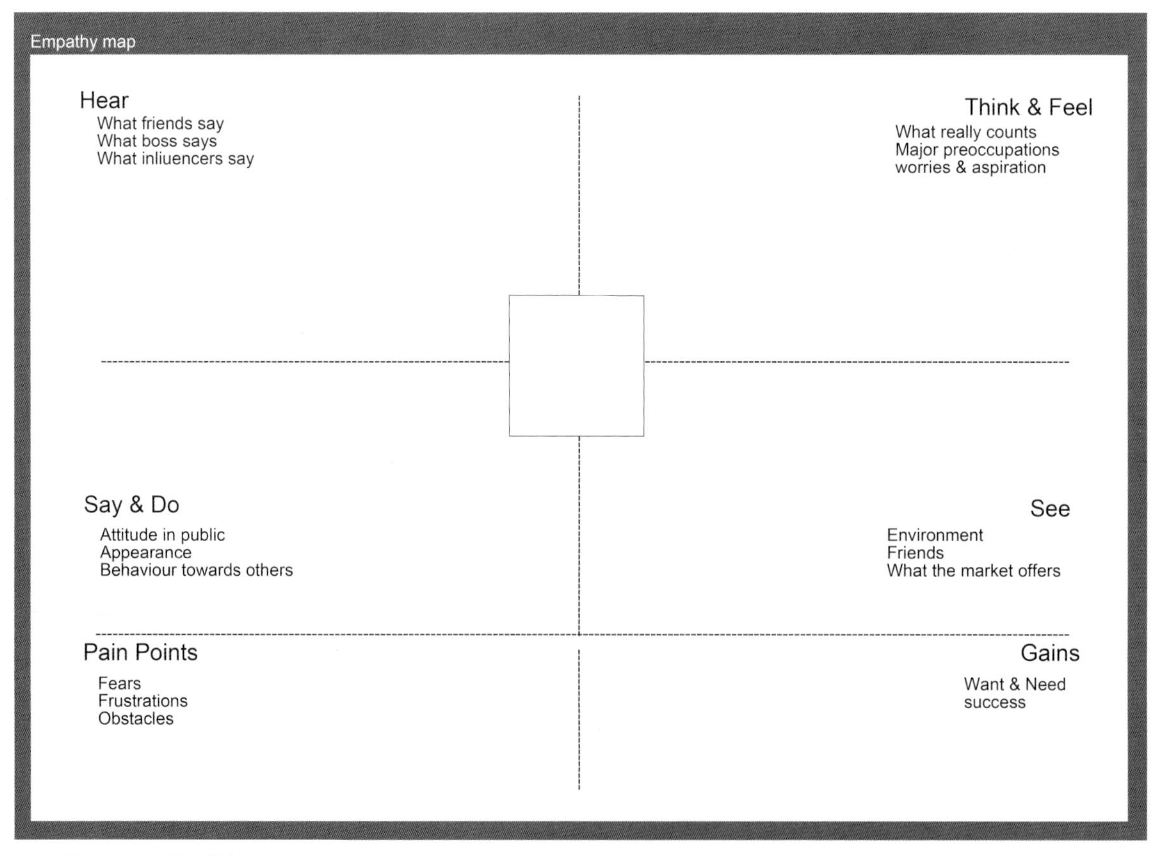


图 2.32 同理心地图模板

在过程中所看到和了解到的情况。通过 4 个象限的内容整合，进而获取和推测目标用户的痛点和收获。如果中心切换成目标产品，那么 4 个象限及痛点和收获会结合目标用户在使用某产品过程中的所思所感进行信息收集。掌握用户的一言一行非常容易，但明确他们的想法和感受，再在此基础上发展痛点和收获，则需要基于对他们的行为和对某些活动、建议、对话等的反应的认真观察和分析。

让许多初学产品设计的学生解释如何使用同理心地图，他们会认为当面对特殊人群的产品设计时，才会借助同理心地图去和用户建立关联。然而，他们往往忽略即使是生活在同一屋檐下的群体，每个人面对问题时的解决策略也会有所区别。这也意味着，做设计的时候不要主观判断或者一厢情愿，每个目标群体都可以依据同理心地图去了解他们真实的所思所感。

本节案例是儿童牙刷设计，虽然设计团队中的每个人都经历过童年，然而，现代儿童的生长环境、生活经历已经发生了变化，所以，要想了解儿童在生活中遇到的困难和痛点，实地的访谈、观察可以获得更多有效信息，在此基础上，建立同理心地图（图 2.33）和每日的生活行程图，并在其中发现儿童刷牙时常有不配合或不认真的情况。这款沙漏牙刷不但把刷牙的时间可视化，而且还增加了刷牙的趣味性。在方案阶段，对牙刷柄形体的推敲是建立在真实用户测试和反馈基础上的，最后的形态选择具有一定的说服力（图 2.34、图 2.35）。

EMPATHY MAP
To learn more about children, I've created a map of empathy that I hope will inspire me.
SAY AND DO
Chopsticks are so difficult to use that you can't use them.
Less time to communicate with family.
A haircut makes you cry and makes you irritable.
Energetic, energetic, and sleepy.
I don't like eating without snacks.
Eat everything in your mouth and feel everything with your mouth.
There is no sense of sorting out the rubbish toys.
GAIN
Enhance product safety, use non-toxic environmental protection materials, try not to use small, sharp parts.
Enhance the personal interaction of children's products
The appearance of children's products is changeable and interesting. Make children not easily bored, reduce the re-purchase of toys, so as to avoid unnecessary waste.
Through giving the child some housework activities, let the child establish a sense of responsibility.
Children like brightly colored objects and cute cartoon images
Children have incorrect postures about things like
THINK AND DO
Like bright colors, cute cartoon images.
Don't think you should take responsibility, and cry when your request is rejected.
Toothpaste is irritating. Brushing your teeth is boring;
The buzz of a scheme electrical generator.
You think you'll look ugly after a haircut. Think the snack tastes good and has a rich taste.
If you want to snack, you don't want to eat. Afraid of washing hair bath eyes water, eye irritation.
Bathing in water lacks a sense of security. Energetic rather than sleepy.
Easy to get happy, easy to get satisfied. Fear of the dark, fear of certain things.
PAIN POINT
There is no incentive attached to the product
Tools, tableware, etc are difficult for children to use.
The interest of existing children's products is based on adult guess.
The interestingness and freshness of the products cannot be guaranteed for a long time. Most of the products have been discarded before reaching their service life.
The interest of existing products is not strong, the specific interest stays to the appearance, but there is no interest in the use process.


图 2.33　儿童牙刷设计 - 同理心地图，设计者：李港迟

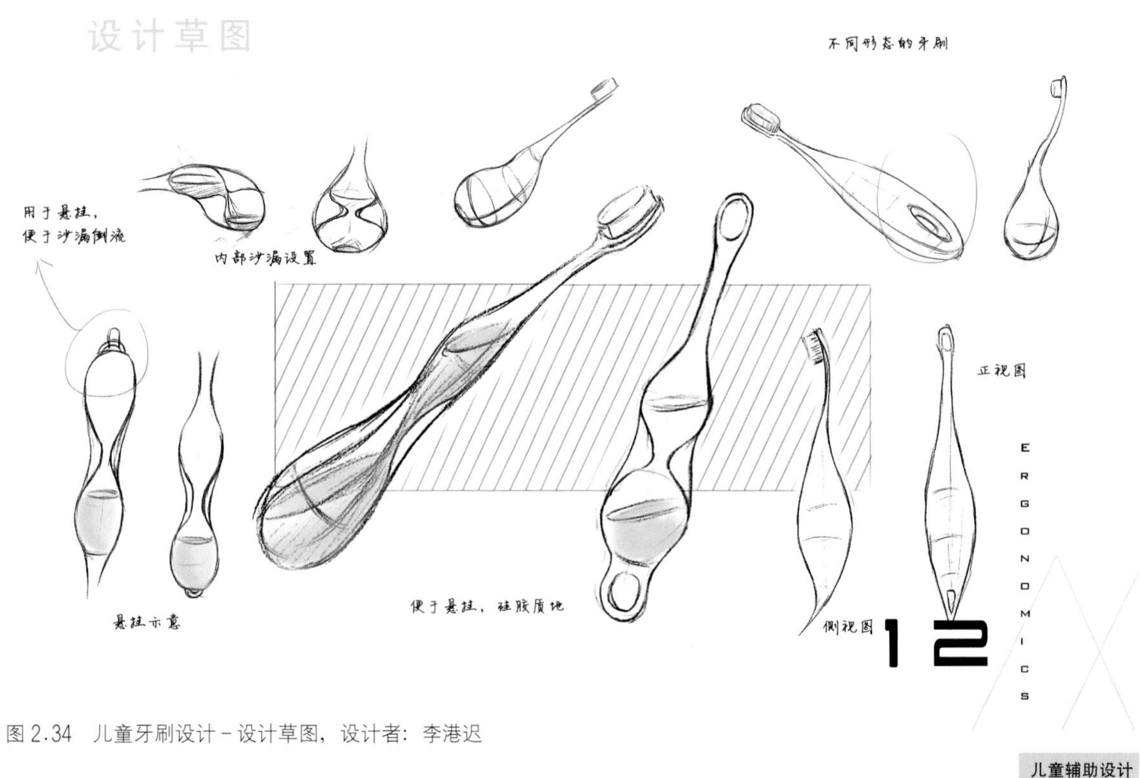


图 2.34　儿童牙刷设计－设计草图，设计者：李港迟

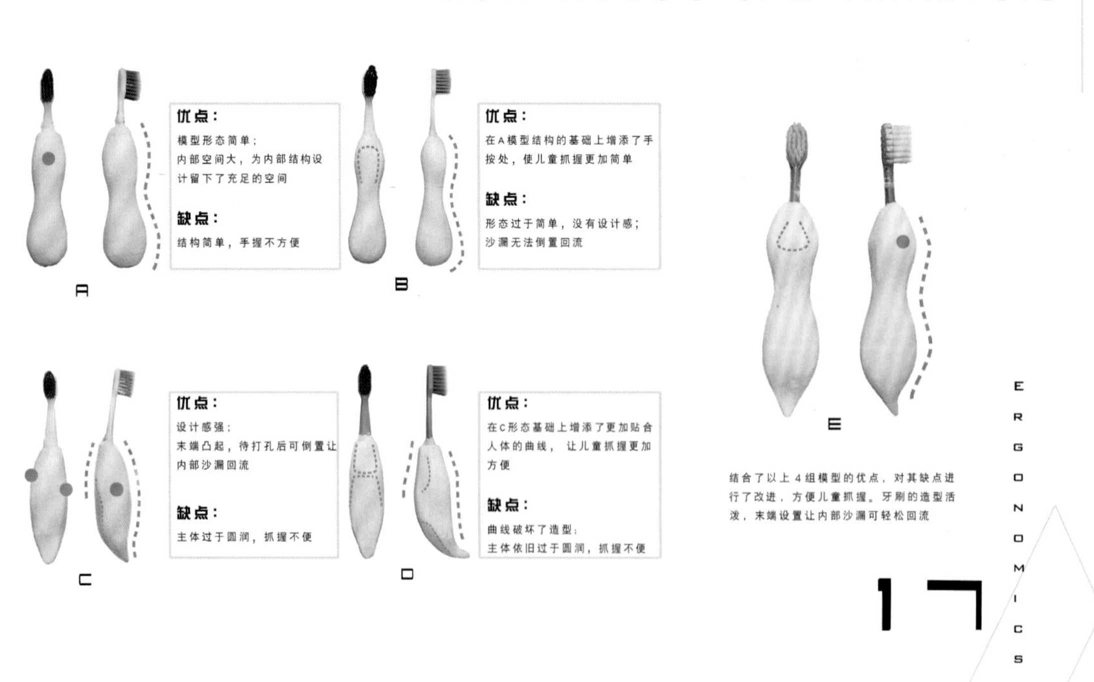


图 2.35　儿童牙刷设计－形态分析，设计者：李港迟

# 2.7　样机测试 – 人机设计案例 7

对于产品设计的人机研究而言，设计模型样机是设计过程中不可或缺的基本测试手段，虽然这使得设计周期较长，且不能保证最终的效果与设计意图相一致，但是样机可以为设计师提供真实的体验感，在对样机调整和修改的过程中，许多新的设计想法和创新也会随之出现。随着技术的发展，计算机模型测试也被设计行业广泛应用，设计师可以借助计算机软件进行人机工程学辅助分析，这类软件很多，相当一部分属于工科类分析软件，也有一部分属于艺术类软件。软件的运用方法不同，解决的问题也不同。例如，Design Simulation Technologies 公司研发的 Working Model 软件，是在 Auto CAD 平台上开发的用于机械结构有限元分析的专用软件，具有较精准的参数化控制，可以解决人机工程学中的一些力学分析问题。又如，美国的 ASL 眼动仪，通过捕捉人眼的运动轨迹，记录人眼观察物象时的视觉行程，进而研究引起人体视觉兴奋的要素及其规律。产品设计人机工程学的主要研究内容是人与产品的复杂关系，因此，综合实体样机和虚拟技术在各方面的优势，无疑会对设计有很大的帮助。

在一些复杂的系统、危险的情境或预测性的产品人机研究中，常采用虚拟技术和样机模型试验法。例如，对汽车碰撞的测试，用计算机数据或者操作训练模拟器等模型代替人体去进行各种危险的产品操控，这种通过逼真的系统试验获得现实情况下无法或不易获得数据的研究方法，可以充分显示样机测试的优势。虚拟技术或样机模型具有成本低、危险性小、可控性强、贴近实际等优点，因此在产品设计测试中应用广泛。样机测试是指在人为控制条件下，系统地改变一定变量因素，以引起研究对象相应变化来作出因果推论和变化预测的一种研究方法，是产品设计人机工程学研究中的重要方法。其特点是不必像观察法那样需要等待事情自然发生，而是可以系统地控制变量，使所研究的现象重复发生、反复观察，使研究结果容易验证，并且可对各种关系因素进行控制。

本节的案例是孕妇睡眠枕设计。在产品定位（图 2.36）后，学生针对睡眠枕进行多轮形态设定，并针对其中几种形态进行 1 :1 的样机制作，通过用户测试和反馈建议，选择最优方案，继续对方案进行样机制作和优化迭代，初代模型与人机实验、设计前期草图分别如图 2.37、图 2.38 所示。

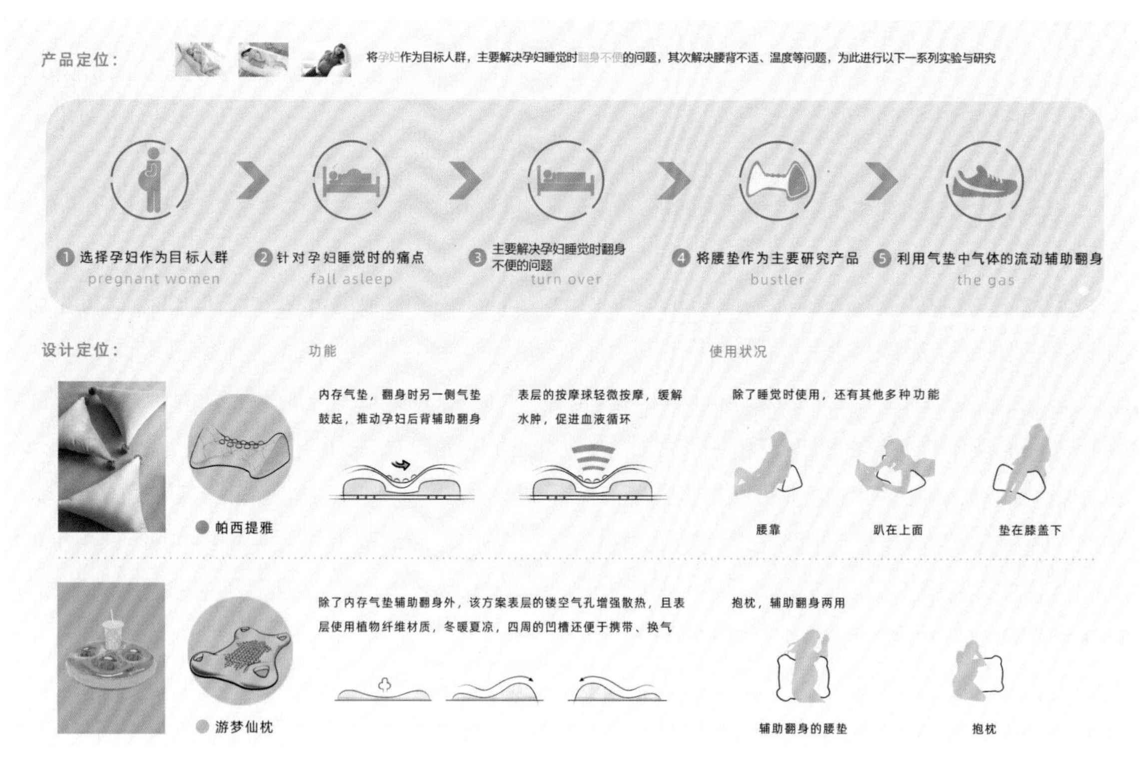


图 2.36　孕妇睡眠枕设计 - 产品定位，设计者：张子尧

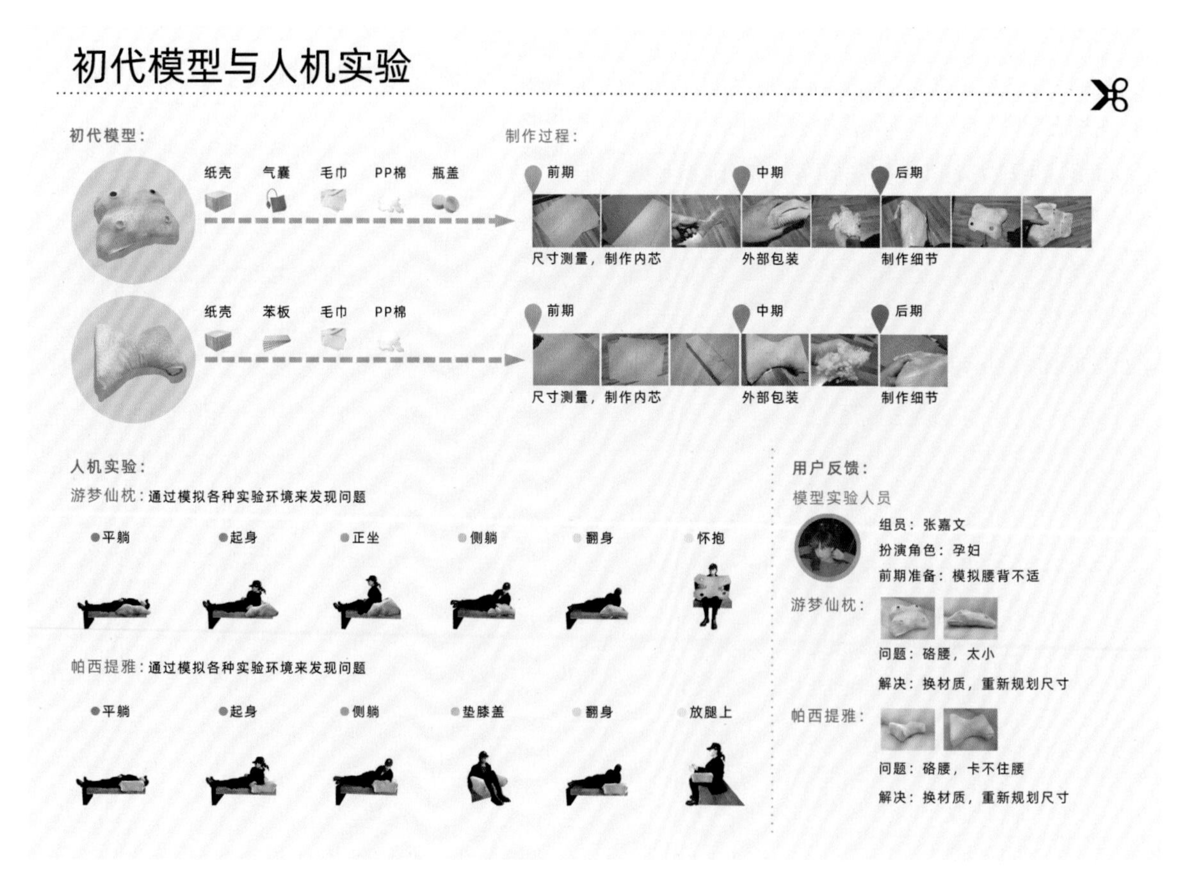


图 2.37　孕妇睡眠枕设计 - 初代模型与人机实验，设计者：张子尧

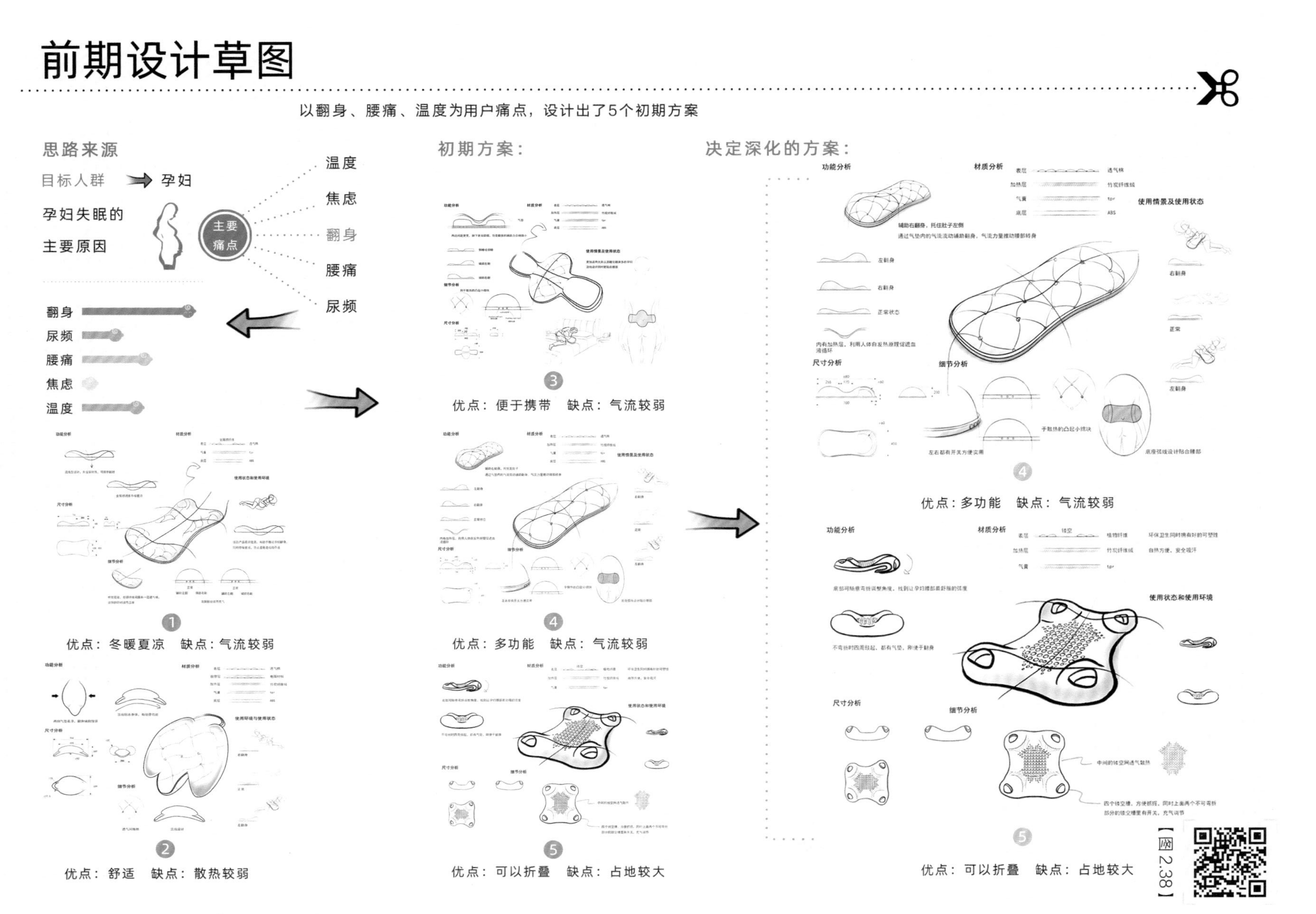


图 2.38 孕妇睡眠枕设计－设计前期草图，设计者：张子尧

# 2.8 感觉评估 – 人机设计案例 8

感觉评估是运用人的主观感受对系统的质量、性质等进行评价和判定的一种方法，即人对事物客观量作出的主观感觉度量。过去的感觉评估主要依靠经验和直觉，现在可应用心理学、生理学及统计学等方法进行测量和分析。感觉评估的对象可分为两类：一类是对产品或系统的质量、性质进行评价；另一类是对产品或系统的整体设计进行评价。前者可以借助检测仪进行评价，而后者只能由目标用户利用知觉地图进行主观评价（图 2.39）。感觉评估的主要目的有：按一定标准将各个对象分成不同的类别等级，评定各对象的大小和优劣，按某种标准度量对象大小和优劣的顺序等。

对某个产品进行评估所得到的用户在使用该产品时的心理状态通常可以细化成多个层次，如图 2.40 所示。例如，一个人在一定时间里是积极向上的还是悲观失望的，是紧张的激动的还是轻松冷静的。心理状态犹如心理活动的背景，心理状态的不同会使心理活动表现出很大的差异性。通过人的心理状态和生理

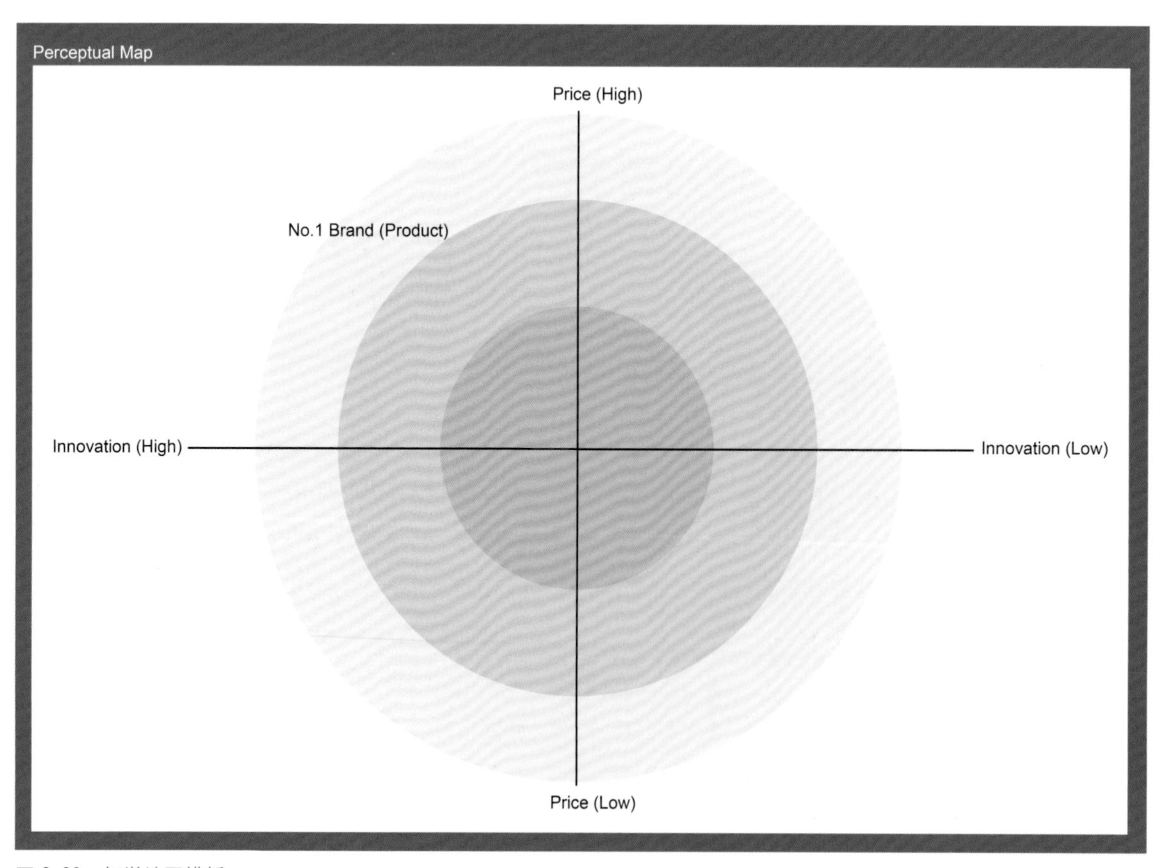


图 2.39 知觉地图模板

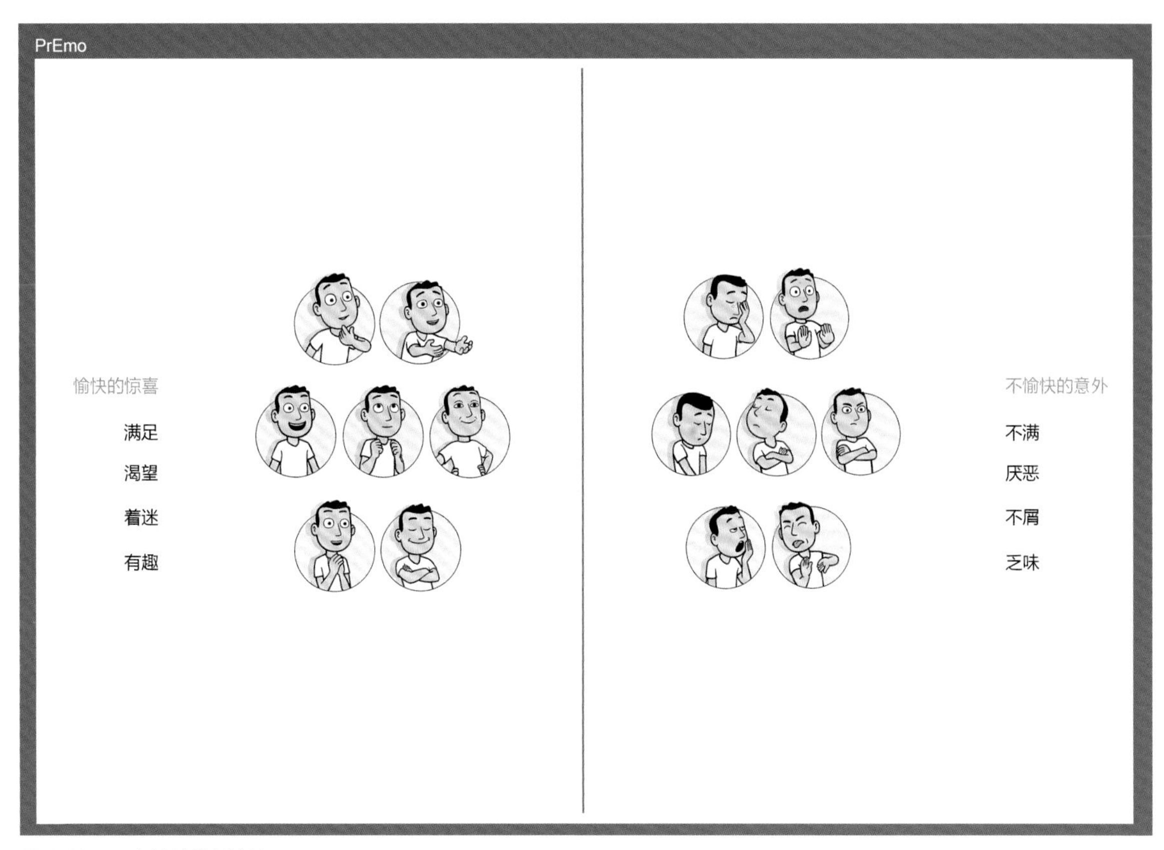


图 2.40　用户情绪模板（1）

指标，可以测量人体在不同状态下的舒适度和疲劳度，进而为人机系统的研究提供更加科学、有效的信息支持。

针对目标群体的感觉评估以心理学中个体差异理论为基础，将被测试个体在某种心理测验中的成绩与常模（标准化样本）进行比较，在设计中用来分析被测试者对产品所产生的心理因素的一种方法。感觉评估的测试方式可分为团体测验和个体测验。测验必须满足的两个条件：第一，必须建立常模；第二，必须具备一定的信度和效度，即准确而可靠地反映所测验对象的心理特征。在图 2.41 中，将产品对用户造成的情绪进行了细分，在横向坐标轴的两侧分布着消极和积极情绪的类型，而在纵向坐标轴上则反映出产品对用户产生刺激或者唤起度的高低。如果一个产品的各项设计因素，如外观造型、使用方式、功能设置等给用户带来的情绪是正向的，可以通过该图表对这些模糊的情绪进行具体描述，给产品设计更为准确和细致的心理评价。

对于产品的主观评估，可以帮助设计者在设计中将用户心理需求加以表述。本节的案例是针对盲人的日用器皿设计。在对产品进行设计目标定位后，结合用户的感觉评价和产品功能分析对日用器皿产品进行了评估；在进行草图设计和模型制作后，设计者通过用户测试与反馈，对产品模型进行了优化，如图 2.42 至图 2.44 所示。

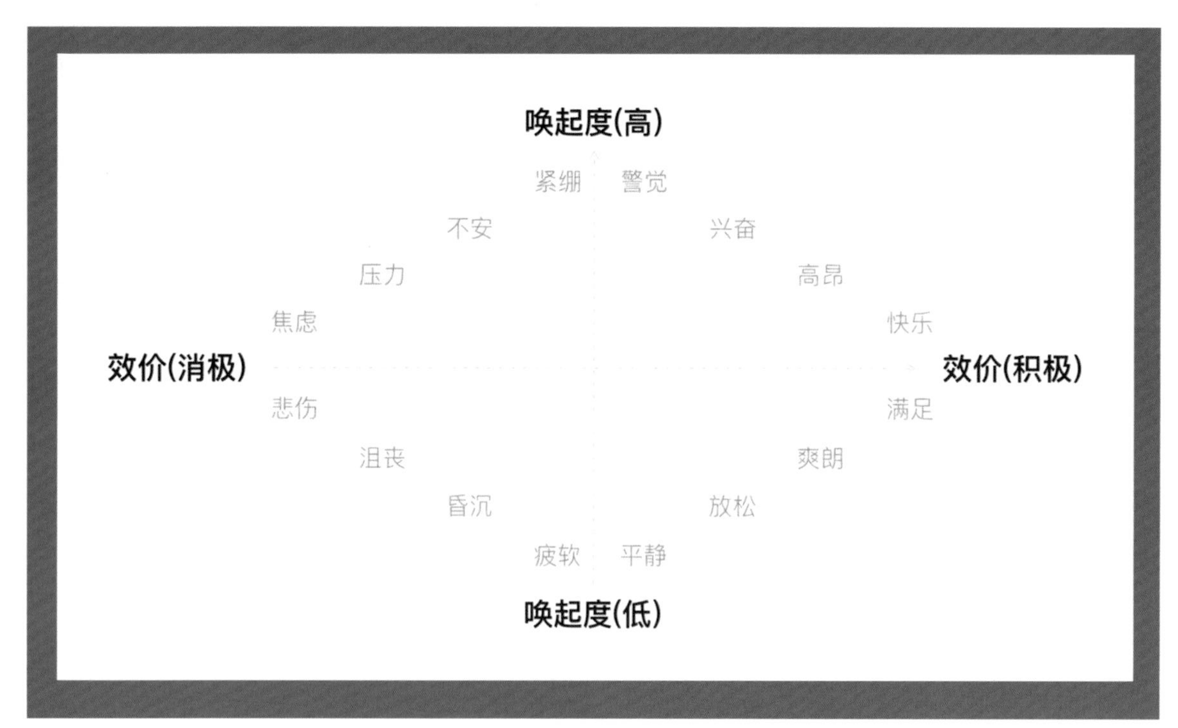


图 2.41 用户情绪模板(2)

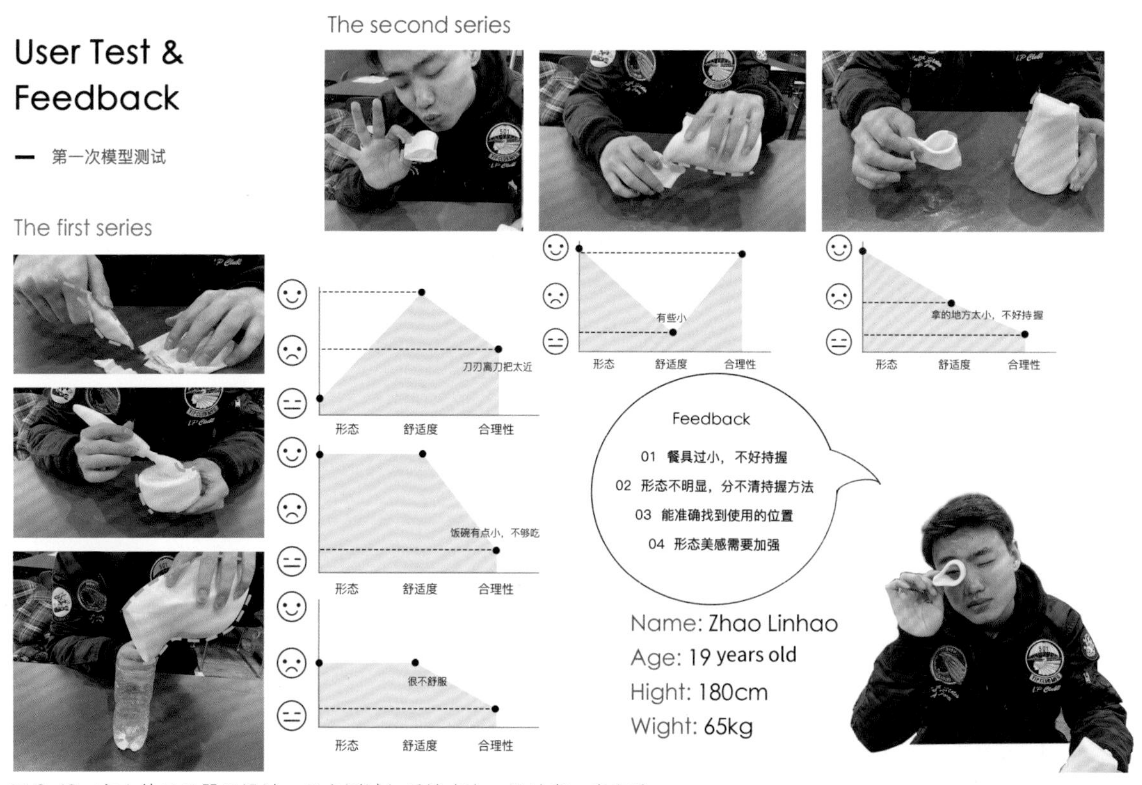


图 2.42 盲人的日用器皿设计－用户测试与反馈(1)，设计者：袁康玲

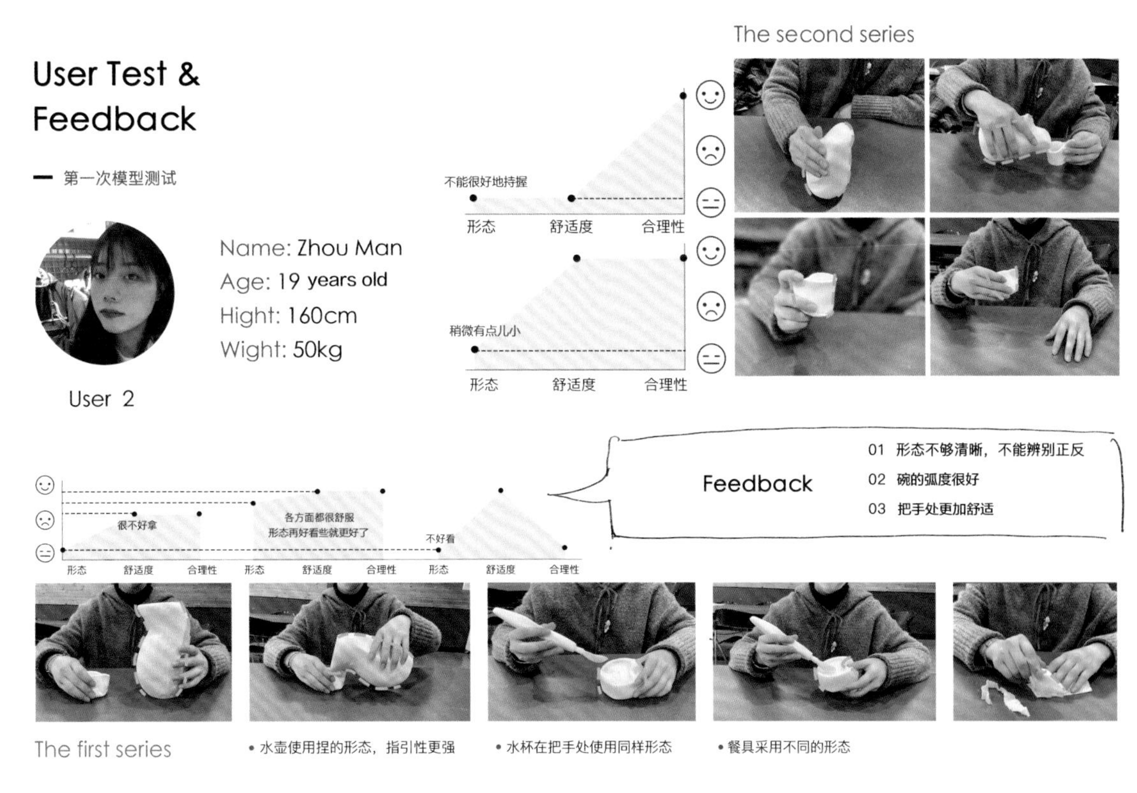


图 2.43　盲人的日用器皿设计 – 用户测试与反馈（2），设计者：袁康玲

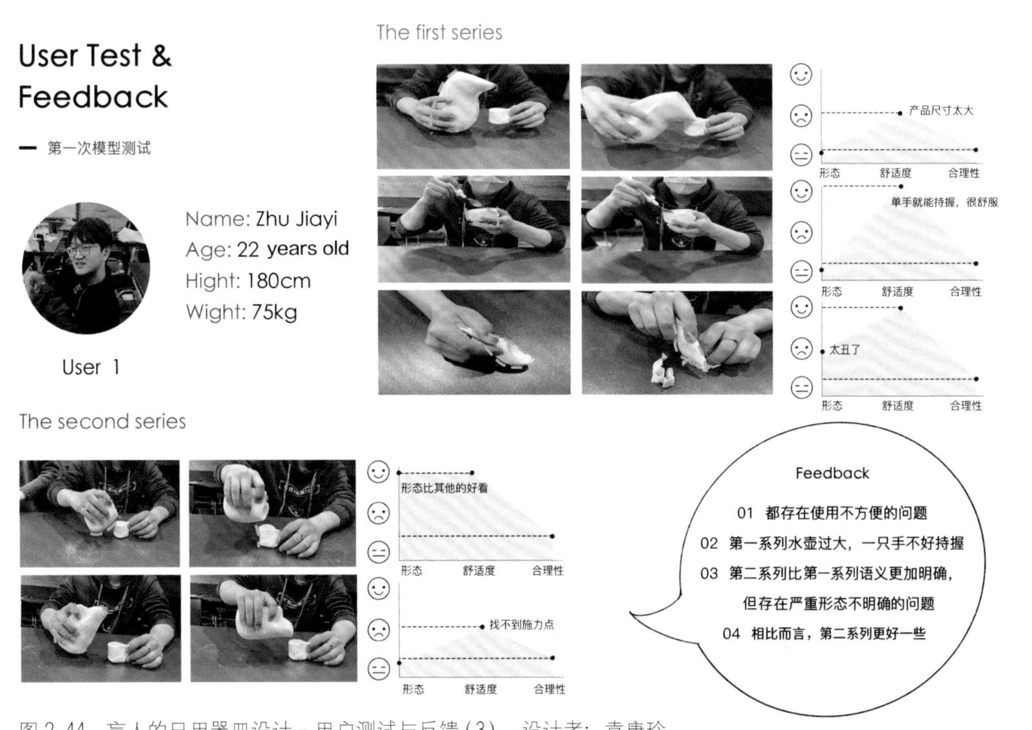


图 2.44　盲人的日用器皿设计 – 用户测试与反馈（3），设计者：袁康玲

# 2.9 对比研究 – 人机设计案例 9

使用对比研究法对产品设计人机因素进行分析，需要明确两个要素：对比对象、对比维度 / 指标。首先，对比对象一般分为自身对比、行业对比两种情况。例如，为一款产品设计两种方案，并就这两种方案进行人机因素对比研究，进而找到更理想的方案，这种情况就属于自身对比；如果就一个设计目标完成一个设计方案，并在市场中找到与之形成竞品关系的产品，与之进行对比研究，那这种情况则属于行业对比。Harris 图表模板（图 2.45）可以帮助设计者以量化的形式对比几种同类产品的优势与劣势。在模板中，可先根据每一次对比产品的差异设置相应的对比标准，然后根据产品之间的评分及可视化对比结果，客观规划产品的改进计划。

接下来是对比维度 / 指标，一般从以下 3 个维度进行比较。

第一，数据整体的大小，是指某些指标可以用来衡量整体数据的大小。常用的有平均数、中位数，或者某个设计属性指标，如功能尺度、结构可行性、生理尺度和心理尺度等。

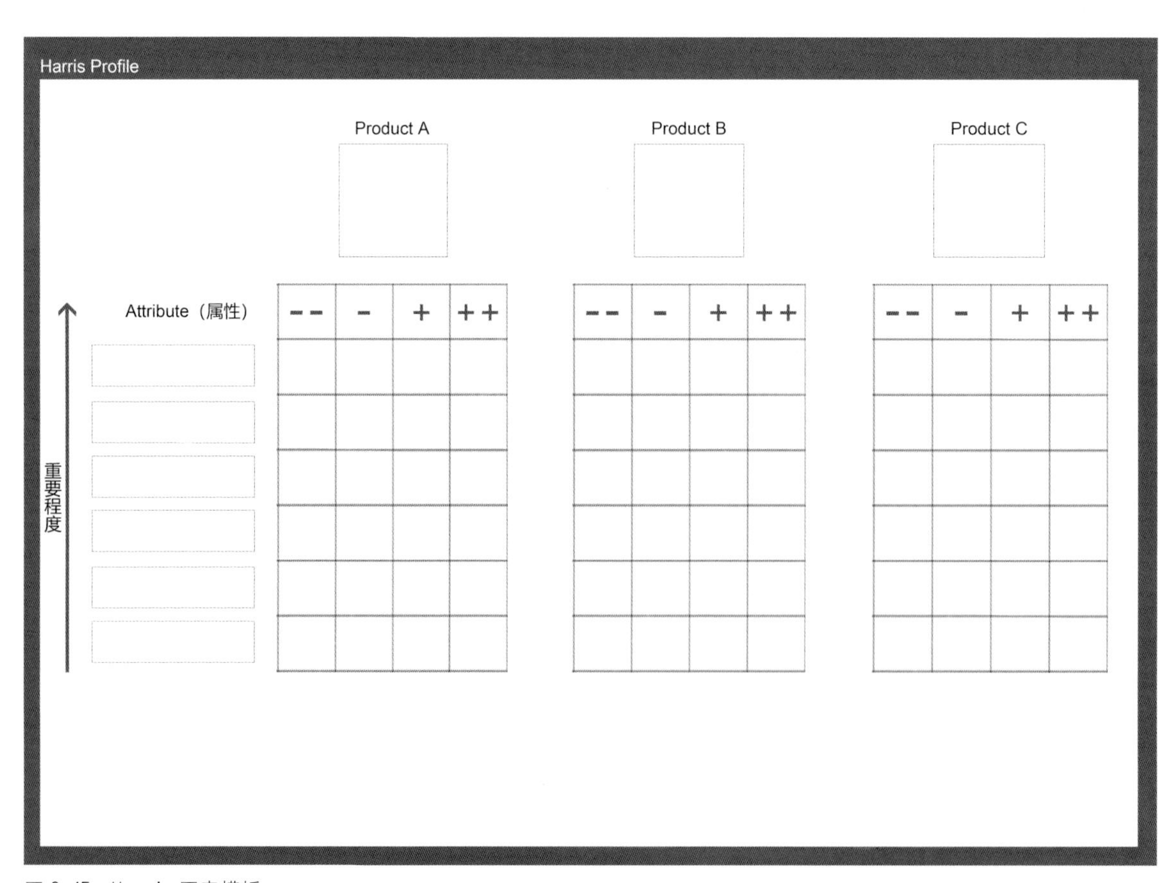


图 2.45 Harris 图表模板

第二，数据整体的波动。标准差除以平均值得到的值称为变异系数。变异系数可以用来衡量数据整体的波动情况。

第三，趋势变化。趋势变化是从时间的维度来看数据随着时间推移而发生的变化，常用的图表有时间折线图（年月日）、同比、环比等。同比是指与去年同一个时间段对比；环比是指与上一个时间段进行比较。

图 2.46 所示的价值曲线图表模板，可以帮助设计者将自己的设计与现有产品进行多属性综合对比，进而推断出产品将面临的潜在机遇和挑战、自身的优势和缺陷等问题。价值曲线图表模板中的对比标准会根据不同种类的产品进行相应调整，以确保对比结果的可行性和实用性。

在产品设计中常用到一种称为 A/B 测试的方法，用来验证产品设计方案的优劣，其背后的逻辑也是运用了对比研究的方法。本节的案例就利用了 A/B 测试法对目标产品进行对比研究，进而选出可以优化的设计方案。对于孕妇睡眠枕的设计，学生同时进行两种不同形态和结构的设计，并分别对它们进行了用户测试。根据测试结果，将 A 设计方案和 B 设计方案的用户实验反馈进行整理和可视化（图 2.47），进而通过各种人机因素和属性对两种方案进行对比和评估，如图 2.48 所示。在评估后发现两种方案均有一定的用户支持率，于是学生选择将两种方案平行进行设计改进和迭代。

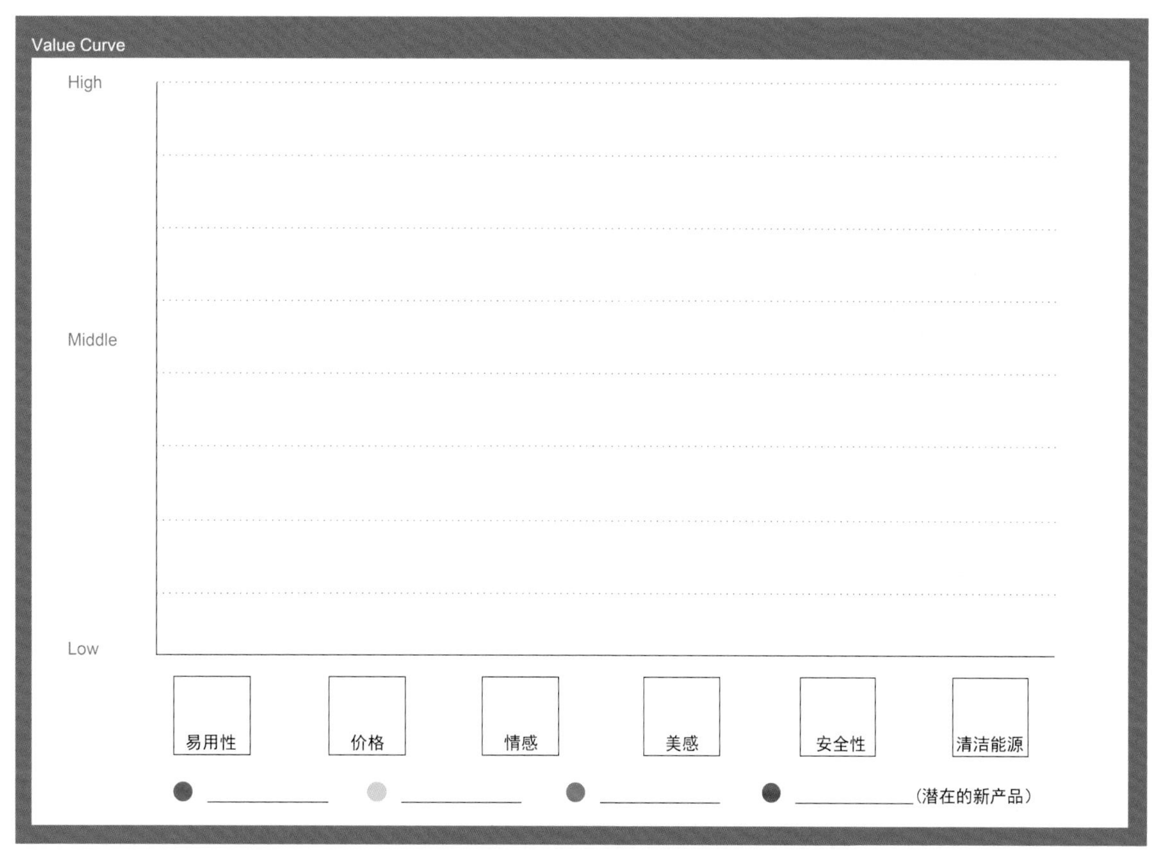


图 2.46　价值曲线图表模板

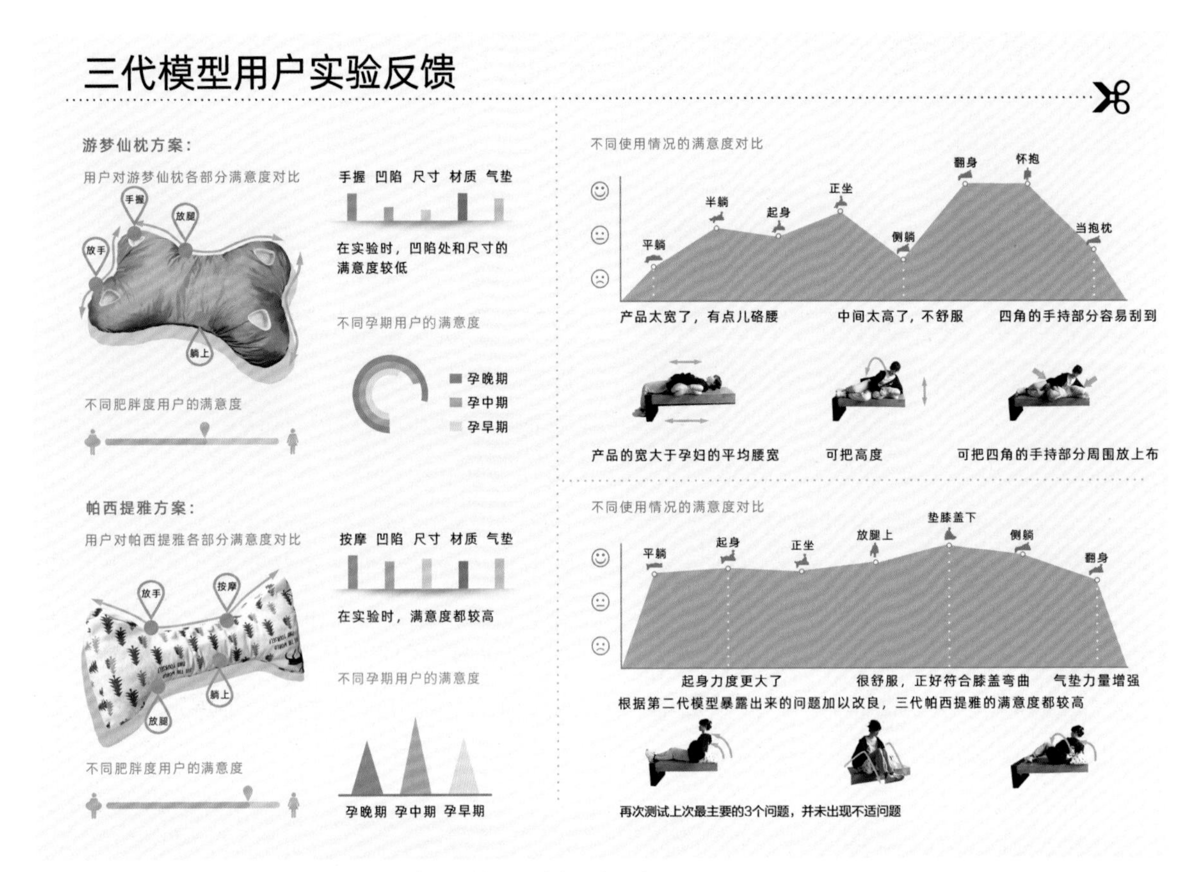


图 2.47 孕妇睡眠枕设计 - 三代模型用户实验反馈，设计者：张子尧

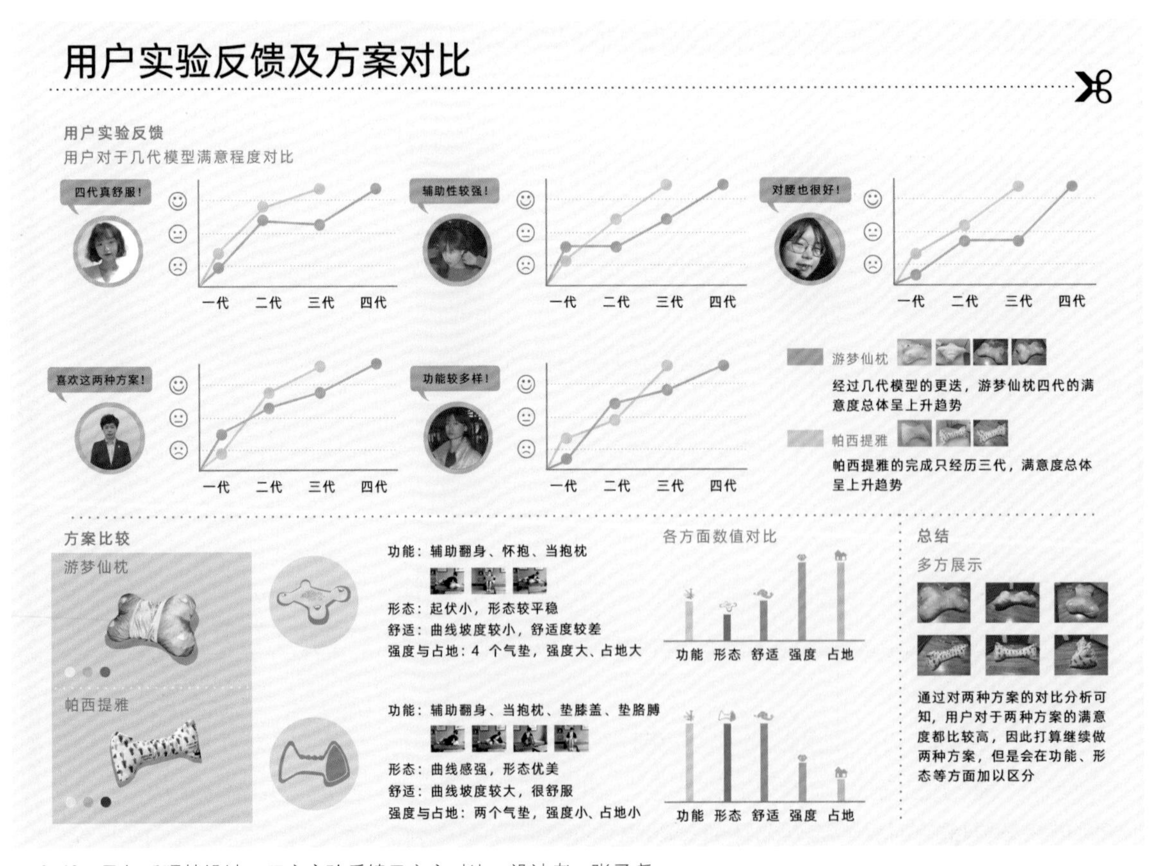


图 2.48 孕妇睡眠枕设计 - 用户实验反馈及方案对比，设计者：张子尧

# 2.10　情境模拟 – 人机设计案例 10

在广泛的产品设计人机工程学研究中，选择合适的研究环境、进行精密的实验情境模拟是完成一项研究的关键环节。设计师在测试实验之前，会对实验场景进行模拟搭建，以确保受邀测试用户可以体验真实的使用环境。一个周密而完善的实验设计，能合理地安排各种实验因素，严格地控制实验误差，从而用较少的人力、物力和时间，最大限度地获得丰富而可靠的数据资料。同时，在人因工程与人机工效测评中，遵照国际系统研制过程，在正向设计的过程中建立边设计边评估的研究路线，进行有效的人机工效评价，对于降低产品设计成本、缩短设计研发周期、满足用户各项需求等具有重要意义。

设计师需要构建理想的研究环境。产品设计中的人机实验是指通过人为的、系统的控制操作环境，进而影响个体某些行为的变化，并对其进行观察、记录和解释的科学方法。研究人员需选择合适的研究环境，通过精密的实验设计，采集客观个体的反应数据，进而揭示变量之间的相关关系或因果关系，验证实验假设。根据科学研究方法及智能装备开发与测评阶段，从数字样机、虚拟样机或装备原型到物理样机与环境模拟，以及最后的实际测试，均需考虑合适的测评环境。常见的环境研究包括以下几种。

1. 实验室环境研究
实验室环境研究是指在标准的实验室环境中，完成特定的实验设计任务，并使用相关的仪器设备进行有控制的观察与数据采集。它可以提供精确的实验结果，常用于对感知、记忆、思维、动作和生理机制方面的研究。研究的刺激材料一般以计算机或手机终端为载体进行，如人机交互原型、App 应用程序，以及图片、文本、视频、音频、网页等。

2. 虚拟现实环境研究
虚拟现实环境研究是近些年出现的新兴研究方法，已广泛应用于核电、航空等领域。通过 VR/AR 技术创建和体验虚拟世界的计算机仿真系统，利用计算机生成一种模拟环境，使用户沉浸到该环境中。虚拟现实环境一般包括可穿戴虚拟现实实验室、多人交互虚拟现实实验室及 CAVE 虚拟现实实验室等。

3. 真实现场环境研究
真实现场环境研究是在完全真实的环境下进行任务操作，如自然驾驶任务、消费行为研究等，采集其多维数据反应的研究方式。在该研究方法中，测试无法控制其他可能的因素对研究结果的影响，但是研究的生态效度更高。

4. 环境模拟实验室研究
环境模拟实验室研究包括两种：一种为物理环境模拟研究，通过创建物理环境模拟舱，如驾驶模拟舱、飞行模拟舱，基于模拟、投影图像显示技术来进行模拟实验；另一种为声光环境模拟研究，通过仿真数据库驱动环境模拟，包括光学数据库、声学数据库等，可进行声、光、振动、微气候模拟，以及在不同模拟环境中同步采集人 – 机 – 环境多维度主客观数据，并进行人机交互测评研究。

设计团队要注意实验设计中的变量。变量是

指在数量上或质量上可变的事物的属性，在人因与科学研究中一般包括自变量、因变量与控制变量。此外，相关研究还会引入调节变量或中介变量。

本节案例是一个盲人的情绪感知设备设计。通过对设备的设计定位（图 2.49），设计者开始对设备进行多轮的草图设计，并制作了 1:1 的初代草模型，如图 2.50 所示。根据设

图 2.49　盲人的情绪感知设备设计 – 设计定位，设计者：张启硕

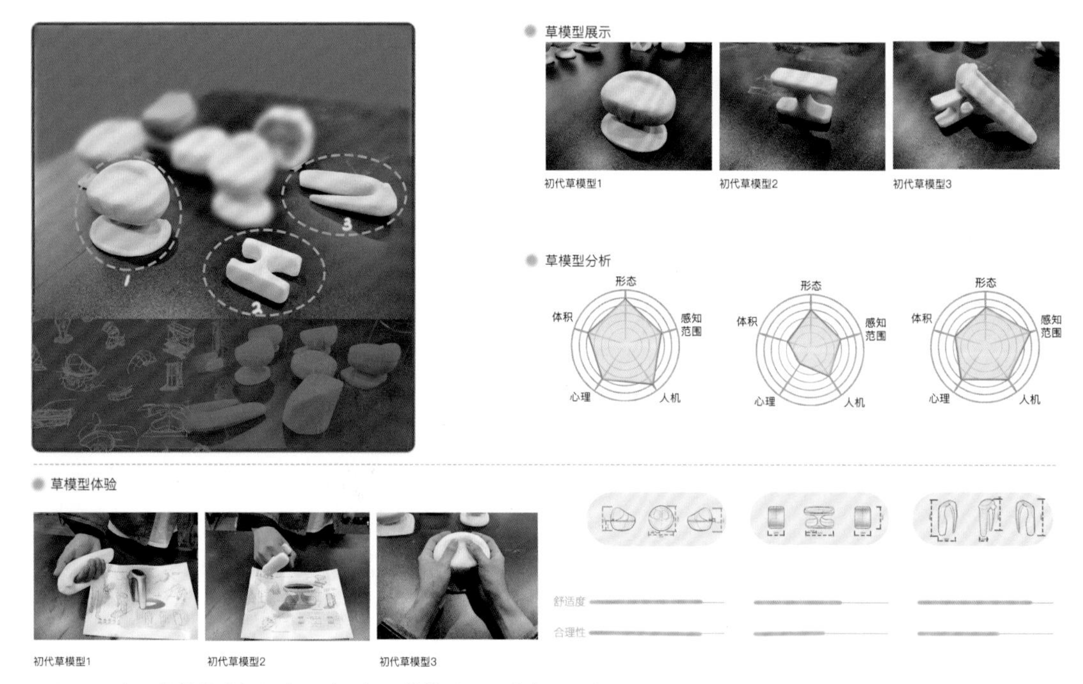


图 2.50　盲人的情绪感知设备设计 – 初代草模型，设计者：张启硕

备的使用情境，设计者模拟了真实的交谈环境，在模型上标记出盲人触摸设备的范围，并用标尺记录设备在用户交谈时所处的最佳方位和角度，以此作为参照标准，对设计进行评估和优化迭代，如图 2.51、图 2.52 所示。

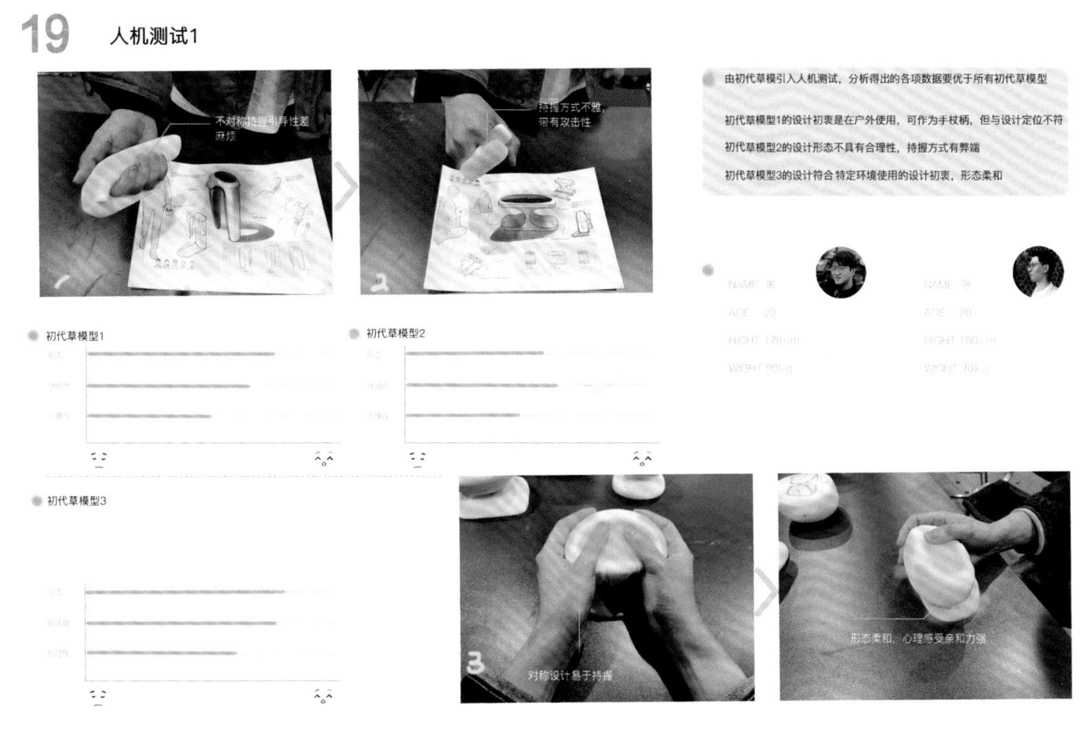


图 2.51　盲人的情绪感知设备设计 - 模拟实验（1），设计者：张启硕

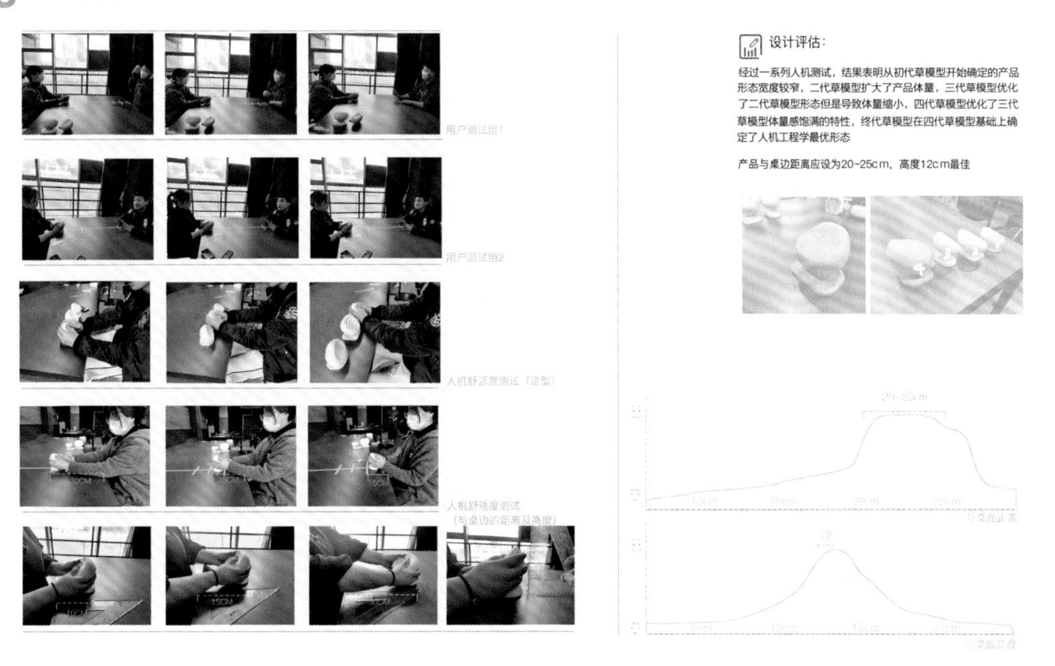


图 2.52　盲人的情绪感知设备设计 - 模拟实验（2），设计者：张启硕

**思考题**

(1) 如何通过观察采样获得设计的研究目标?

(2) 论述问卷和访谈在产品人机设计调研中的逻辑关系。

(3) 实地测量的研究内容和目标是什么?

(4) 论述角色扮演对于获得用户信息的价值。

(5) 如何利用案例分析进行人机设计?

(6) 如何建立目标用户之间的同理心?

(7) 产品设计中样机测试的方法有哪些?

(8) 如何利用感觉评估改善产品的人机关系?

(9) 对比研究的原则与方法有哪些?

(10) 如何进行产品设计人机模拟实验?

# 第 3 章
# 人机研究对接产品设计各要素

## 本章要点

1. 产品设计中的各项要素。
2. 人机工程学在产品设计各要素中的作用。

## 本章引言

产品设计师通过对人生理、心理、生活习惯等一切关于人的自然属性和社会属性的认知，进行产品的功能、性能、形式、价格、使用环境的定位，结合材料、技术、结构、工艺、形态、色彩、表面处理、装饰、成本等因素，从社会、经济、技术的角度进行创意设计，在企业生产管理中保证设计质量实现的前提下，使产品既是企业的产品、市场中的商品，又是人们生活中的用品，达到顾客需求和企业效益的完美统一。

对于产品设计而言，人机工程学研究难道仅仅局限于前期的设计调研和后期的设计测试吗？随着我们对人机工程学的深入了解，会发现人机因素可以在产品设计的各个环节发挥重要作用。本章将影响产品设计的关键因素分解为 6 个，即创新要素、功能要素、审美要素、商业要素、社会要素、适用要素。通过鲁迅美术学院工业设计学院师生的人机设计案例，讲解在具体的设计实践中如何结合人机工程学的知识实现设计的优化和迭代。

# 3.1 创新要素 – 人机设计案例 11

产品设计是一个创新的过程，开拓性、独创性是其本质特征。促进产品设计不断创新的因素众多，人机工程学的相关因素可以确保产品设计在合乎逻辑的范围内实现创新。人类社会只有不断发明创造，才能不断前进。由于其创造性，设计成为一个有明确目标的决策过程。人机工程学的融入可以促进产品设计决策的科学化，会更加有效地避免失误。产品设计的过程具有与其他决策活动相同或相近的原理及工作程序。

产品设计是一种造物活动，是一定观念的实体化（即物化）过程，但它又与纯艺术作品的物化过程不同。纯艺术创作只需进行一次物化，即不必考虑科学依据和批量生产便能实现终极目的。而产品设计的重要环节在于二次物化。严格地说，二次物化已不属于设计范畴，但没有二次物化，产品设计的成果会缺乏客观依据，也不会产生实际价值。人体测量学的相关尺度依据是产品设计物化过程中的重要参照，可以帮助产品与使用者之间进行更高效的匹配。那么，在参数匹配的过程中，需要对产品进行调整，这些调整对于设计者而言，是激发创新产生的重要土壤。

本节案例是 90° 手电钻设计。通过图 3.1 中所示的 4 种电钻（A、B、C、D），设计者发现增加

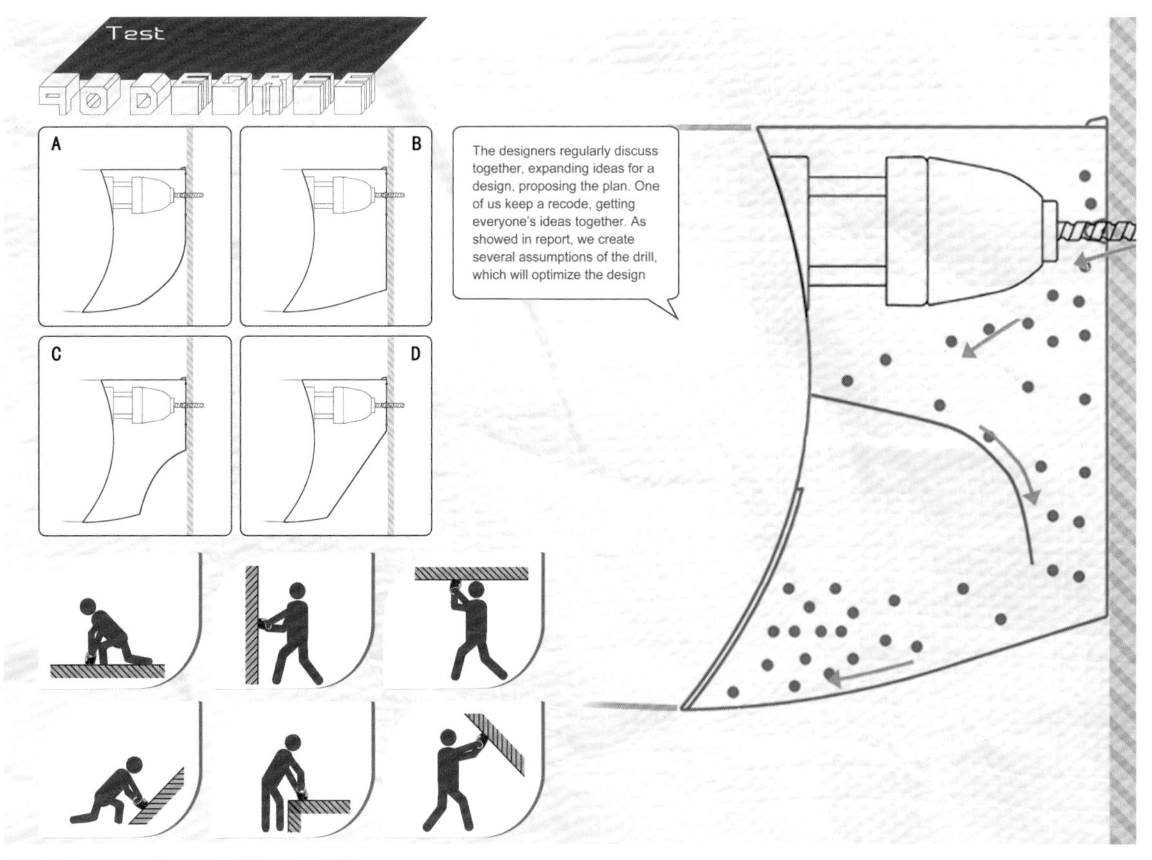

Test
A
B
C
D
The designers regularly discuss together, expanding ideas for a design, proposing the plan. One of us keep a recode, getting everyone's ideas together. As showed in report, we create several assumptions of the drill, which will optimize the design


图 3.1 90° 手电钻设计，设计者：赵妍

打孔面与电钻的接触面积，可以让打孔更加精准，减少歪孔等失误操作。接下来，设计者对新设计方案进行用户使用状态测量，以选择更理想的尺度（图 3.2）。通过与现有产品对比，找到新设计方案所具有的几项创新优势（图 3.3）。在初步草模型后，通过 3D 打印机对电钻进行了横截面制作，以确保持握面积的合理性（图 3.4）。接下来进行的样机制作（图 3.5）基本还原了概念图中的各项结构，通过用户模拟打孔测试（图 3.6），设计者根据 B 方案在电钻外增加一个透明罩，这对于以往手电钻设计而言，是一种创新。而这种新型的电钻是在不断的人机实验中发现的。实验证明，增加透明罩的设计方案在使用过程中更加方便。

创新是产品设计的根本，也是其存在的价值。设计创新包括产品设计的各个方面，如功能创新、结构创新、形态创新、使用方式创新等。每一种创新行为，都体现了设计本身对人类生存状态的关怀，而与人相关的各项因素的衡量标准需要参考人机工程学，帮助设计实现最优质的生活状态服务。回顾历史，人类的每一次技术变革带来的都是翻天覆地的产品革新，改善并创造着人们新的生活状态。产品的创新设计在为其带来新的生命力的同时，也提高了产品的社会价值，推动了社会进步。创新是设计追求的目的，通过创新可以增加产品的价值，创造新的市场，为企业创造生存的机会，也为国家的经济定位确立新的发展方向。

产品设计的内涵就是创造。尤其在现代高科技、快节奏的市场经济社会，产品更新换代的周期日益缩短。产品必须突出独创性，一件没有任何新意的产品，很容易被市场淘汰。因此，产品设计必须是创造出更新、更便利的功能，或是唤起新鲜造型感觉的设计。

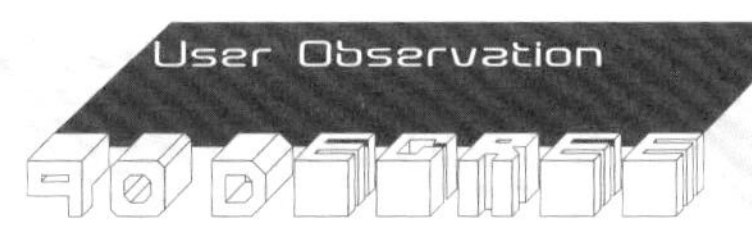

【图 3.2】

Due to the product is hand drill, the human factors mainly including: limb, double hands, eye vision, etc. Such as keeping users' hands in holding gesture, then the designers measure the fingers maximum enclosed area, and obtain the most comfortable area of the handle

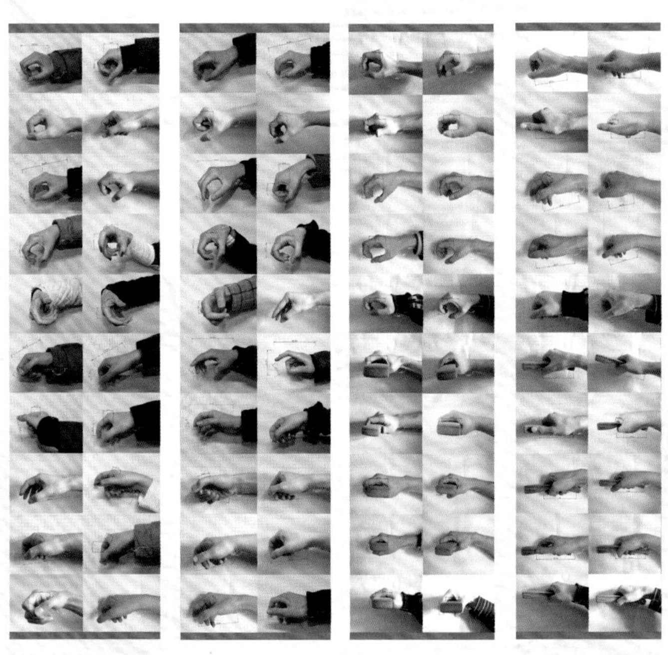

图 3.2　90° 手电钻设计 - 尺度测量，设计者：赵妍

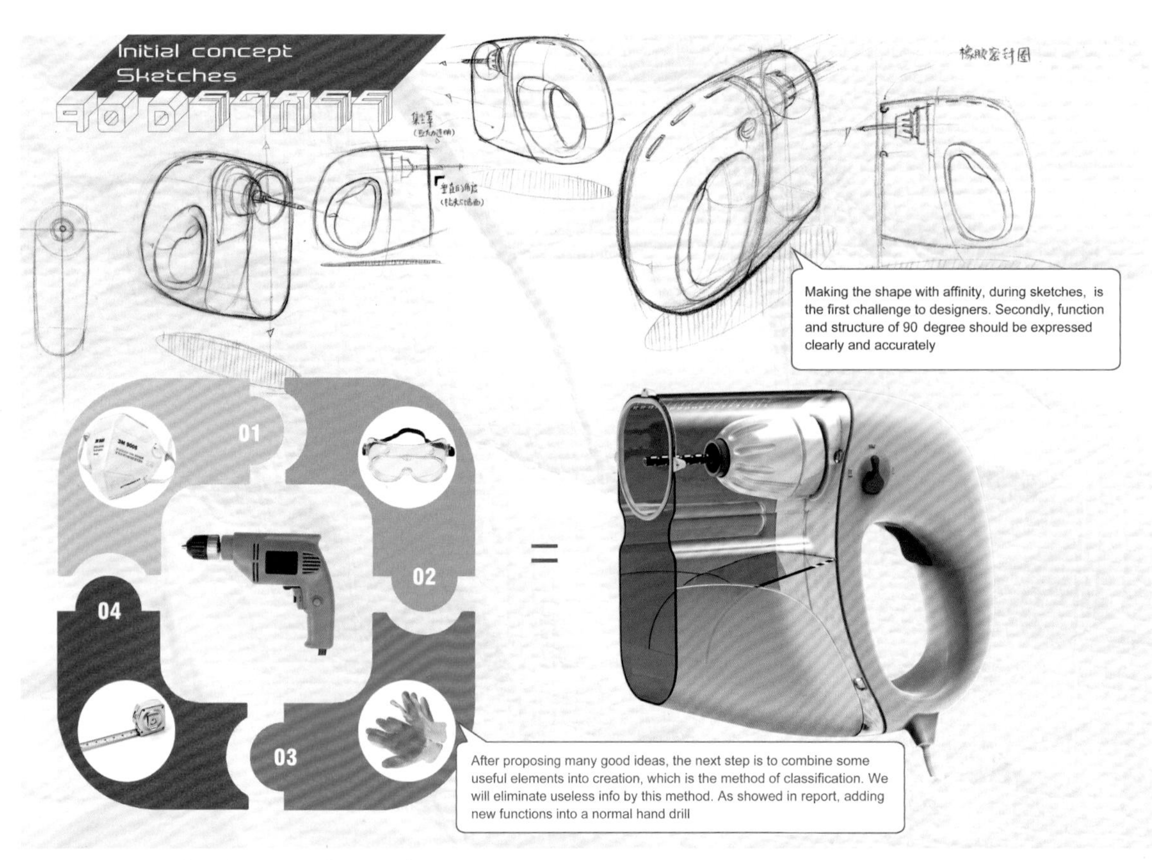


图 3.3　90° 手电钻设计 – 创新评估，设计者：赵妍

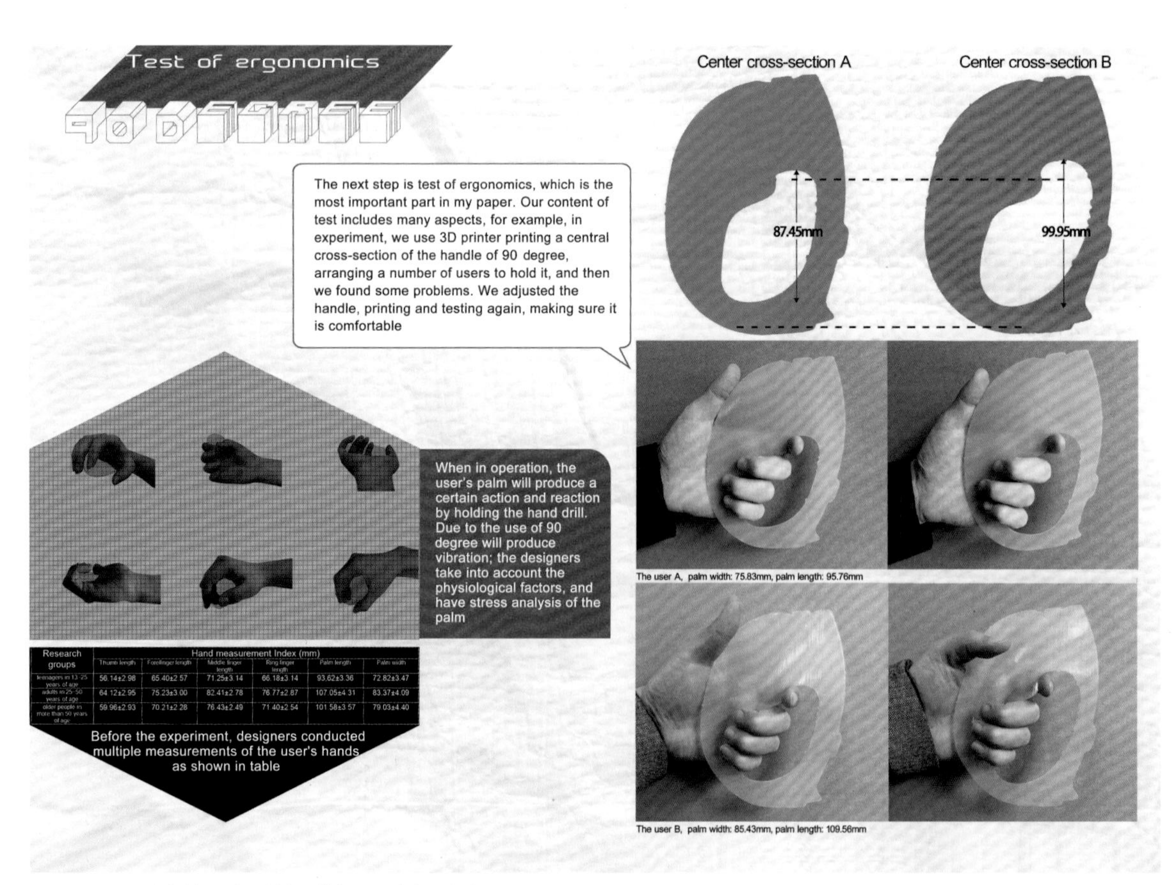


| Research groups | Hand measurement Index (mm) | | | | | |
|---|---|---|---|---|---|---|
| | Thumb length | Forefinger length | Middle finger length | Ring finger length | Palm length | Palm width |
| teenagers in 13-25 years of age | 56.14±2.98 | 65.40±2.57 | 71.25±3.14 | 66.18±3.14 | 93.62±3.36 | 72.82±3.47 |
| adults in 25-50 years of age | 64.12±2.95 | 75.23±3.00 | 82.41±2.78 | 76.77±2.87 | 107.05±4.31 | 83.37±4.09 |
| older people in more than 50 years of age | 59.96±2.93 | 70.21±2.28 | 76.43±2.49 | 71.40±2.54 | 101.58±3.57 | 79.03±4.40 |

图 3.4　90° 手电钻设计 – 持握测试，设计者：赵妍

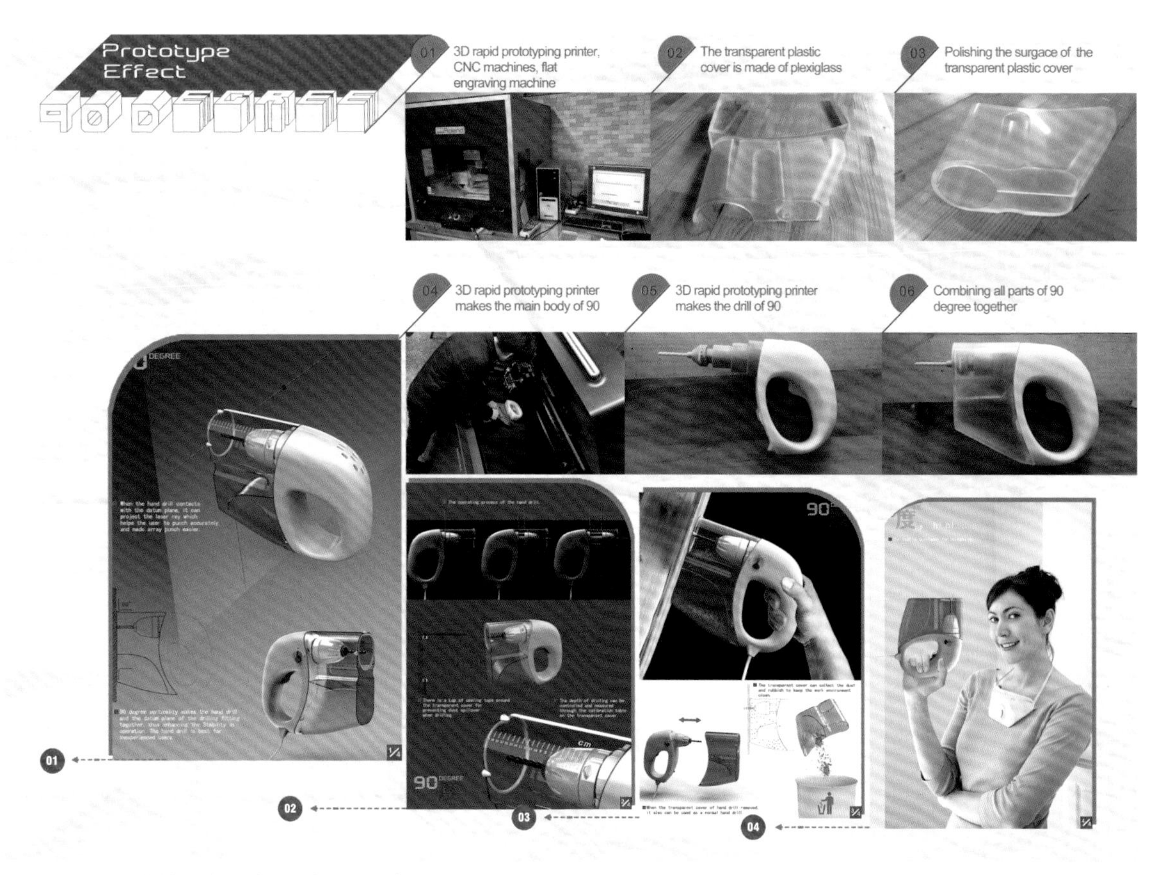


图 3.5　90° 手电钻设计 - 样机制作，设计者：赵妍

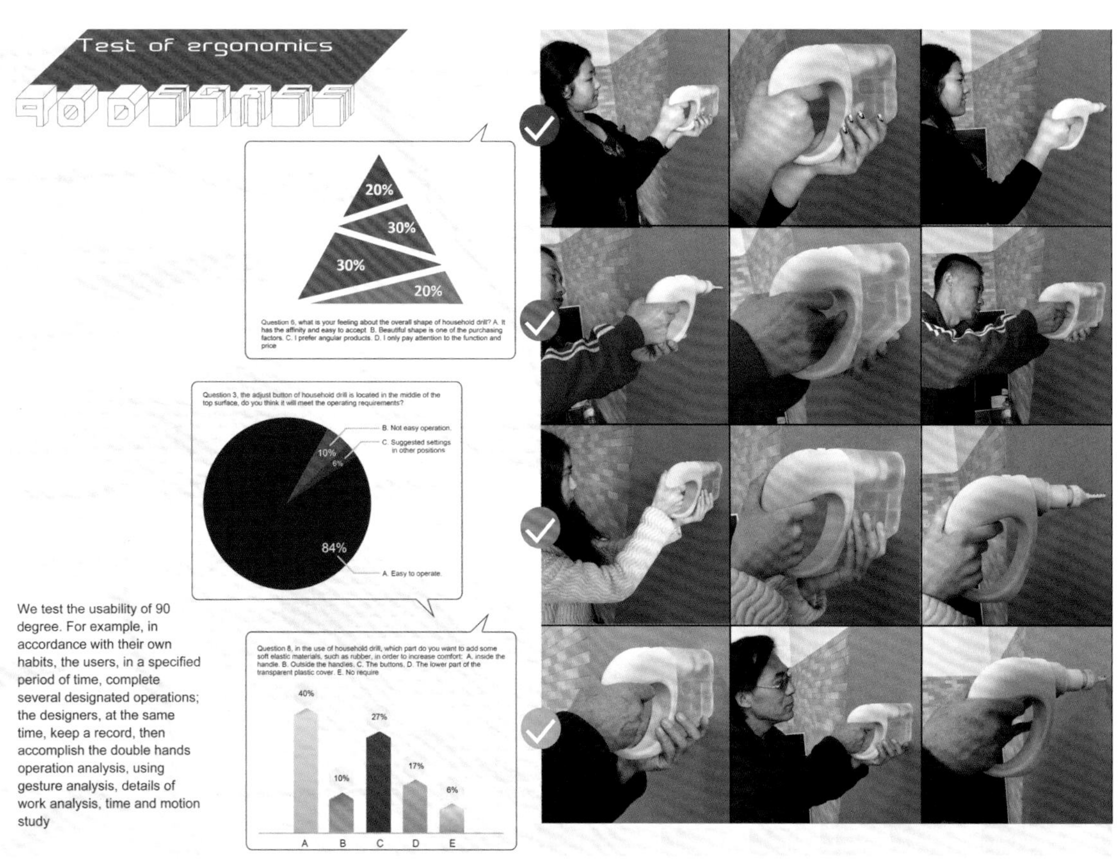


图 3.6　90° 手电钻设计 - 人机实验，设计者：赵妍

# 3.2 功能要素 – 人机设计案例 12

产品的功能、造型和物质技术条件是产品设计的 3 个基本要素。产品的功能是指产品所具有的某种特定功效和性能。产品的功能决定着产品的造型，但功能不是决定造型的唯一因素，而且功能与造型也不是一一对应的关系。造型有其自身独特的方法和手段，同一产品功能，往往可以采取多种造型，这也是工程师不能代替产品设计师的根本原因。物质技术条件是实现产品功能与造型的根本条件，是构成产品功能与造型的中介因素。它具有不确定性，相同或类似的功能与造型（如椅子）可以选择不同的材料。材料不同，加工工艺也不同。因此，产品设计师只有掌握了各种材料的特性与相应的加工工艺，才能更好地进行设计。产品的功能、造型与物质技术条件是相互依存、相互制约但又不完全对应地统一于产品之中的辩证关系。正是因为这种不完全对应性，才形成了丰富多彩的产品世界。透彻地理解并创造性地处理好这三者的关系，是产品设计师的主要工作。

产品的功能具有丰富的内涵，包括物理功能（产品的性能、构造、精度和可靠性等），生理功能（产品使用的方便性、安全性、人性化等），心理功能（产品的造型、色彩、肌理和装饰诸要素给人愉悦感等），社会功能（产品象征或显示个人的价值、兴趣、爱好或社会地位等）。从人机工程学的视角去审视产品的功能，其实用性是衡量产品功能与用户需求匹配与否的重要标准。设计的实用性是指产品能满足人们使用的需要，也就是产品的功能性，是产品存在的基础。面对竞争日益激烈的市场环境，产品在功能上的整合与创新是一个重要的突破口。

本节案例是通过人机因素进行功能创新设计的一次尝试。具备砸碎坚果功能的按摩器是一个新的概念设计，最初的设计思路是尽可能找到按摩器能兼具的新功能，学生设计者在通过组合法（图 3.7）对功能进行拓展的过程中，找到了砸碎坚果这个可能性功能。如何将这个功能整合到按摩器中，无疑要对按摩器的造型进行新的设计（图 3.8）。同时，按摩器对应的身体使用部位也要进行人机因素分析（图 3.9），进而得到 3 个相对理想的设计方案，分别进行 1:1 的草模型制作和人机测试（图 3.10），选出使用效果最理想的方案，并进行效果展示，如图 3.11 所示。

产品的功能一定是在满足人使用要求的基础上，也能满足人的精神需求。它设计了人的行为方式和生活方式，协调了人与产品之间的关系，最终反映在产品的物化形式上。完善的产品功能不仅体现为技术功能和工艺性能，也包括产品的使用功能和精神功能。另外，产品设计在具备功能性的同时，也要考虑形式上的美观，只有解决了产品功能与形式上的优化，才能使人更舒适地使用产品。

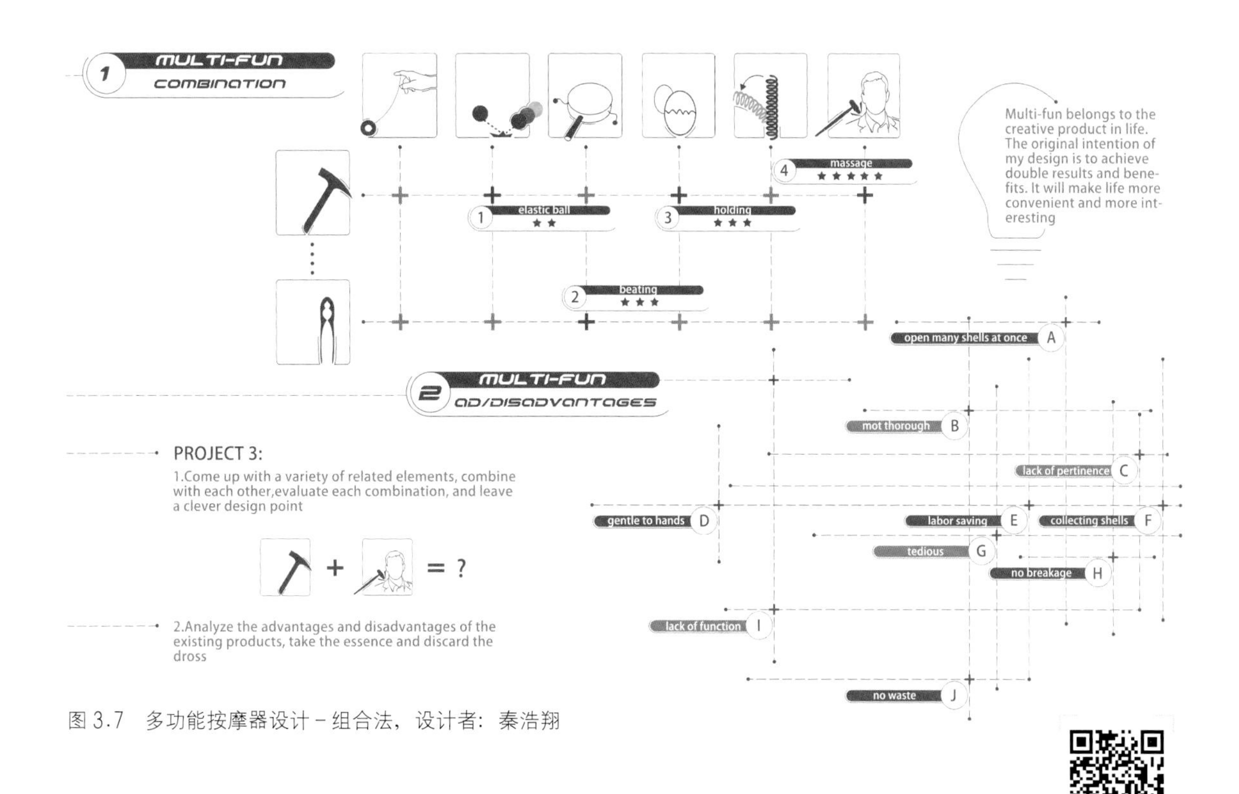


图 3.7　多功能按摩器设计－组合法，设计者：秦浩翔

【图 3.7】

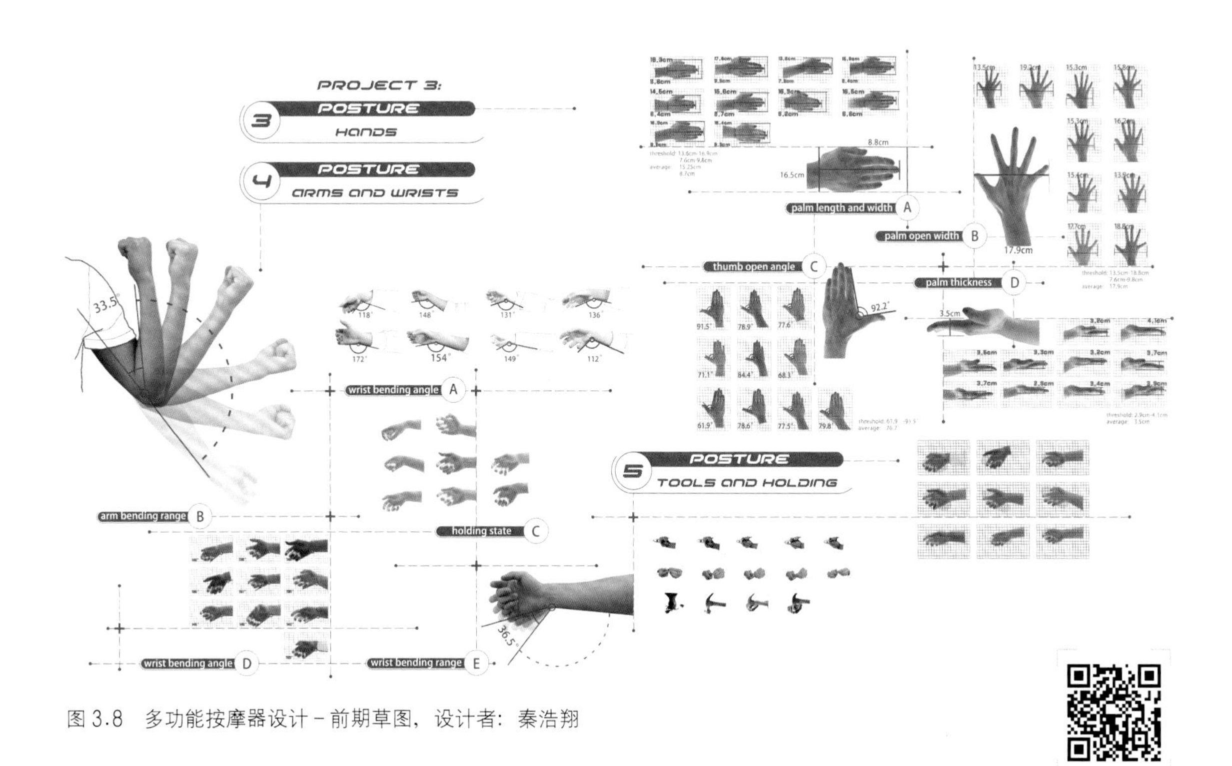


图 3.8　多功能按摩器设计－前期草图，设计者：秦浩翔

【图 3.8】

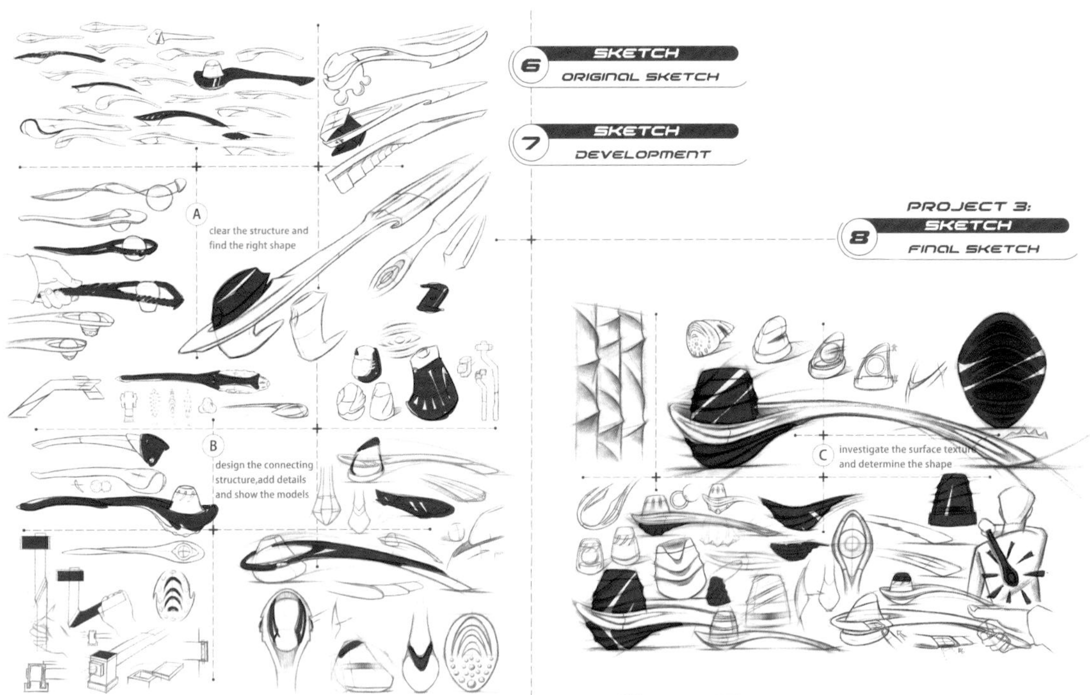


图 3.9 多功能按摩器设计 - 人机因素分析，设计者：秦浩翔

【图 3.9】

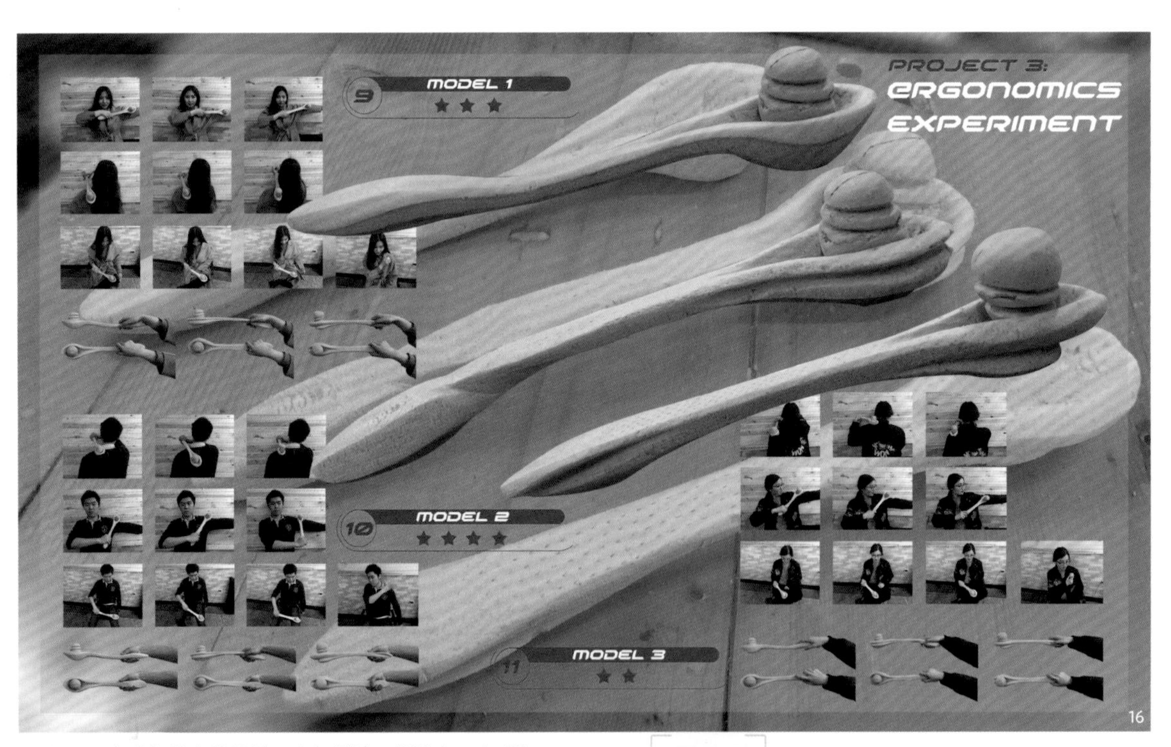


图 3.10 多功能按摩器设计 - 人机测试，设计者：秦浩翔

【图 3.10】

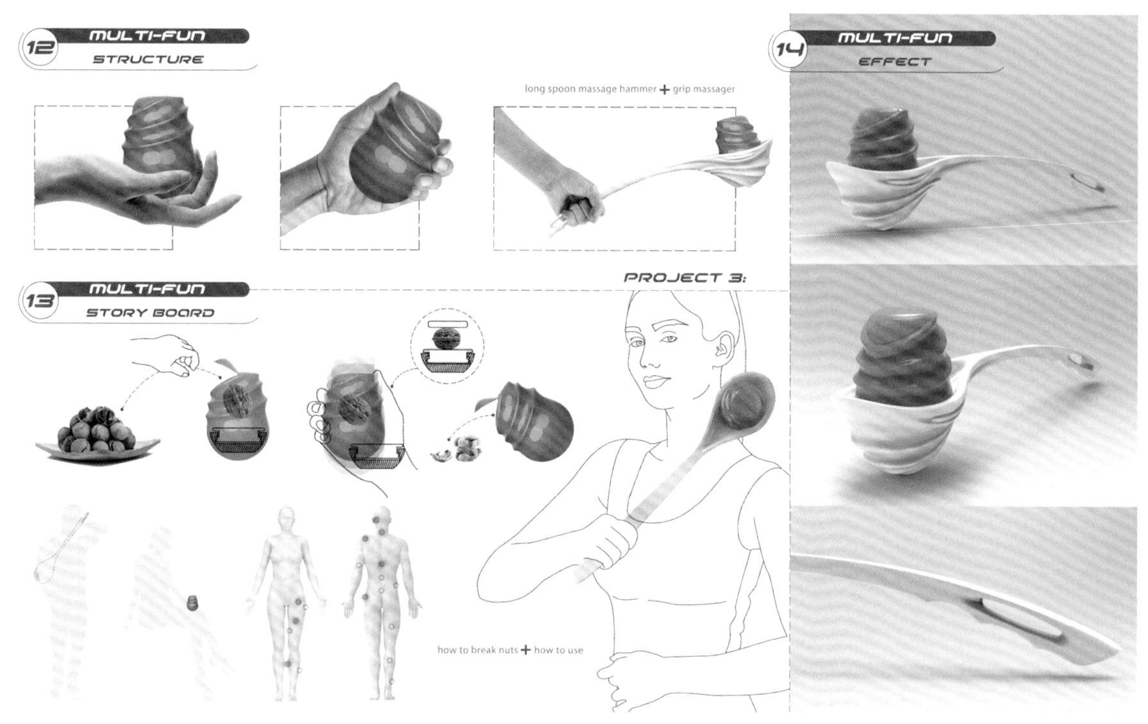


图 3.11 多功能按摩器设计 – 效果展示，设计者：秦浩翔

# 3.3 审美要素 – 人机设计案例 13

产品设计要重视人们的精神享受和审美需求，体现时代和社会的审美情趣，这是人们对产品设计美观性的基本要求。产品的美观性可以是产品形式上的再创新，满足人们对美的追求，在心理上产生愉悦感。好的产品设计在与人的交流过程中，可以通过外在形式上的特征，阐释产品隐含的内在品位。当今社会，人们越来越注重产品所承载的情感内容，希望通过产品获得某种情绪感受，满足特定的感情需要。例如，表达友情、亲情，寄托希望、向往，展示情趣、格调，追求自然、回归等。产品成为蕴涵丰富的文化色彩的载体，以满足代表不同文化背景的消费者的情感需要。

从人机工程学的角度去衡量产品的审美因素，则需要考虑体验者（用户）的各项情感指标。例如，审美要素应当与其他设计因素有机结合，即用美的方式表现产品的实用功能、结构和使用方式。那么，产品系统中的每个组成部分，即便是一个按钮、一个图标符号都应与整个产品相协调，并具有一定的美感。通过人机测试与分析，可以辅助设计师更有逻辑地传递审美价值。现实生活中的绝大多数产品的审美，都是通过新颖性和简洁性来体现的，而不是依靠过多的装饰。

本节案例是厨房果蔬加工工具设计，如图 3.12 所示。根据目标用户使用行为记录

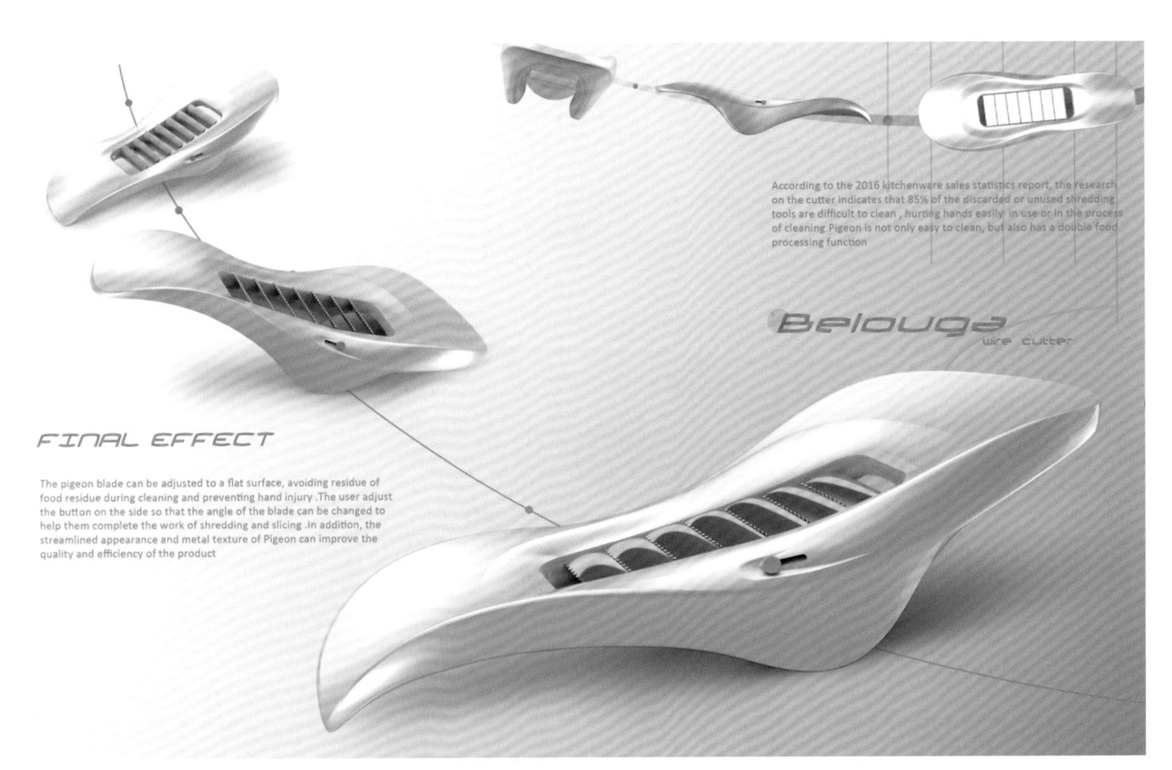

According to the 2016 kitchenware sales statistics report, the research
on the cutter indicates that 85% of the discarded or unused shredding
tools are difficult to clean , hurting hands easily in use or in the process
of cleaning.Pigeon is not only easy to clean, but also has a double food
processing function
Belouga
wire cutter
FINAL EFFECT
The pigeon blade can be adjusted to a flat surface, avoiding residue of
food residue during cleaning and preventing hand injury .The user adjust
the button on the side so that the angle of the blade can be changed to
help them complete the work of shredding and slicing .In addition, the
streamlined appearance and metal texture of Pigeon can improve the
quality and efficiency of the product


图 3.12　厨房果蔬加工工具设计－效果展示，设计者：刘迈

和人机分析（图 3.13），设计者发现这类切丝用的果蔬加工工具在清洗的时候，锋利的刀片容易划伤用户的手。与此同时，使用切丝工具时，由于工具把手面积和使用角度等问题，会造成使用效率降低、擦伤手指等问题。起初，创造这类厨房工具的目的是减少用户使用刀具加工果蔬的危险，同时提高工作效率，然而，许多加工工具没有充分考虑使用细节，反而会让用户对此类设计缺乏信任。案例突出的设计创新点在于可以旋转调节刀面，在清洗刀片时，把刀面旋转至一个平面，不但方便将刀片清洗干净，还不会划伤手指，如图 3.14 所示。在外观造型上，设计者经过多轮的草图设计和不同材质的模型设计（图 3.15 至图 3.17），发现增加把手面积可以增加操作时的稳定性。使用类似等腰三角形的造型，可以让工具两侧具备切丝和切片两种功能。在满足功能需求的基础上，外观融合有机曲线的造型，外侧采用磨砂金属材质，让工具兼具美感和创新功能。

在情感化设计的 3 个层次中，产品的外观、比例、使用方式、材质与肌理等因素可以给用户提供良好的使用体验，由此可见，产品的形式美与审美属性是满足用户心理需求的必要条件，它需要建立在物质技术条件上，其中通过产品的外在形象体现了物质功能和技术功能，内在因素反映了文化内涵，两者相互作用并传递着各种信息，而这些信息构成产品的精神面貌，传递了设计作为一种社会文化的表现形式。当然，我们不应该仅仅把形式美作为唯一目标，美观只是我们努力的结果，而不是目的。

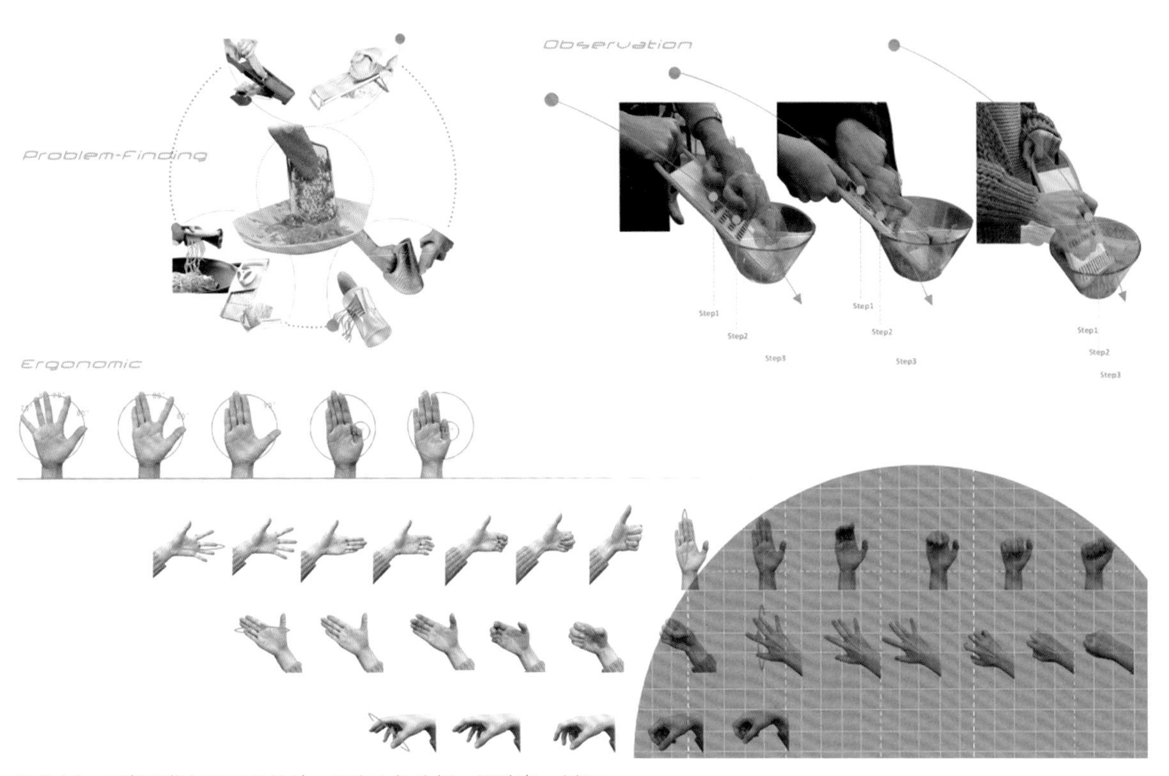


图 3.13　厨房果蔬加工工具设计 – 用户人机分析，设计者：刘迈

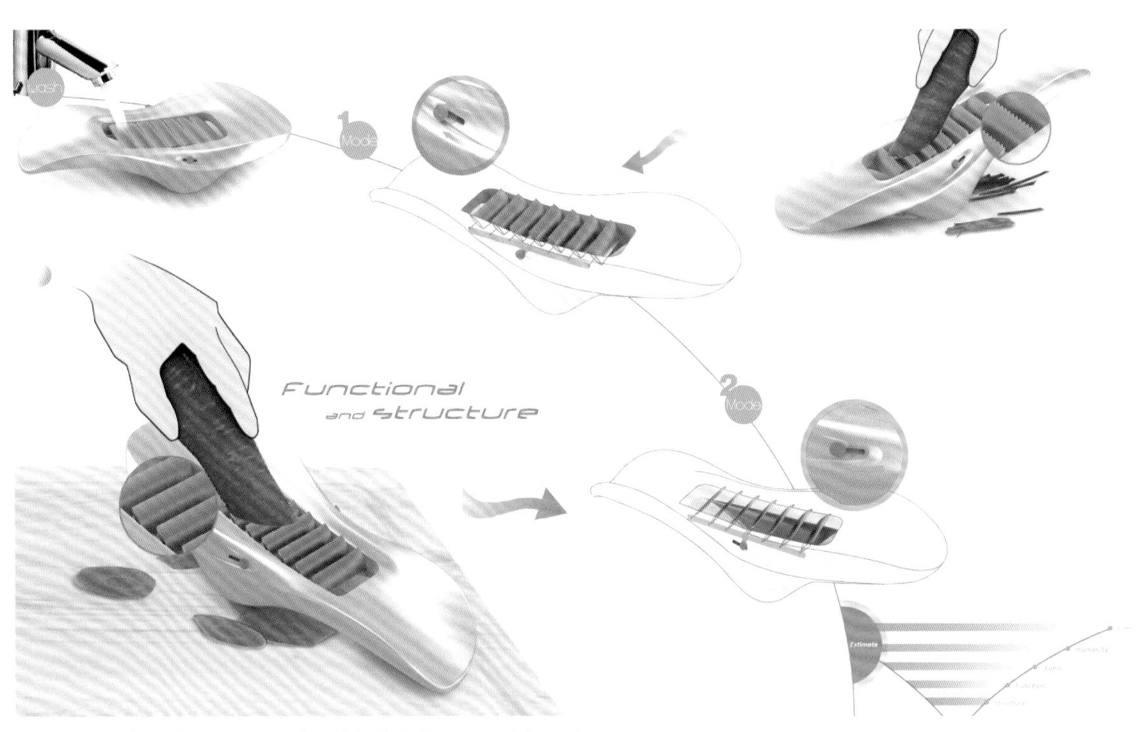


图 3.14　厨房果蔬加工工具设计 – 功能结构展示，设计者：刘迈

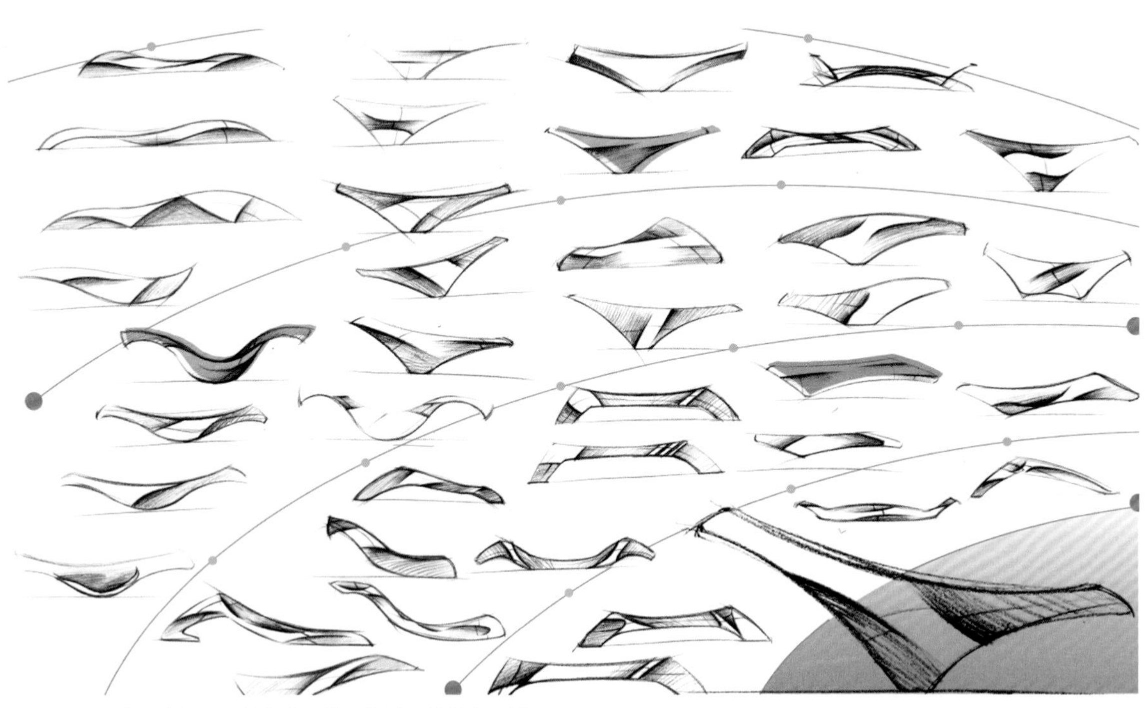

图 3.15　厨房果蔬加工工具设计－草图设计，设计者：刘迈

图 3.16　厨房果蔬加工工具设计－草图与苯板模型，设计者：刘迈

图 3.17　厨房果蔬加工工具设计 – 草图与油泥模型，设计者：刘迈

## 3.4　商业要素 – 人机设计案例 14

除了满足特殊消费群体需要的单件制品，现代产品几乎都是供普通消费群体使用的批量产品。许多情况下，设计师会面临商业价值挑战，既要在研发中思考如何保证产品质量，还要尽量降低产品的价格，以满足普通消费者的需求。这就要求设计师选择合适的材料和工艺使产品物美价廉，且便于运输、维修及回收等。

产品的商业利益就像一架天平，一旦发生偏移，就会使企业或消费者的利益受到损失。就像 20 世纪 50 年代经济的繁荣导致出现了消费高潮，极大地刺激了商业设计的发展。“计划废止制”就是在这样的背景下产生的。“计划废止制”即功能性废止、款式性废止、质量性废止。“计划废止制”的目的在于以人为方式有计划地迫使商品在短期内失效，造成消费者心理老化，促使消费者不断购买新的产品。它极大地刺激了人们的购买欲，为工业设计创造了一个庞大的、源源不断的市场，也给垄断资本带来了巨额的利润。

虽然说符合人机工程学的产品设计是以用户为中心的设计，但是其衡量和评估标准之一是产品是否具备商业开发价值，这将决定是否有企业愿意为设计进行孵化和投产。产品的商业价值评估标准有两个方面：一方面是看产品在使用过程中的便民程度与其商品性价比的比例关系；另一方面是产品的生产成本与企业所获利润之间的比例关系。具有良好商业价值的产品设计，是指在这两个关系中找到最佳平衡点的设计。

本节案例是轮椅使用者洗衣机概念设计。设计服务的对接企业是海尔集团，作为一次校企合作的设计项目，前期的设计调研围绕着企业需求、现有产品参数分析、目标群体需求等环节展开，如图 3.18 所示。根据目标群体在使用洗衣机过程中的静态尺度和动态尺度分析，为新产品的研发拟定更加合理的尺寸和功能设置。接下来，结合海尔集团的设计标准和产品风格进行产品的设计定位（图 3.19）和效果展示（图 3.20），再根据产品的使用需求完善相关联的 App 设计，如图 3.21 所示。在整个设计过程中，人因因素对设计结构的转变、功能的设置起到决定性作用，通过以上各项指标的满足，为产品日后的正式投产奠定良好的基础。

【图 3.18】

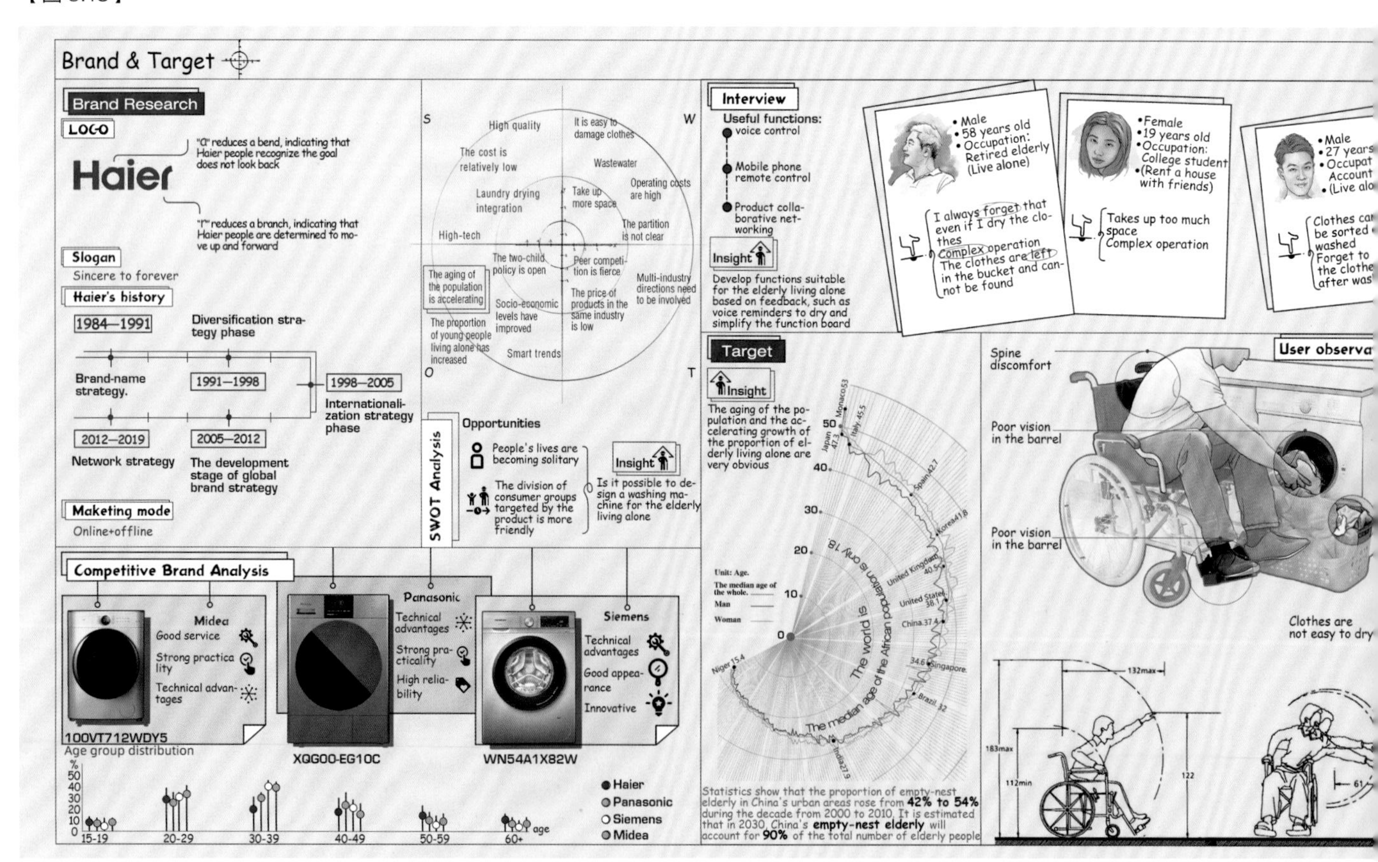


图 3.18　轮椅使用者洗衣机概念设计－设计调研，设计者：陈妍

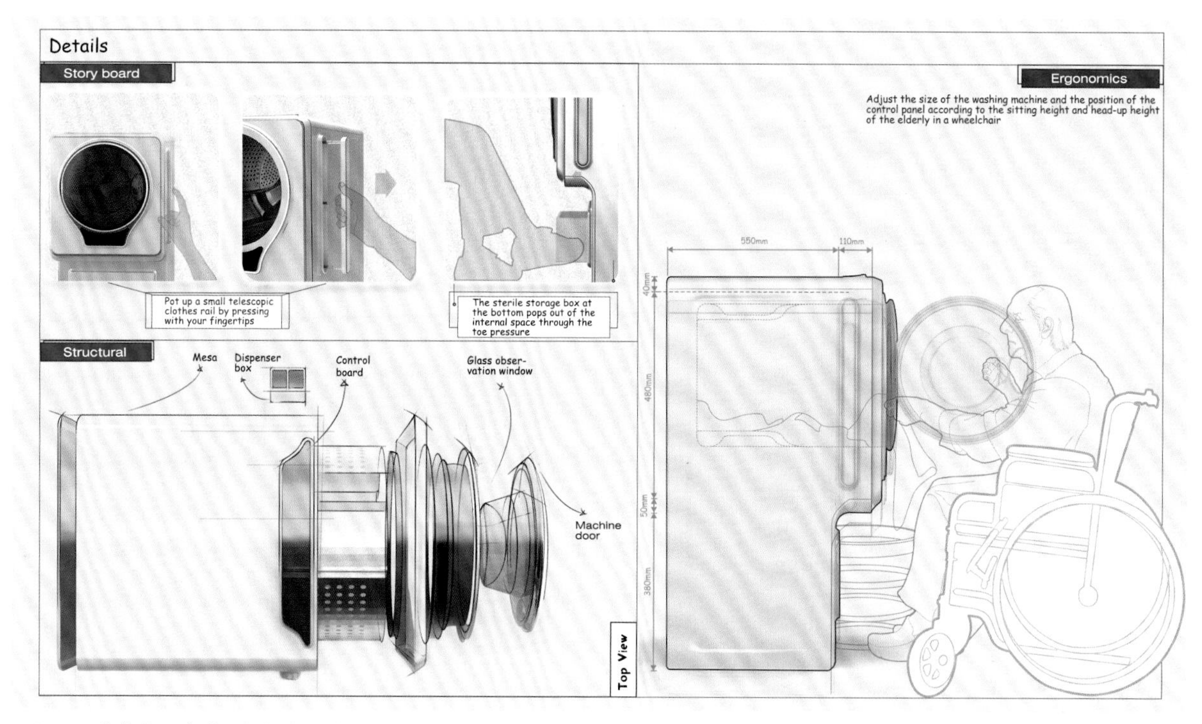


图 3.19　轮椅使用者洗衣机概念设计－设计定位，设计者：陈妍

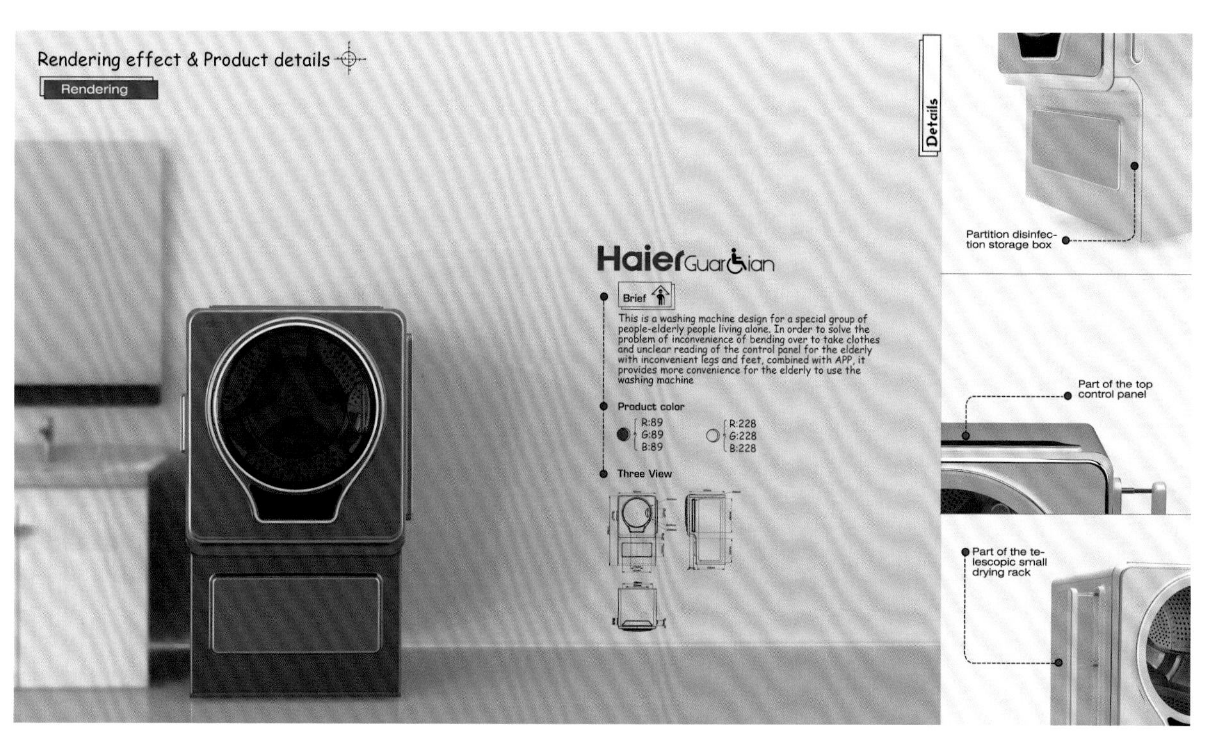


图 3.20　轮椅使用者洗衣机概念设计－效果展示，设计者：陈妍

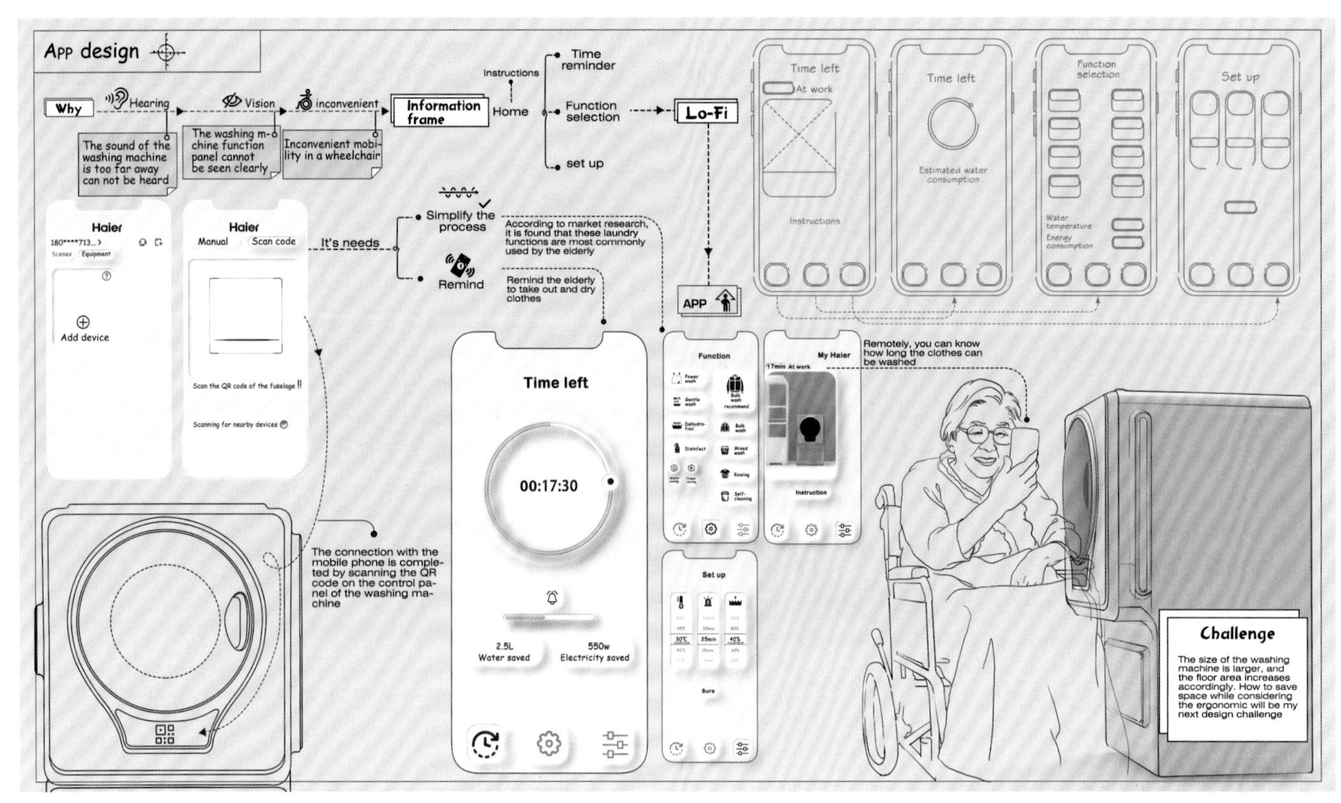


图 3.21 轮椅使用者洗衣机概念设计 -App 设计，设计者：陈妍

【图 3.21】

## 3.5 社会要素 – 人机设计案例 15

产品设计中的社会要素致力于理解和关注复杂的社会问题。社会设计的产出并不局限于特有的媒介，它可以是产品、服务、系统、交互、装置，甚至是一个企业。当然，社会设计也可以是以上各媒介的交叉与融合。产品设计中的社会要素指的是以人为本，致力于创造性地解决具体社会问题。社会设计过程中的每一步都与目标群体发生关联，不断探索新的价值和可能性，创造真实的设计服务。设计伦理奠基人维克多 · 帕帕奈克 1971 年在《为真实的世界设计》一书中写到，在设计师参与过真正的设计工作后，他将会对设计一个优雅而性感的烤面包机感到些许羞愧。而帕帕奈克所说的“真正的设计工作”是指那些对社会有益的、能够创造性地解决社会问题的设计。在书中，他提出了当时设计的两大缺失：一是设计师对环境问题的忽视，使设计成为消费主义的助推，大量消耗自然资源，服装行业成为污染的第一大源头；二是对弱势群体及第三世界国家人民需求的忽视。曾任教于米兰理工大学的埃佐 · 曼奇尼在其著作《设计，在人人

设计的时代》中指出，社会创新设计是指具备社会责任的设计，不仅需要服务于弱势群体，更需要服务于普通民众，只有参与到解决日常问题的过程中，并且最终提出了不同往常的解决方案，就是在进行社会创新设计。

如何在产品设计中融合人机工程学与社会因素呢？具体可以通过本节案例进行分析。这个案例是蜗居群体便携家具设计，由于这个群体在城市中的居住环境非常狭窄，对家具的预算也有限，因此设计者在设计目标和选材、尺寸、结构上都进行了充分的考虑，如图 3.22 所示。家具套装由座椅组成，选择的材料是回收的瓦楞纸，采用折叠式结构可以最大限度地节约空间（图 3.23、图 3.24）。为了更好地验证概念的可实现性，设计者进行了等比例的样机制作（图 3.25），并邀请蜗居群体进行人机测试，记录受试者的使用体验，最后将产品给真实的蜗居群体使用，收获了良好的使用反馈（图 3.26、图 3.27）。产品的实物展示如图 3.28 所示。

社会性产品设计的创新体现在 3 个方面。第一，产品设计对象的更新与扩展，将原本设计没有服务到的人群也纳入范畴。第二，设计方法的创新，例如，采用参与式设计与协同设计的方法，可以达到最大限度的社会影响力。第三，具备全新的社会理念，即由使用者主导设计并实施，设计者以协作者或发起人的身份参与其中。总之，无论从哪个角度来解读社会创新设计，都为当下的产品设计专业带来了全新的挑战和机遇。

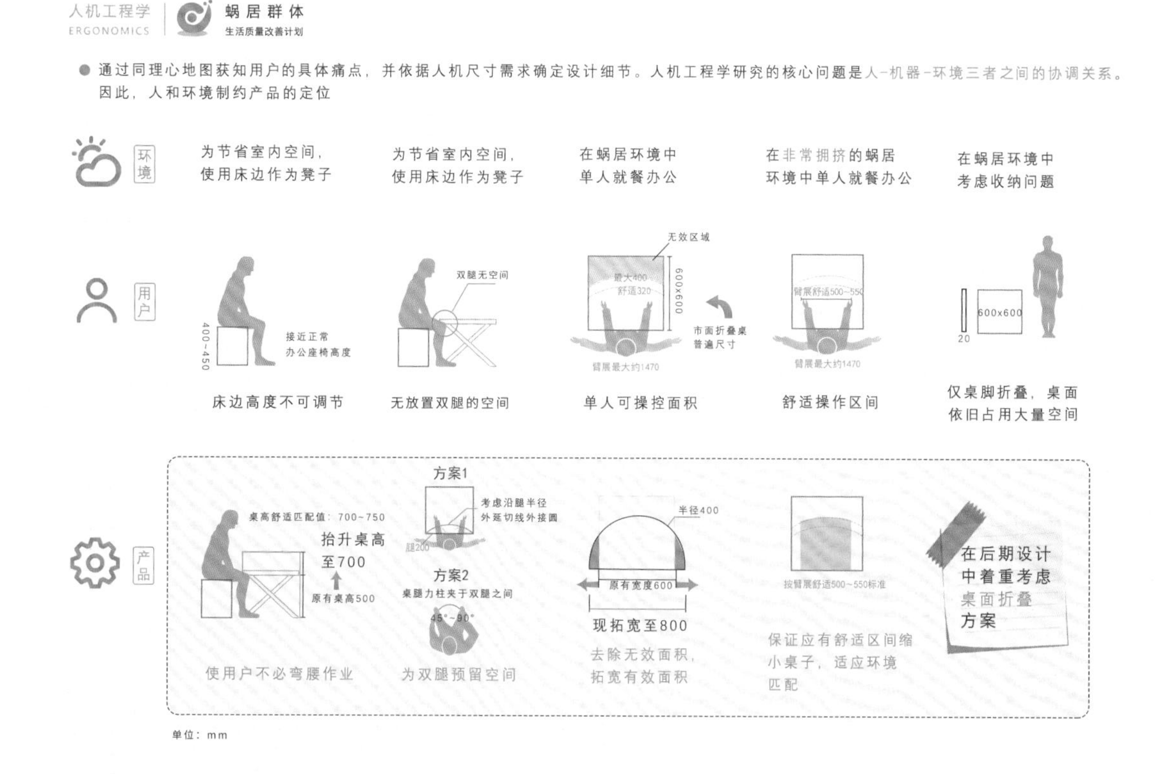


图 3.22　蜗居群体便携家具设计 – 设计定位，设计者：刘东豪

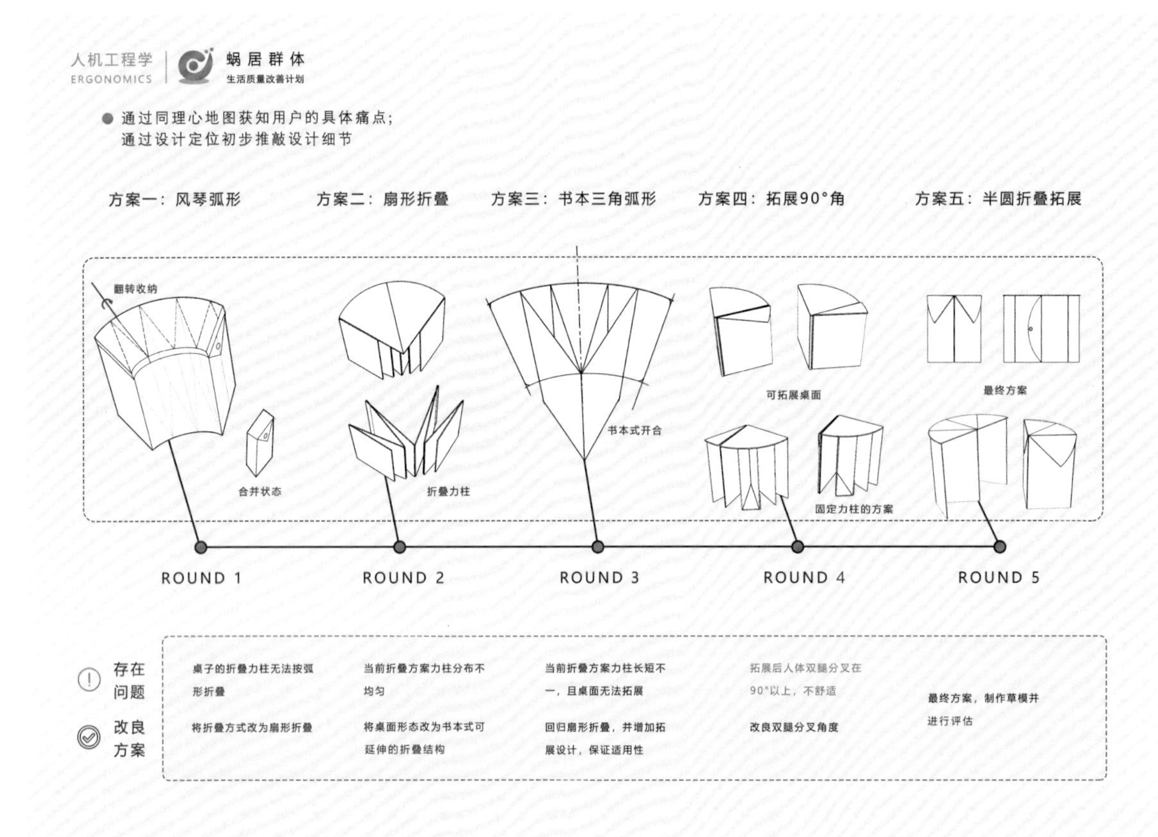


图 3.23　蜗居群体便携家具设计－设计草图，设计者：刘东豪

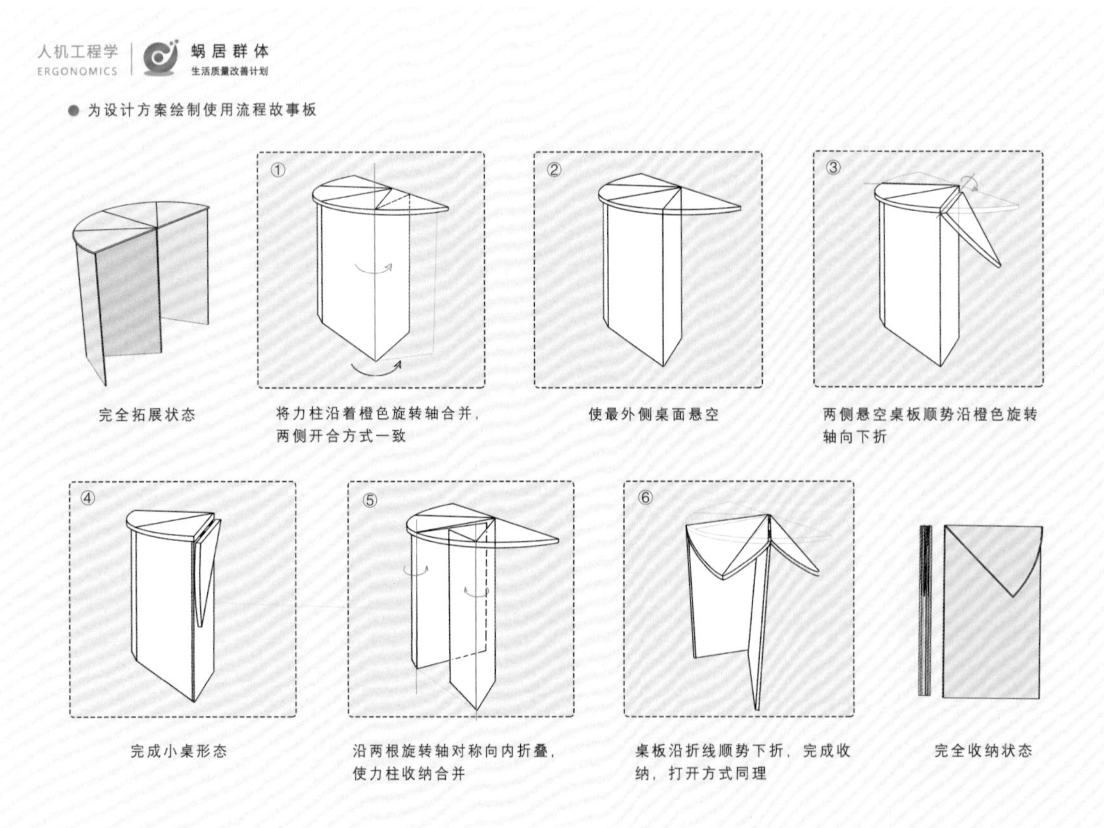


图 3.24　蜗居群体便携家具设计－结构展示，设计者：刘东豪

图 3.25　蜗居群体便携家具设计 – 样机制作，设计者：刘东豪

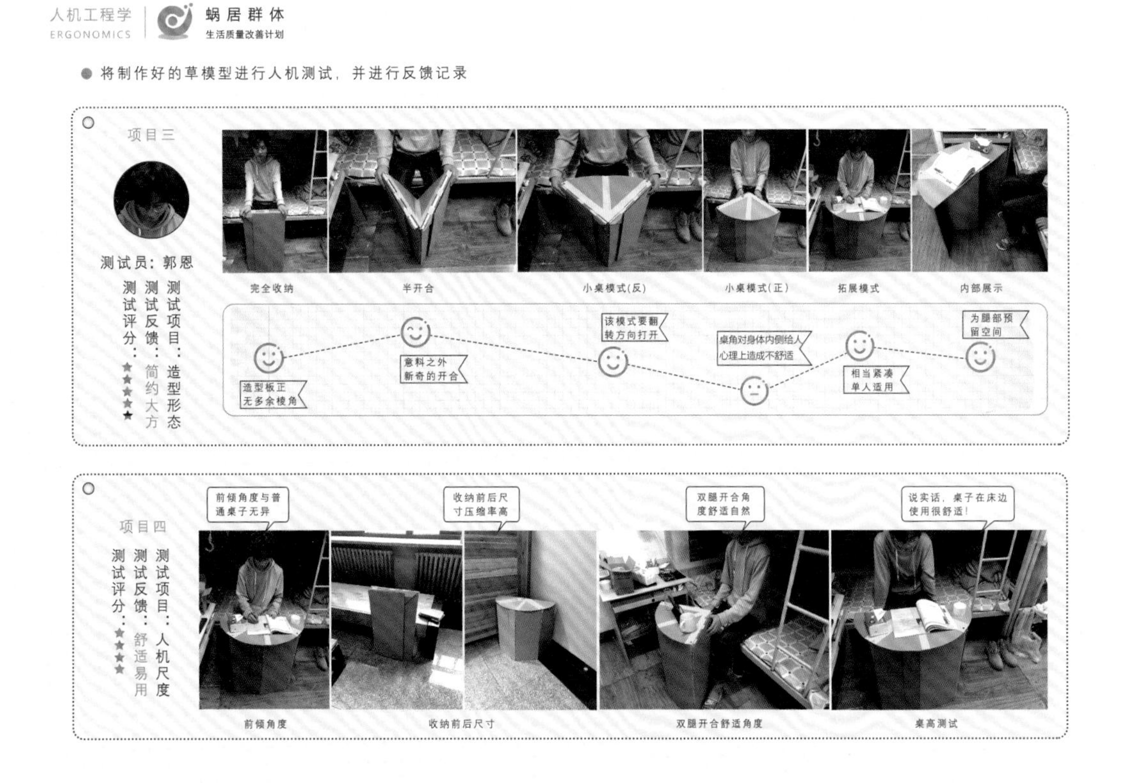


图 3.26　蜗居群体便携家具设计 – 人机测试及使用反馈（1），设计者：刘东豪

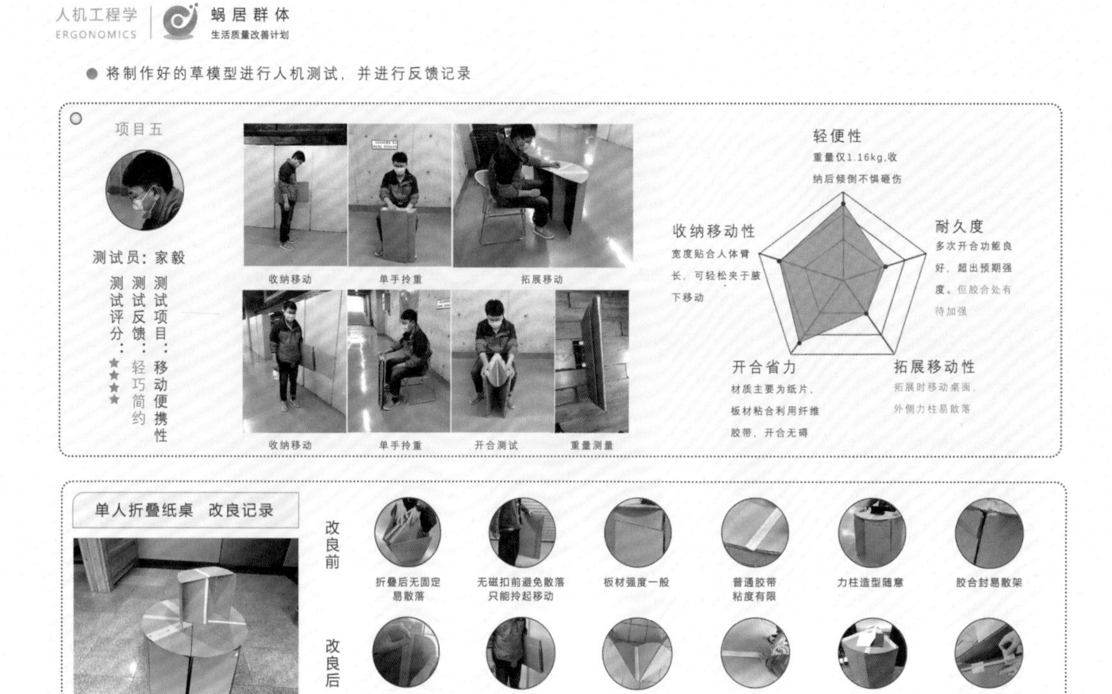


图 3.27 蜗居群体便携家具设计 - 人机测试及使用反馈（2），设计者：刘东豪

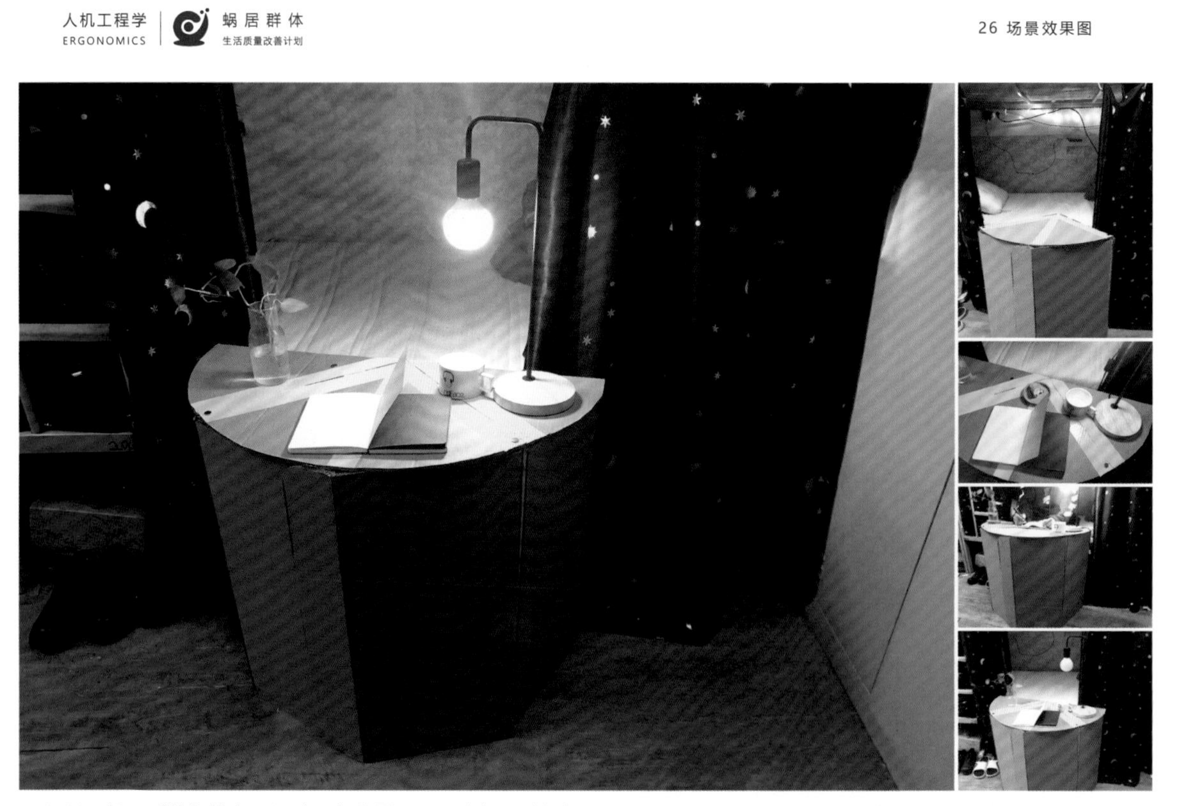


图 3.28 蜗居群体便携家具设计 - 实物展示，设计者：刘东豪

# 3.6　适用要素 – 人机设计案例 16

产品设计中的适用要素需要考虑的内容包含产品使用的具体环境、用户在使用产品过程中的生理行为和心理因素。与此同时，人机工程学中的生理修正量和心理修正量也将在人机环境系统中发挥重要的作用。产品设计总是供特定的使用者在特定的使用环境下使用，这也意味着设计团队所做的每一个设计项目都有在若干限定因素下去寻求创造性的可能。因此，产品设计不能不考虑产品与人的关系、与时间的关系、与地点的关系。例如，面对可穿戴式产品设计，其中需要考虑该设计是针对成年人还是儿童？会不会受到季节更替的影响？该产品是室内使用还是室外使用？同时，也需要考虑产品之间的承载关系，如冰箱如果不适应各种食品存放就失去了意义。另外，还需要考虑产品设计与社会的关系，因为一些社会群体或民族传统中存在某些忌讳。所以，产品必须适应由人、物、时间、地点和社会环境等诸多因素所构成的使用环境系统，否则，设计概念就无法成立。

本节案例是为我国香港地区低收入群体设计的组合式洁具。设计者有去香港旅游居住的经历，通过对当地居民的深入实地调研，发现许多居民的卫生间面积非常狭窄。针对我国香港地区人均居住面积和卫生间布局，设计者对组合式洁具进行新的设计定位（图 3.29）。考虑到如厕空间和人的生理尺度，设计者将坐便器和洗漱池相结合，通过多轮前期设计草图（图 3.30）选出最优设计方案。接下来，为方案提供合理的人机分析（图 3.31）和使用流程规划（图 3.32）。这样的设计不仅可以适配狭窄的卫生间环境，还可以将洗漱后的水用于坐便器冲水，节约了水资源。为了测试方案的结构和各项功能的可行性，设计者利用 3D 打印机制作等比例的样机模型，并将样机安装在家中的坐便器上，模拟使用环境并进行人机实验（图 3.33）和人机测试及反馈（图 3.34、图 3.35），进而得到理想的设计方案，效果展示如图 3.36 所示。

正如设计师净志坂下提出的：“应该在产品将被使用的整体环境中来构想产品。”本案例设计者所在公司聘请了社会学家来研究人的生活与行为状态，然后设计出产品来填充他们发现的鸿沟。除此以外，产品设计还应该是易于认知、理解和使用的，并且在环境保护、社会伦理、专利保护、安全性和标准化等方面，必须符合相应的要求。

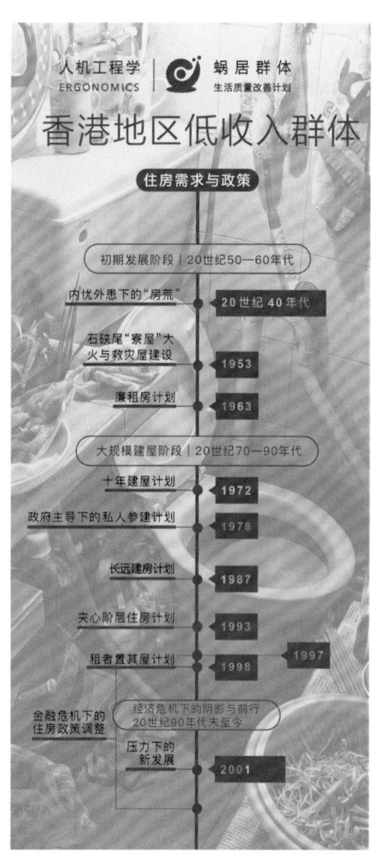


# 低收入群体人均居住面积过小导致卫生间空间使用不便

【图 3.29】

与中国内地类似，香港地区也有为低收入人群提供居住保障的廉租房与经济适用房，分别称为公屋与居屋。申请租金低廉的公屋是香港地区低收入人群解决住房问题的首选项。然而，目前香港地区的公屋数量却不足以将20万蜗居群体纳入保护网之下。贫困港人住房难、社会贫富严重不均、社会分化加剧一时成为舆论的焦点，而过小的居住面积导致了许多不便，比如卫生间的使用是一大难题

对于卫生间不足0.9m²的面积，坐便器和洗漱池的位置摆放成为最大的痛点，通过设计，将两者进行结合，既可以节约空间，也可以为多人居住的蚁居增加一个洗漱池

| | | |
|---|---|---|
| 廉价且耐用 | 材料定位 | 类陶瓷 |
| 占用空间小 | 形态定位 | 抽拉或折叠 |
| 易安装或拆卸 | 使用定位 | 无打孔贴胶 |
| 循环再利用 | 环境定位 | 废水再利用 |

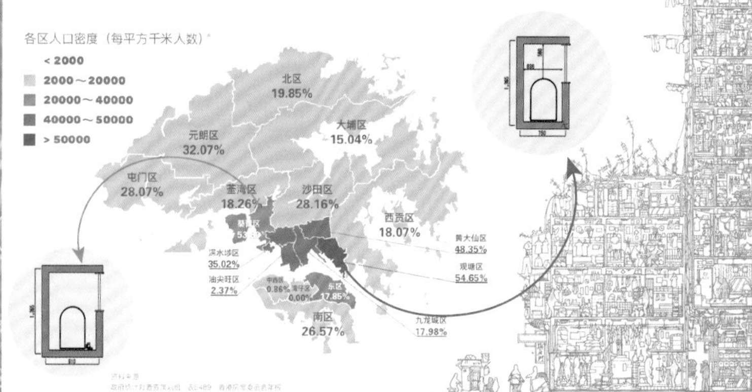


图 3.29 组合式洁具设计－设计定位，设计者：马芊一

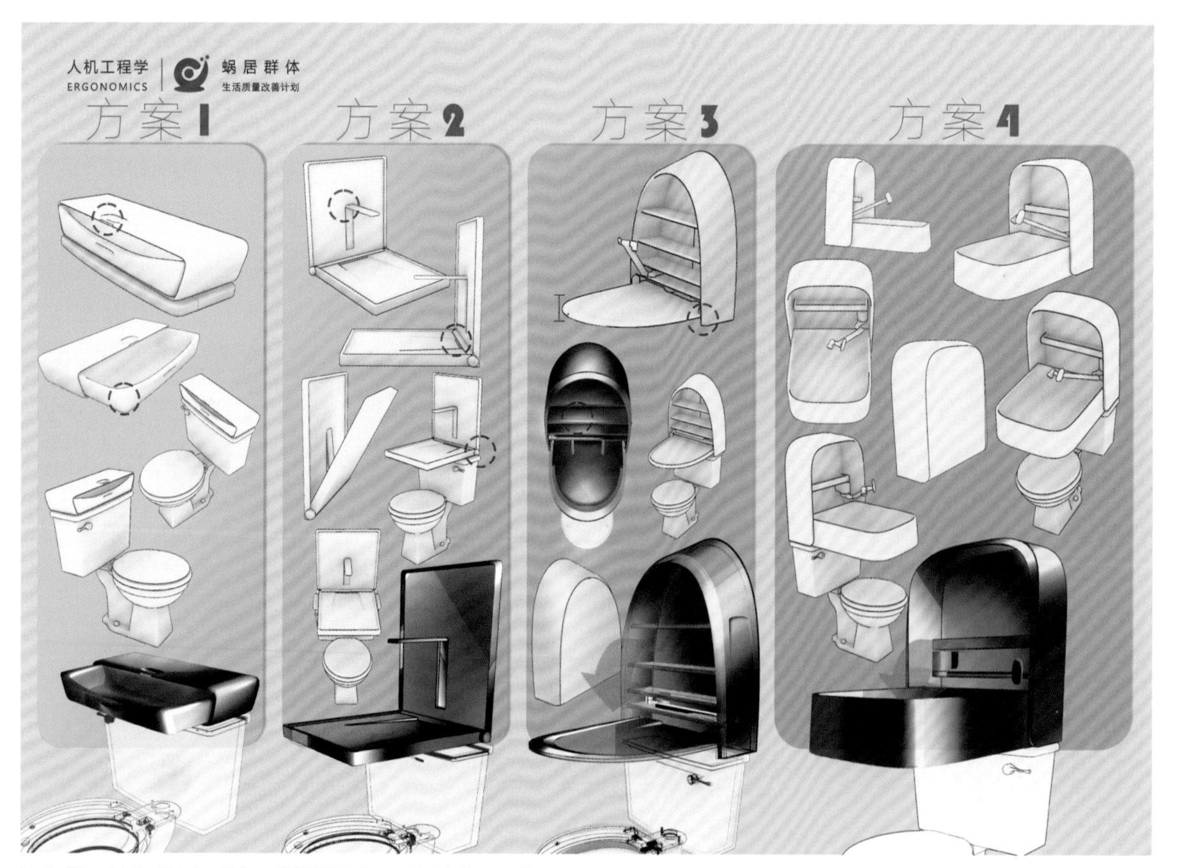


图 3.30 组合式洁具设计－前期设计草图，设计者：马芊一

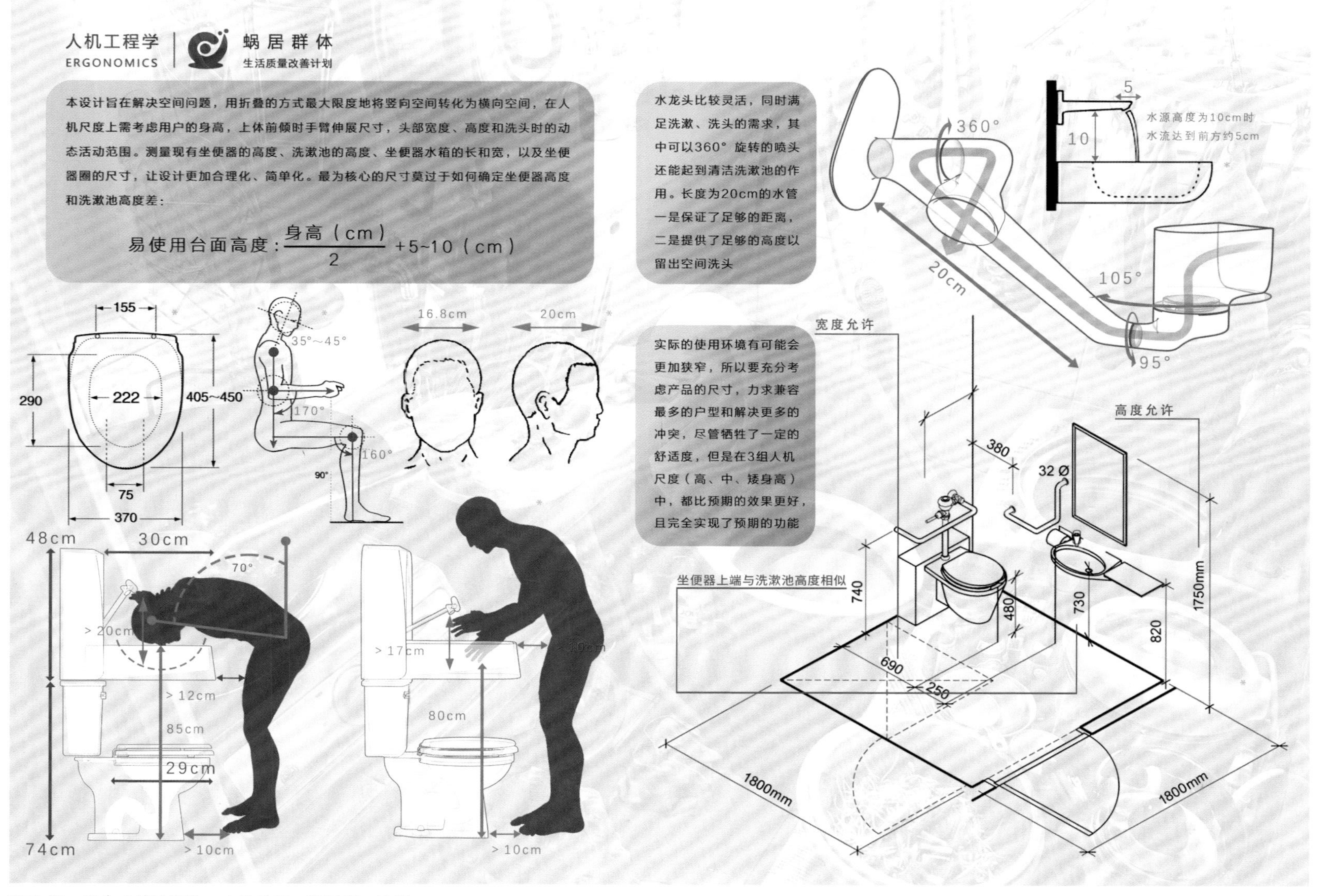

人机工程学
ERGONOMICS
蜗居群体
生活质量改善计划
本设计旨在解决空间问题，用折叠的方式最大限度地将竖向空间转化为横向空间，在人机尺度上需考虑用户的身高，上体前倾时手臂伸展尺寸，头部宽度、高度和洗头时的动态活动范围。测量现有坐便器的高度、洗漱池的高度、坐便器水箱的长和宽，以及坐便器圈的尺寸，让设计更加合理化、简单化。最为核心的尺寸莫过于如何确定坐便器高度和洗漱池高度差：
易使用台面高度：身高（cm）/2 +5~10（cm）
水龙头比较灵活，同时满足洗漱、洗头的需求，其中可以360°旋转的喷头还能起到清洁洗漱池的作用。长度为20cm的水管一是保证了足够的距离，二是提供了足够的高度以留出空间洗头
实际的使用环境有可能会更加狭窄，所以要充分考虑产品的尺寸，力求兼容最多的户型和解决更多的冲突，尽管牺牲了一定的舒适度，但是在3组人机尺度（高、中、矮身高）中，都比预期的效果更好，且完全实现了预期的功能
360°
20cm
105°
95°
5
10
水源高度为10cm时
水流达到前方约5cm
155
290
222
405~450
75
370
35°~45°
170°
160°
90°
16.8cm
20cm
48cm
30cm
70°
> 20cm
> 12cm
85cm
29cm
74cm
> 10cm
> 17cm
80cm
> 10cm
宽度允许
高度允许
380
32 Ø
坐便器上端与洗漱池高度相似
740
480
730
820
1750mm
690
250
1800mm
1800mm

图 3.31 组合式洁具设计－人机分析，设计者：马芊一

图 3.32　组合式洁具设计－使用流程规划，设计者：马芊一

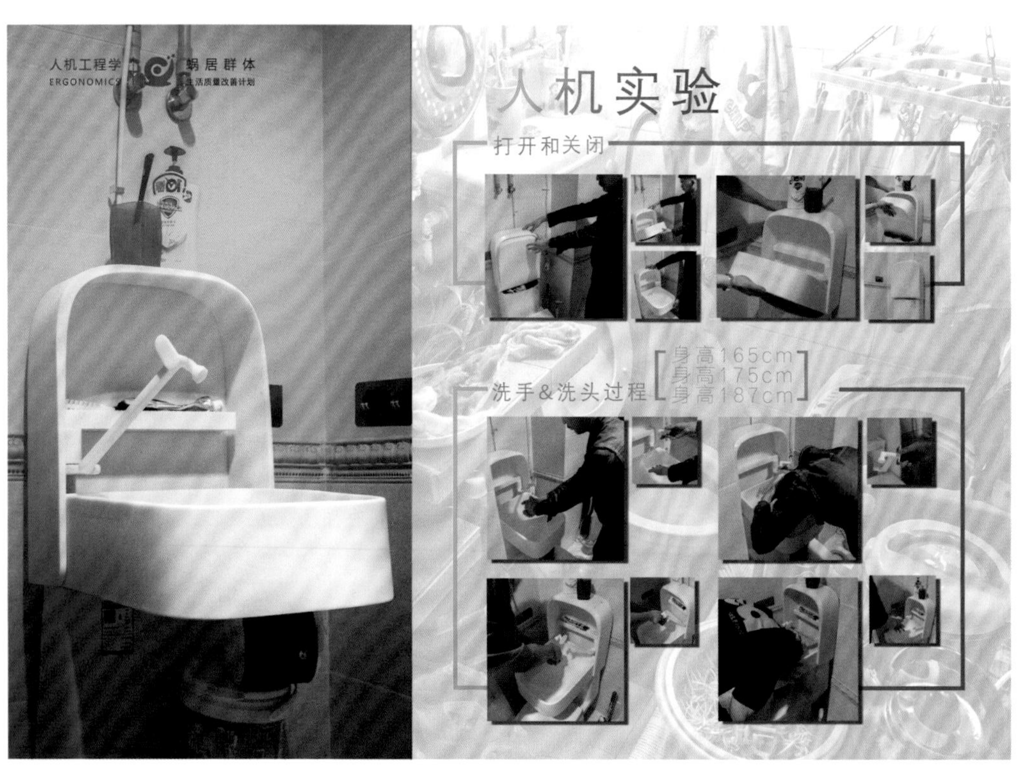


图 3.33　组合式洁具设计－人机实验，设计者：马芊一

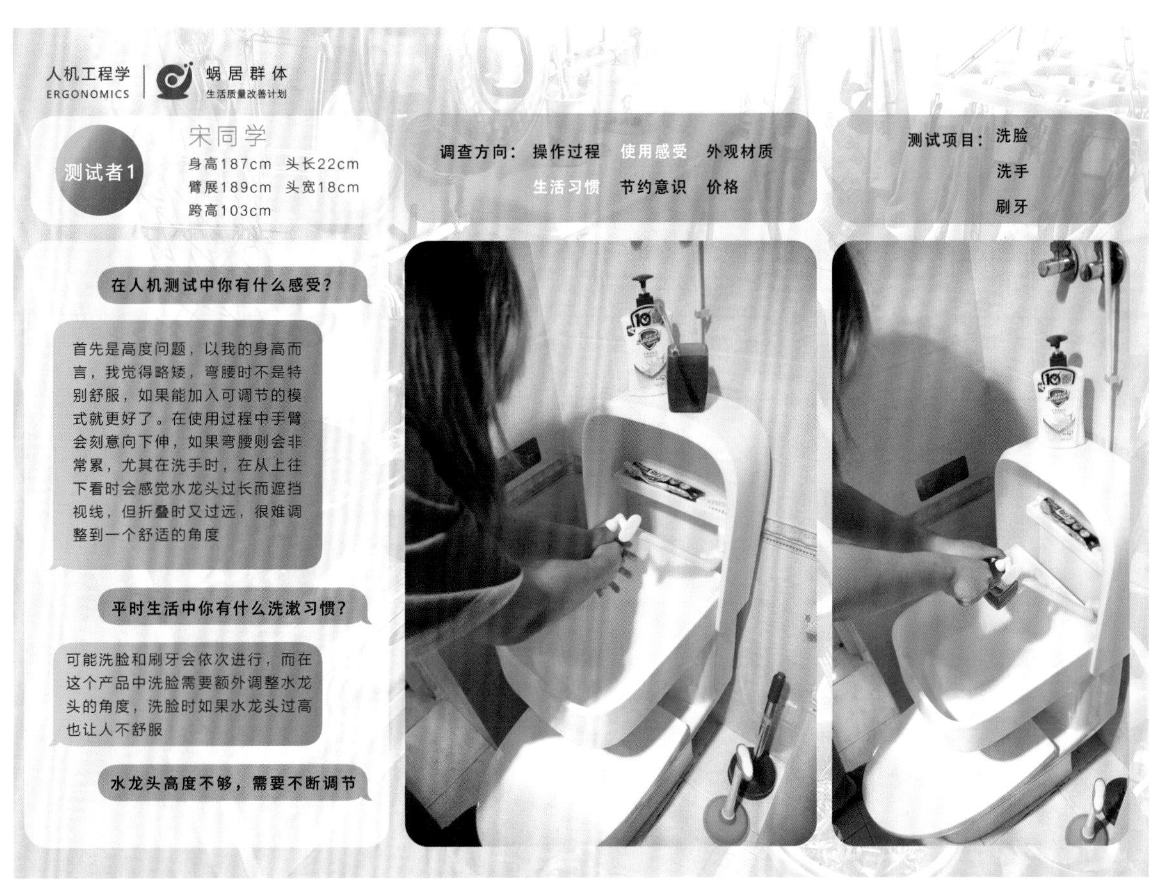


图 3.34　组合式洁具设计－人机测试及反馈 (1)，设计者：马芊一

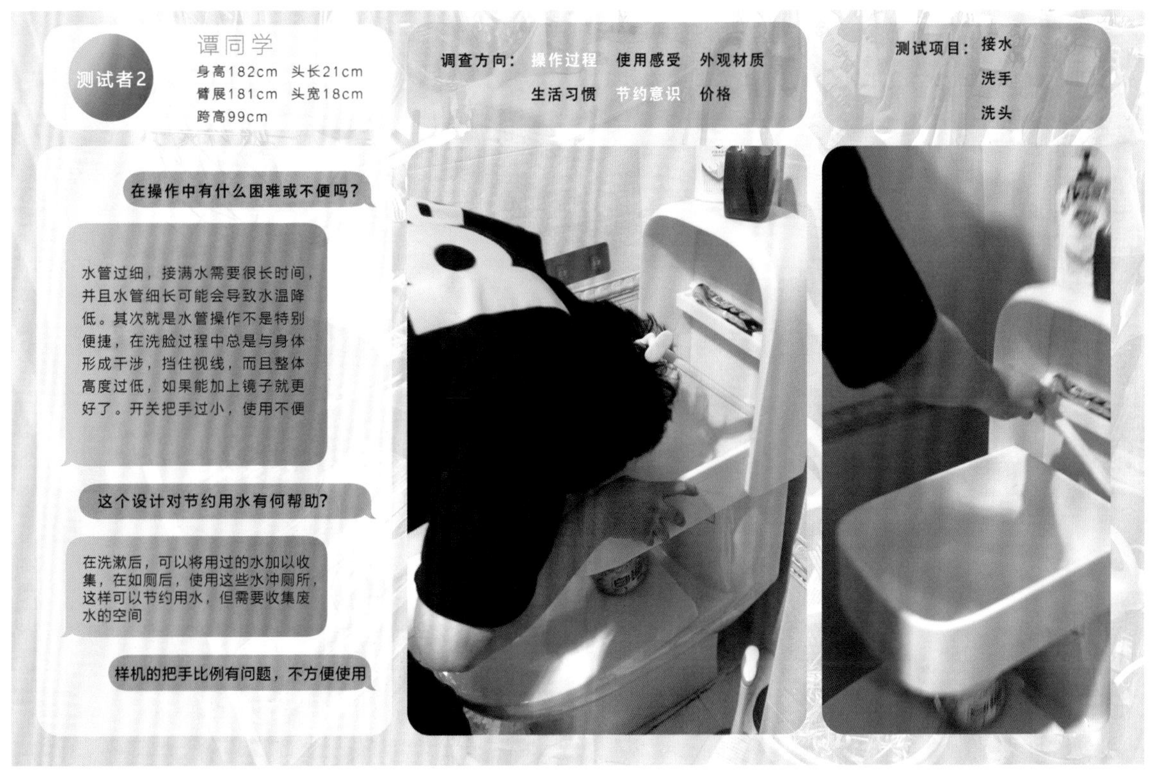


图 3.35　组合式洁具设计－人机测试及反馈 (2)，设计者：马芊一

狭窄空间内最重要的是功能的整合，
在保证舒适的前提下最大化地进行
精简、节约


图 3.36 组合式洁具设计-效果展示，设计者：马芊一

**思考题**

(1) 什么是设计创新？如何通过人机因素驱动设计创新？

(2) 如何在产品设计中融合人机与功能因素？

(3) 如何在产品设计中融合审美与人机因素？

(4) 如何通过人机工程学研究体现产品设计的商业价值？

(5) 如何通过人机工程学研究体现产品设计的社会价值？

(6) 如何通过人机工程学研究增加产品设计的适用性？

# 第 4 章 人机因素与用户中心设计

### 本章要点

1. 产品设计人体测量的标准和方法。
2. 人体感知系统的组成部分。
3. 人体工作效率的记录方法。
4. 产品设计中的人机修正量。

### 本章引言

从产品设计的视角出发，很容易发现在设计各环节中以用户为中心的考量。如果将这种考量用数据和图表呈现，通过人机工程学的研究分析可以给出令人信服的答案。人机工程学通过对人体的生理测量和心理测量来解释产品是如何与使用者相互匹配的。本章将围绕人体测量的内容与测量标准展开，其中，人体感知系统和人机工作效率的细化研究可以参照用户的行为帮助设计者完成设定的各项产品指标。此外，人机修正量的数据参考可以为用户建立更加舒适的人机环境系统。由此可见，人机工程学的数据与参考标准与用户中心设计思路密不可分。

# 4.1 人体测量学

要想依据人体尺度设计出能够符合人生理特点，并让人在使用时处于舒适状态和适宜环境的产品，就必须在设计中充分考虑人体测量学的各种尺度，这就要求设计师了解人体测量方面的基本知识。人体测量包括3个方面的内容：第一，形态测量，包括人体尺寸、体重、体型、体积表面积等；第二，生理测量，包括知觉反应、肢力体力、体能耐力、疲劳及生理节律等；第三，运动测量，包括动作范围、运动特性等。

人体尺寸是产品体量和空间环境设计的基础依据，合理的设计首先要符合人的形态和尺寸，使人感到方便和舒适。人体尺寸可分为静态尺寸（图4.1）和动态尺寸（图4.2）。人体静态尺寸也称人体构造尺寸，是在人体处于固定的标准状态下测量的，包括不同的标准状态和不同的部位，如手臂长度、腿长度、坐高等，与跟人体有直接关系的物体有较大的关系，如家具、服装和手动工具等，主要为人体各种设备提供数据。人体动态尺寸也称人体功能尺寸，是人在进行某种功能活动时肢体所能达到的空间范围，是人体在动态的状态下测得的，是由关节活动、转动所产生的角度与肢体的长度协调产生的范围尺寸，用以解决许多带有空间范围、位置的问题，如室内空间等。

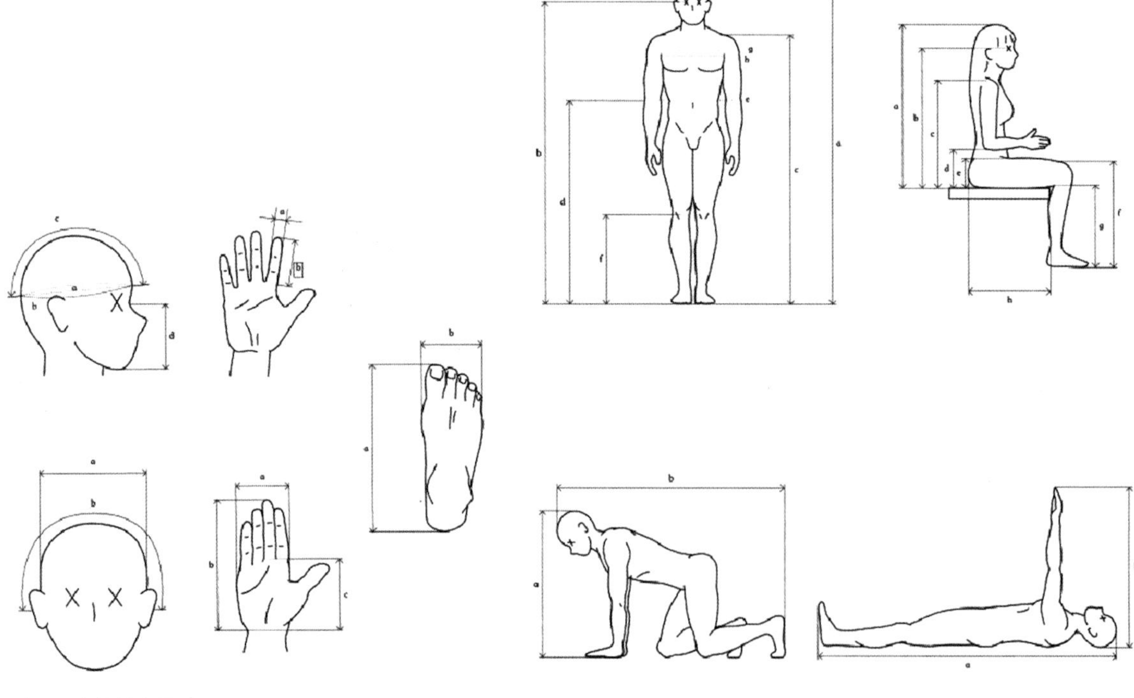

图4.1 人体静态尺寸

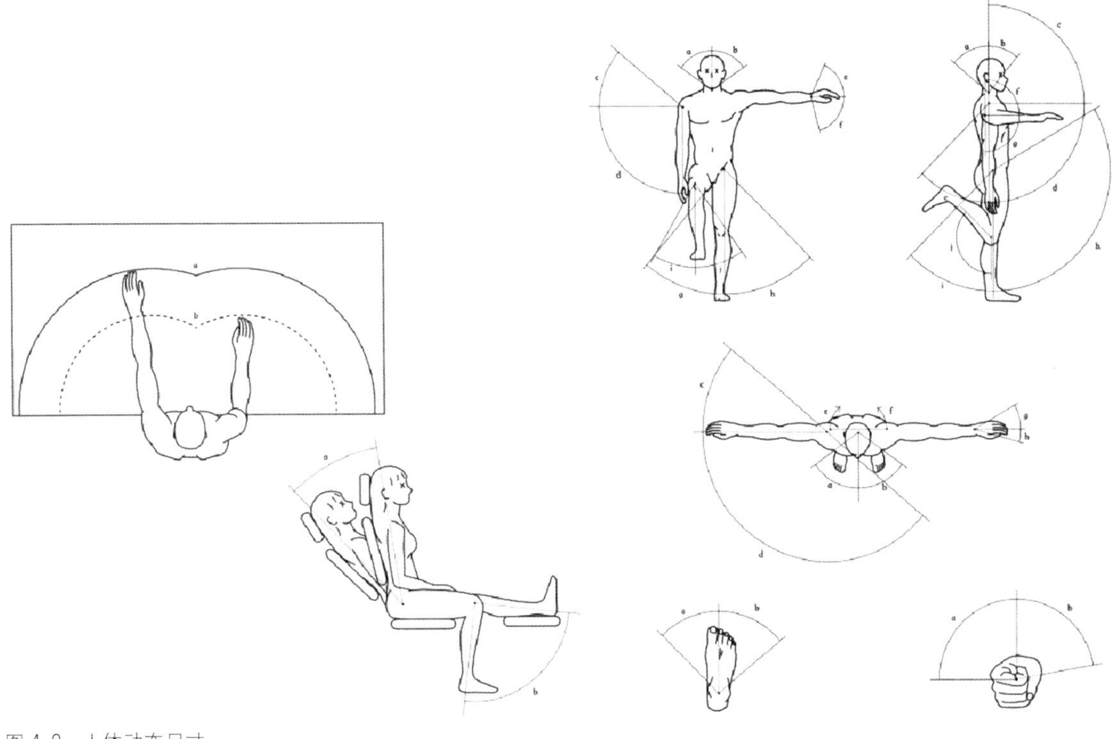

图 4.2　人体动态尺寸

### 4.1.1　人体测量学术语

1. 平均值

平均值是通过计算得到的，因此它会因每一个数据的变化而变化。

2. 中位数

中位数是按顺序排列的一组数据中居于中间位置的数。中位数在一定程度上综合了平均数和中位数的优点，具有比较好的代表性。

3. 众数

众数是数据的一种代表数，反映了一组数据的集中程度。众数在一组数据中出现的次数最多，日常生活中诸如“最佳”“最受欢迎”“最满意”等，都与众数有关系，它反映了一种最普遍的倾向。

4. 标准差

标准差是一组数值自平均值分散开来的程度的一种测量观念。一个较大的标准差，代表大部分的数值和其平均值之间差异较大；一个较小的标准差，代表这些数值比较接近平均值。

5. 适应域

通常，一个设计中只能选用一定的人体尺寸，只考虑整个环境系统的一部分面积，称为适应域。适应域是对设计而言的，对应统计学中位置区间的概念。适应域可分为对称适应域和偏适应域。对称适应域通常是对称于均值，偏适应域通常是整个分布的某一边。

6. 百分位数

人体尺寸的数据常以百分位数作为一种位置指标或值界，如在设计中最常见的是 5%、50%、95% 这 3 种百分位数。其中，第 5 百分位数代表娇小身材，指有 5% 的群体身高尺寸小于此值，而有 95% 的群体身高大于此值；第 50 百分位数代表中等身高，指大于和小于此身高尺寸的群体各为 50%；第 95 百分位数代表较高身体，指有 95% 的群体身高尺寸小于此值，而有 5% 的群体身高大于此值（图 4.3）。

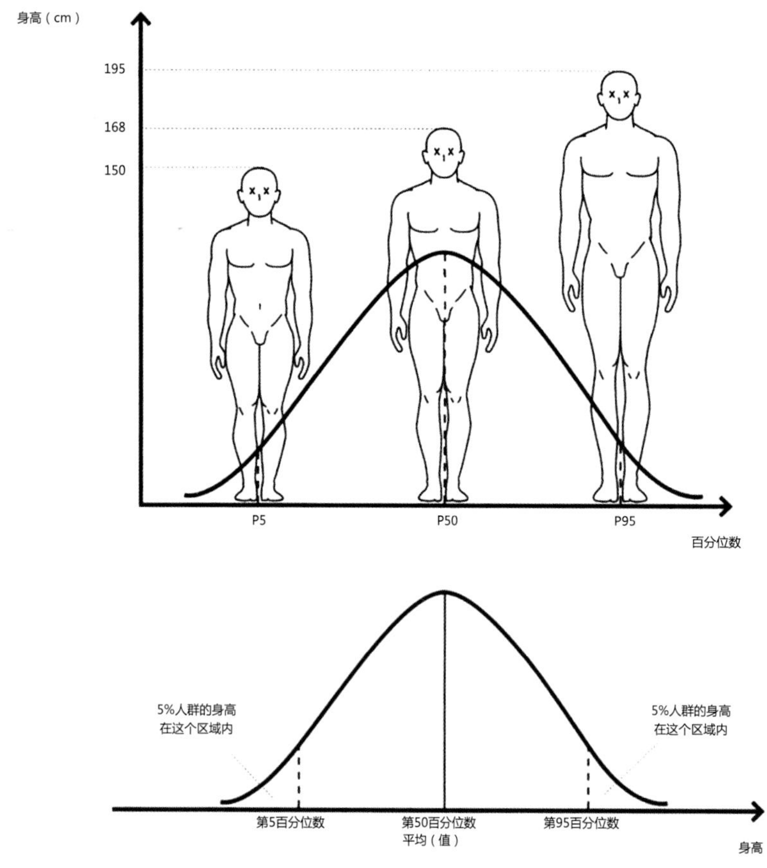


图 4.3 不同百分位数对应群体的身高

### 4.1.2 人体测量的基本原则

1. 明确人体尺寸

例如，在汽车设计中，汽车车身设计要以人(操作者、乘客)为中心，从人的生理、心理和人体运动出发，研究汽车的各方面如何满足人的需要。它主要包括确定人体模型、眼椭圆、头廓包络线、操作者手伸及界面、驾驶的最舒适姿势、座椅的形状、仪表板的布置、方向盘的形状，以及它们之间的相互位置关系，还要确认操作轻便性、上下车方便性、视野舒适性、乘坐舒适性等。而在驾驶空间设计中应考虑以下几点：(1) 1.60 ~ 1.90m 身高的操作者均拥有适合的操控空间；(2) 转向机构、液压操纵杆、制动器和踏板等操作机构的排列布置，对于操作者应是最方便、最舒适的区域；(3) 应有与机器性能相适应的操作性能和操控范围，为改善操作进程，可配备导向辅助装置；(4) 操作者的脚、头、手臂各部位有足够的运动空间，坐姿应符合人体解剖学和生理学特点；(5) 减少机器的振动性及对操作者的噪声危害，要降低和控制振动源和噪声源的强度，必要时可采取个人防振和防噪措施；(6) 在操作者所期望的最佳视野，要使视线不被大体积货载遮挡，必要时可偏置操作者及助手的座位(图 4.4)。

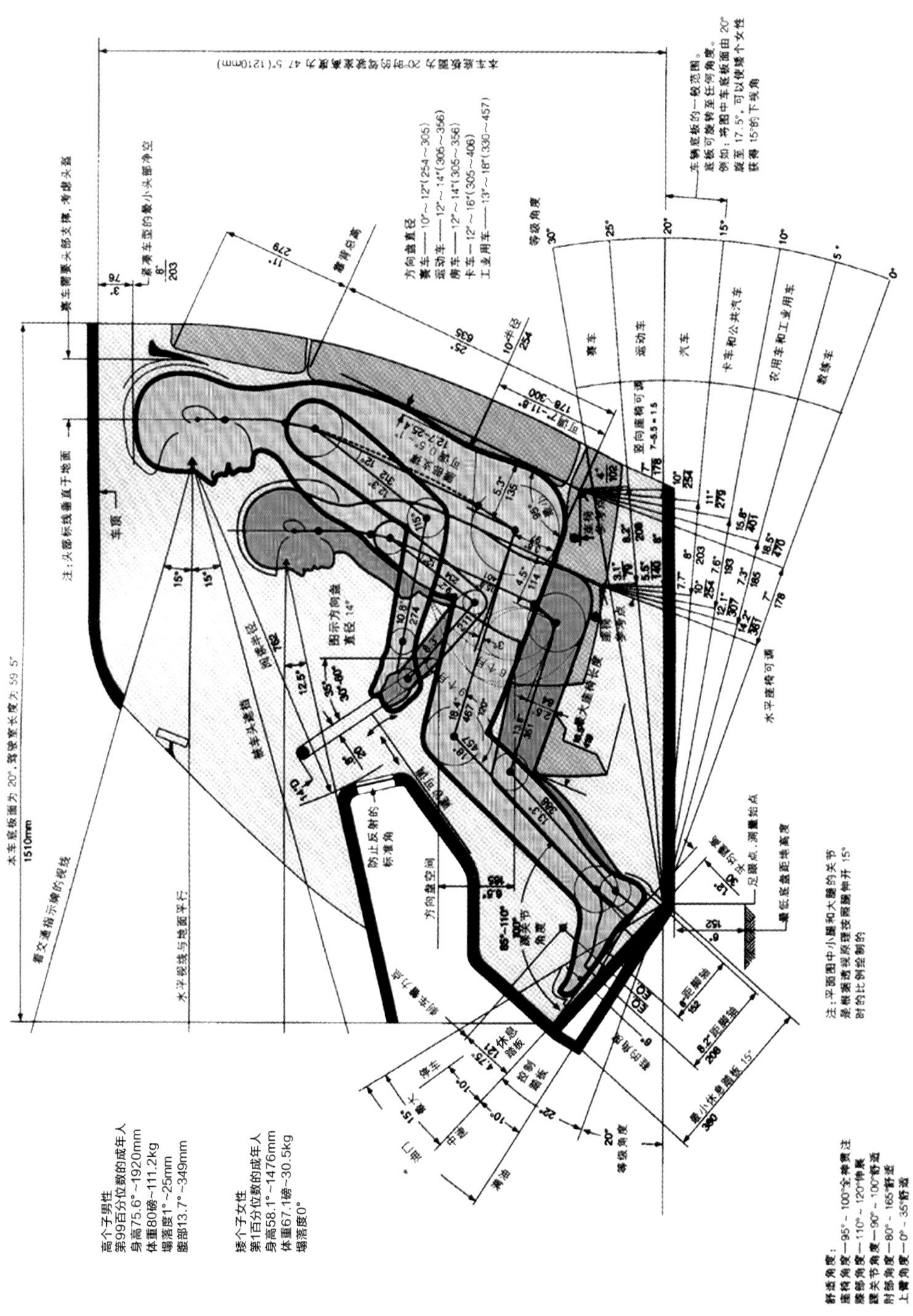

图 4.4　驾驶空间所需的人体尺寸

【图 4.4】

2. 明确目标用户

在运用测量数据进行设计时，需要了解目标用户的年龄、性别、生活年代、种族、职业、生活地域等因素。例如，黄种人身躯与四肢长度的比值大于白种人，但是身体骨架大小、体重、肢体力量等方面不如白种人（图4.5）。因此，在设计不同人种普遍使用的空间时，上下左右空间应按照白种人的人体尺寸设计，而对座高的设计应以黄种人的人体尺寸为依据。人体的尺寸受种族、性别、年龄、职业等诸多因素的影响（如男性普遍比女性高），无论是个体之间，还是群体之间，都存在较大的差异。在产品设计过程中，只有充分考虑并了解这些差异，才能合理使用人体尺寸数据，设计出符合目标用户的产品。

### 4.1.3 人体尺寸数据选用标准

第一类型产品尺寸设计又称双限值设计，需要两个人体尺寸百分位数作为尺寸上限值和下限值的依据。产品的尺寸需要进行调节才能满足不同身高的人使用的，属于第一类型产品尺寸设计。因此，需要一个大百分位数的人体尺寸和一个小百分位数的人体尺寸分别作为产品尺寸设计的上、下限值的依据。例如，汽车驾驶室的座椅，为使不同身高的驾驶者都能方便地操纵方向盘、适宜地用脚踩踏加速踏板和制动并具有良好的视野，座椅的高低和椅背的前后必须能够调节，并且分别以大百分位数人体尺寸和小百分位数人体尺寸作为座椅尺寸范围限值设计的依据。

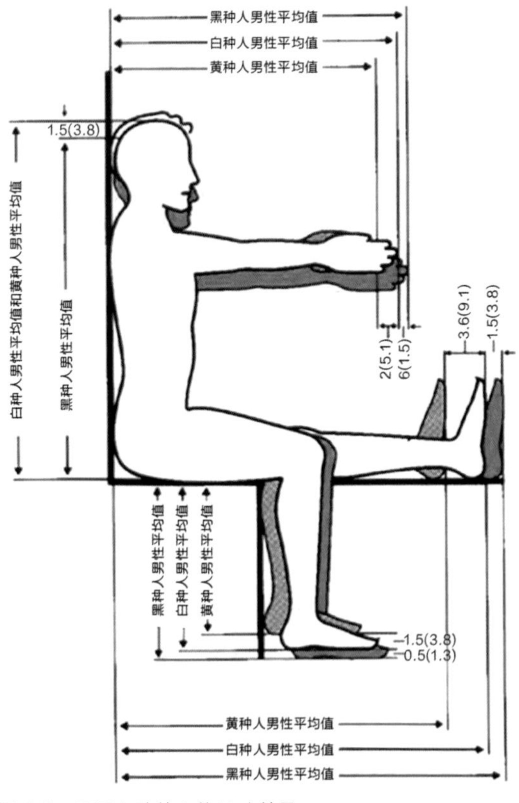


图4.5 不同人种的人体尺寸差异

第二类型产品尺寸设计又称单限值设计，需要一个人体尺寸百分位数作为尺寸上限值或下限值的依据。这一类型产品又可分为 2-A、2-B 两种。

2-A 型产品尺寸设计又称大尺寸设计，需要一个人体尺寸百分位数作为尺寸上限值的依据。这种产品的尺寸只要能适合身材高大者，就一定也适合身材矮小者。因此，2-A 型产品尺寸设计只需要一个大百分位数的人体尺寸作为产品尺寸设计上限值的依据就可以了。例如，床的长度和宽度、过街天桥上防护栏杆的高度、热水瓶把手孔圈的大小、礼堂座位的宽度等，都是只要能满足身材高大者的需求即可。

2-B 型产品尺寸设计又称小尺寸设计，需要一个人体尺寸百分位数作为尺寸下限值的依据。这种产品的尺寸只要能适合身材矮小者，就一定也适合身材高大者。因此，2-B 型产品尺寸设计只需要一个小百分位数的人体尺寸作为产品尺寸设计下限值的依据就可以了。例如，过街天桥上防护栏杆的间距、电风扇安全罩的间距、浴室里上层衣柜的高度、阅览室上层书架的高度等，都是只要能满足身材矮小者的需求即可。

第三类型产品尺寸设计又称平均尺寸设计，只需要第 50 百分位数的人体尺寸作为产品尺寸设计的依据。当产品尺寸与使用者的身高关系不大时，用第 50 百分位数的人体尺寸作为产品尺寸设计的依据。例如，门把手距离地面的高度、文具的尺寸、公共场所休闲椅的高度等，一般就按适合中等身材者使用为原则进行设计。

图 4.6 所示为男 / 女尺度数据参照图。

下面根据产品设计实践总结了一些常规标准，可在今后的设计中作为参考：(1) 由人体身高决定的产品参照尺寸为 99%；(2) 由人体某些部分的尺寸决定的产品参照尺寸为 5%；(3) 尺寸可以调节的产品参照尺寸为 5% ～ 95%；(4) 为普遍场所设计的产品参照尺寸为 0。

【图4.6】

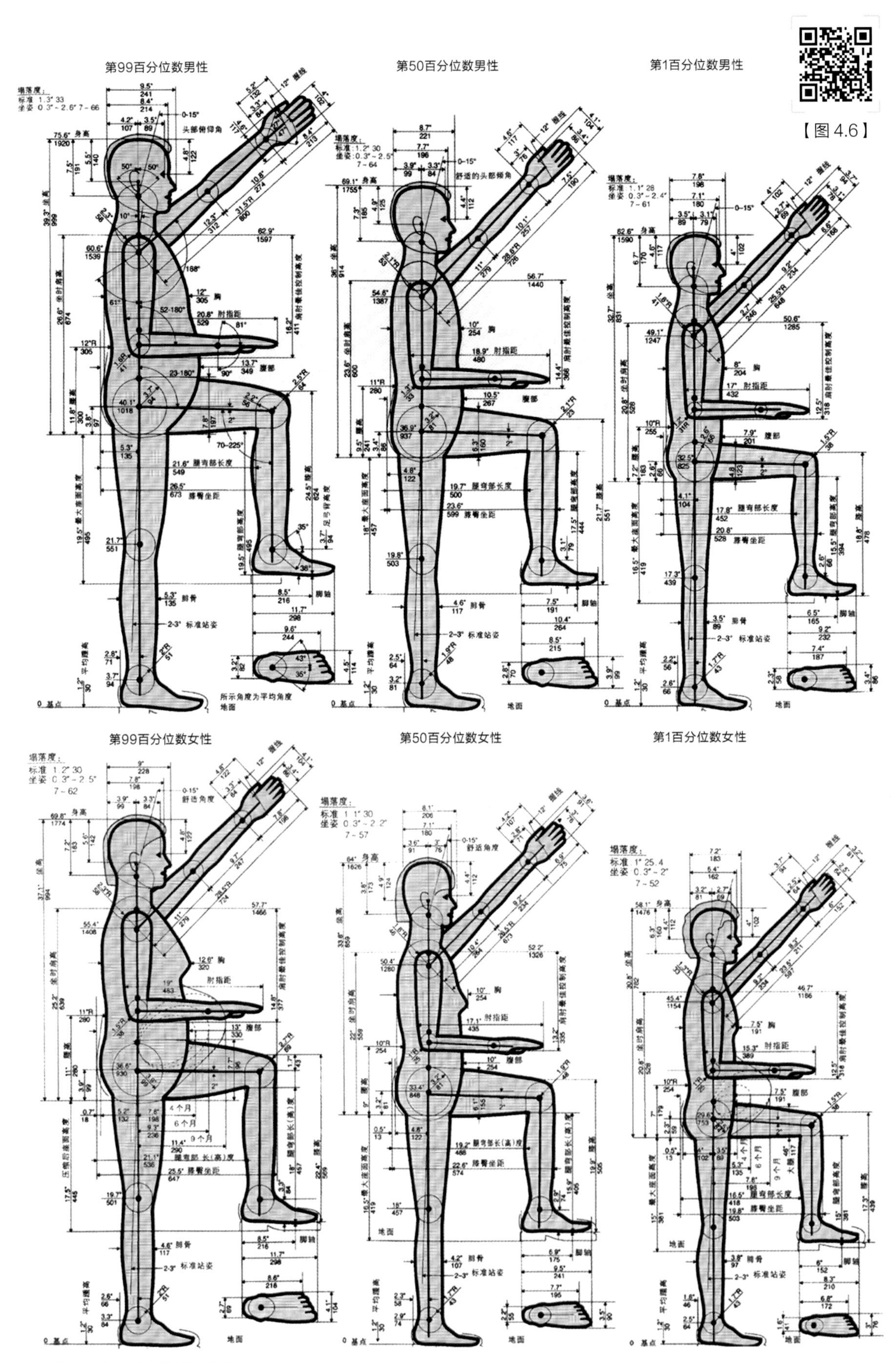


图4.6 男 / 女尺度数据参照图

### 4.1.4　人体测量数据获取方法

人体测量数据获取的方法包括使用带有关节的二维模型测量、计算机三维模型测量、实体样机模型测量、真人实测等。带有活动关节的二维人体模板的制作是为解决动态人体尺寸问题提供的一种简便的工具。在一些发达国家，二维人体模板几十年前就已经作为设计工具在市场上供设计师购置使用。我国也在十几年前发布了若干有关二维人体模板的国家技术标准，如图 4.7 所示。在设计初期，利用带有活动关节的二维人体模板，可以帮助设计者确定许多人机设计尺度，其优势在于操作简单、容易制作、适应性强、具有较好的灵活性等。二维人体模板采用密实的板材制作，尺寸比例和各关节的活动幅度基本符合人体实际。如果条件允许，将二维模型测量与实体样机模型测量、真人实测相结合，可以帮助设计者获得更加准确、实时更新的人体尺度数据。

与实测对比的是计算机三维模型测量，这种数据获取方法不但可以储存大量人体尺寸的详细数据，自动计算生成处于特定百分位数的使用者的三维模型，还可以在虚拟环境中模拟真实情况下人的运动和操作，按照不同的透视角度加以观察。结合生物机械学原理，还可以分析控制的力量、人体关节的应力等。

【图 4.7】

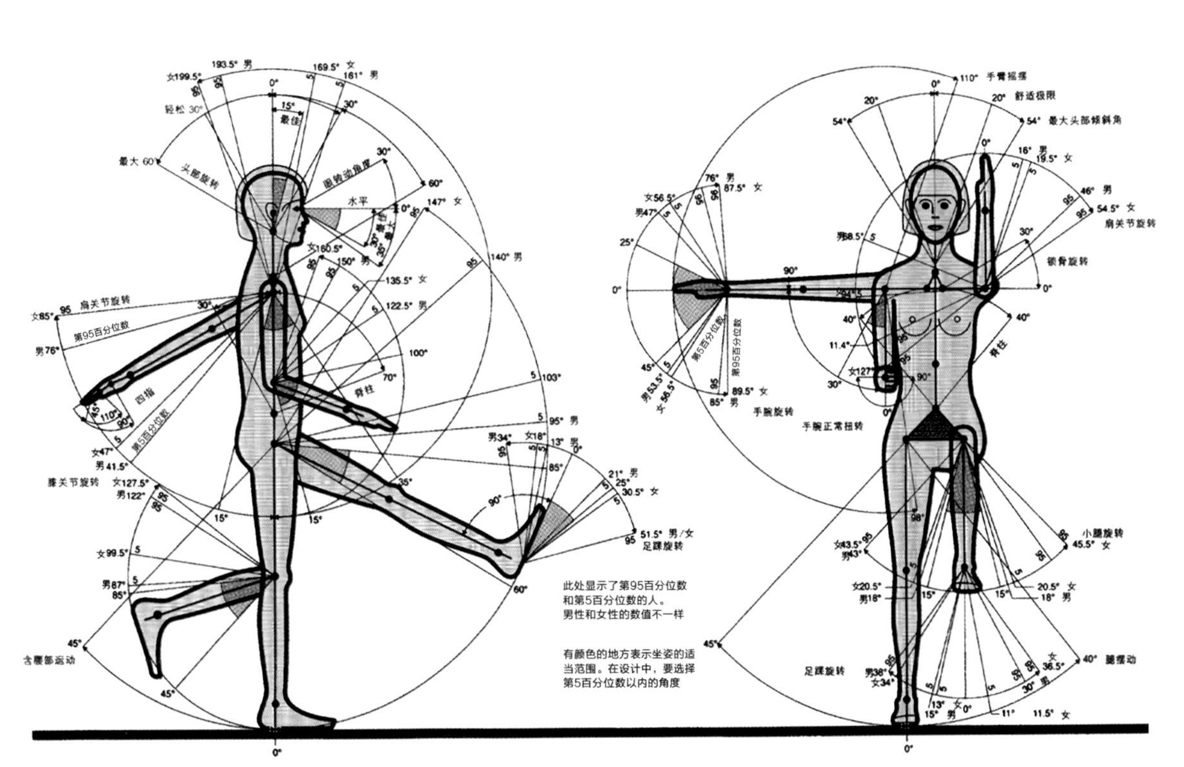


图 4.7　二维人体模板国家技术标准

# 4.2 人体感知系统

## 4.2.1 神经系统

神经系统是机体内起主导作用的系统，分为中枢神经系统和周围神经系统两部分。神经系统在维持机体内环境稳态、保持机体完整统一性及其与外环境的协调平衡中起着主导作用。在社会劳动中，人类的大脑皮层得到了高速发展和不断完善，产生了语言、思维、学习、记忆等高级功能活动，使人不仅能适应环境的变化，而且能认识和主动改造环境。神经系统的功能包括：(1) 神经系统调节和控制其他各系统的功能活动，使机体成为一个完整的统一体；(2) 神经系统通过调整机体功能活动，使机体适应不断变化的外界环境，维持机体与外界环境的平衡；(3) 人类在长期的进化发展过程中，神经系统特别是大脑皮质得到了高度的发展，产生了语言和思维。因此，人类不仅能被动地适应外界环境的变化，而且还能主动地认识客观世界、改造客观世界，使自然界为人类服务，这是人类神经系统最重要的特点。

## 4.2.2 感觉特征和感觉器官

感觉是有机体对客观事物的个别属性的反映，是感觉器官受到外界的光波、声波、气味、温度、硬度等物理与化学刺激作用而得到的主观经验。有机体对客观世界的认识是从感觉开始的，因此感觉是知觉、思维、情感等一切复杂心理现象的基础。

知觉是人对事物的各个属性、各个部分及其相互关系的综合的、整体的反映。知觉必须以各种感觉的存在为前提，但并不是感觉的简单相加，而是由各种感觉器官联合活动所产生的一种有机综合，是人脑的初级分析和综合的结果，也是人们获得感性知识的主要形式之一。

人的各种感受器官都有一定的感受性和感觉阈限。感受性是指有机体对适宜刺激的感觉能力，它以感觉阈限来度量。所谓感觉阈限，是指刚好能引起某种感觉的刺激值。感受性与感觉阈限成反比，感觉阈限越低，感觉就越敏锐。一种感受器官只能接收一种刺激和识别某一种特征，眼睛只接收光刺激，耳朵只接收声刺激。人的感觉印象 80% 来自眼睛，14% 来自耳朵，6% 来自其他器官。如果同时使用视觉和听觉，感觉印象保持的时间较长。研究表明，在人所接收的外界信息中，从视觉获得的信息所占的比例最大，从听觉获得的信息次之，从皮肤觉（包括温度觉、触压觉、干湿觉等）获得的信息再次之。在显示装置设计中所利用的信息类型，也按照从视觉到听觉，皮肤觉进行排序。人体接收外界信息的方式与感觉器官如图 4.8 所示。

| 感觉类型 | 感觉器官 | 刺激类型 | 感觉、识别的信息 |
| --- | --- | --- | --- |
| 视觉 | 眼睛 | 一定频率范围的电磁波 | 形状、位置、色彩、明暗等 |
| 听觉 | 耳朵 | 一定频率范围的声波 | 声音的强弱、高低、音色等 |
| 嗅觉 | 鼻子 | 某些挥发或飞散的物质微粒 | 香、臭、酸、焦等 |
| 味觉 | 舌头 | 某些被唾液溶解的物质 | 甜、咸、酸、苦、辣等 |
| 皮肤觉 | 皮肤及皮下组织 | 温度、湿度、对皮肤的触压、某些物质对皮肤的作用 | 冷热、干湿、触压、疼、光滑或粗糙等 |
| 平衡觉 | 半规管 | 肌体的直线加速度、旋转加速度 | 人体的旋转、直线加速度等 |
| 运动觉 | 肌体神经及关节 | 肌体的转动、移动和位置变化 | 人体的运动、姿势、重力等 |

图 4.8　人体接收外界信息的方式与感觉器官

### 4.2.3　视觉机制及其特征

产生视觉的视网膜是由杆状和锥状两种感光细胞构成的。与视轴对应的视网膜称为黄斑，黄斑处锥状细胞的密度最高。人在注视物体时，会本能地转动眼睛，其目的就是便于识别。为了更系统地了解视觉系统，首先要认识视觉机制的组成部分。

1. 波长和强度效应

视觉是电磁波刺激人眼视网膜细胞时引起的。一般光源都包含多种波长的电磁波，称为多色光。将不同波长的光混合起来，可以产生各种颜色，所有不同波长的可见光混合起来则产生白色。所谓强度效应，是指光的刺激强度只有达到一定数量才能引起视感觉的特性。因此，可见光不仅可以用波长来表示，也可以用强度来表示。

2. 视角

视角是由瞳孔中心到被观察物体两端所张开的角度。在一般照明条件下，正常人眼能辨别 5m 远处两点间的最小距离，其对应的视角是能够分辨的最小物体的视角。人眼辨别物体细部的能力随着照度及物体与背景的对比度的增加而增加。

3. 视力

视力是表征人眼对物体细部识别能力的一个生理尺度。随着年龄的增加，视力会逐渐下降，所以作业环境的照明设计应考虑工作人员的年龄特点。

4. 视野

视野是指人眼能观察到的范围，一般以角度表示，人眼视野范围参数如图 4.9 所示。视野按眼球的工作状态可分为静视野、注视野和动视野。(1) 静视野是指在头部固定、眼球静止不动的状态下自然可见的范围；(2) 注视野是指在头部固定，而转动眼球注视某一中心点时所见的范围；(3) 动视野是指头部固定而自由转动眼球时的可见范围。

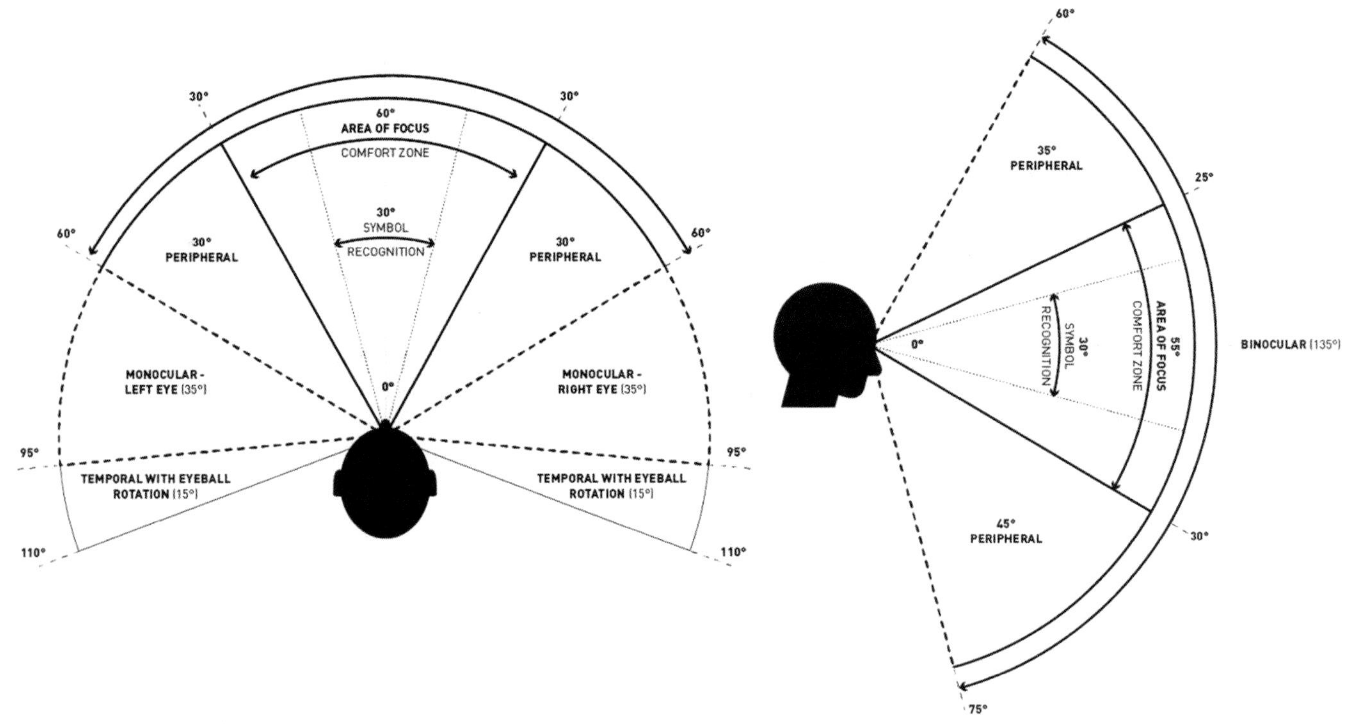


图 4.9 人眼视野范围参数

在人的 3 种视野中，注视野的范围最小，动视野的范围最大。在人机工程学中，一般以静视野为依据设计视觉显示器等有关部件，以减轻人眼的疲劳。静视野的有效视野是以视中心线为轴，上为 30°，下为 40°，左、右都为 15° ～ 20°。

5. 视距

视距是指人在控制系统中正常的观察距离。观察各种显示仪表时，若视距过远或过近，对认读速度和准确性都不利，一般应根据观察物体的大小和形状在 38 ～ 76cm 之间选择最佳视距。

6. 色觉

色觉是一种复杂的生理心理现象。人们能感受到各种颜色，是由于可见光中不同波长的光线作用于人眼视网膜上，并在大脑中引起的主观印象。一种颜色可以由一种波长光线作用而引起，如红色、绿色、蓝色等，称为原色；也可由两种或多种波长光线的混合作用而引起，由红色、绿色、蓝色三原色适当混合，可以构成光谱上任何一种颜色。

接下来，设计者需要对视觉系统的特征进行掌握，这有利于在设计中充分利用人眼的视觉特征。由于生理、心理及各种光、形、色等因素的影响，人在视觉过程中，会产生适应、眩光、视错觉等现象。这些现象在产品设计人机工程学中有的可以利用，有的则应避免。

1. 暗适应与明适应

人眼对光亮度变化的顺应性称为适应，适应有暗适应和明适应两种。暗适应是指人从明亮处进入黑暗处时，开始时一切都看不见，需要经过一定时间以后才能逐渐看清物体的轮廓。明适应是指人从黑暗处进入明亮处时，能够看清物体的适应过程，这个过渡时间一般会很短。在人机环境设计时，应注意人在明暗急剧变化的环境中工作，会因受适应性的限制，使视力出现短暂的下降，若频繁地出现这种情况，会产生视觉疲劳，并容易引起操作错误。为此，在需要频繁改变亮度的场所，应采用缓和照明，避免光亮度的急剧变化。

2. 眩光

当人的视野中有极强的亮度对比时，由光源直射出或由光滑表面反射出的刺激或耀眼的强烈光线，称为眩光。眩光可使人眼感到不舒服，使可见度下降，并引起视力的明显下降。眩光造成的有害影响主要有：降低视网膜上的照度，减弱物体与背景的对比度，令视力产生模糊等。

3. 视错觉

人在观察物体时，由于视网膜受到光线的刺激，神经系统的反应，会在横向产生扩大范围的影响，使得视觉印象与物体的实际大小、形状存在差异，这种现象称为视错觉。视错觉是普遍存在的现象，其主要类型有形状错觉、色彩错觉和物体运动错觉等。常见的形状错觉有长短错觉、方向错觉、对比错觉、大小错觉、远近错觉和透视错觉等。在进行与视觉相关的产品设计时，为使设计达到预期的效果，应考虑视错觉的影响。

4. 视觉损伤

在工作过程中，火花、飞沫、热气流、烟雾、化学物质等有形物质会对人眼造成伤害，强光或有害光也会对人眼造成伤害。人在低照度或低质量的光环境中长期工作，会引起各种眼睛的折光缺陷或提早形成老花眼。此外，眩光或照度剧烈而频繁变化的光，也会引起视觉功能的损伤。

5. 视觉疲劳

长期从事近距离工作和精细作业的工作者，由于频繁看近物或细小物体，睫状肌必须持续地收缩以增加晶状体的曲度，很容易引起视觉疲劳，甚至导致睫状萎缩，使视力下降。当照度不足时，操作者的视觉活动进程开始缓慢，视觉效率显著下降，极易引起视觉疲劳。因此，长期在劣质光照环境下工作，会引起眼疲劳，表现为眼睛痛、视力下降等症状。

6. 视觉的运动规律

人们在观察物体时，视线的移动有一定规律，掌握这些规律有利于在产品设计中满足人机工程学的要求。第一，眼睛的水平运动比垂直运动快，即先看到水平方向的物体，后看到垂直方向的物体。所以，一般产品的外观界面常设计成横向长方形，便于信息显示。第二，视线运动的顺序习惯于从左到右、从上至下、顺时针进行（图4.10）。第三，对物体尺寸和比例的估计，水平方向比垂直方向准确、迅速且不易疲劳。第四，当眼睛偏离视觉中心时，在偏离距离相同的情况下，观察的顺序是左上、右上、左下、右下。第五，在视线突然转移的过程中，约有3%的视觉能看清目标，其余97%的视觉都是不真实的，所以在工作时，不应有突然转移的要求，否则会降低视觉的准确性。如果需要突然转移视线，也应要求尽量慢一些，以使眼睛适应这种转移。为此，视觉引导应给出一定标识，如利用箭头或颜色预先引起人的注意，以便把视线转移放慢。

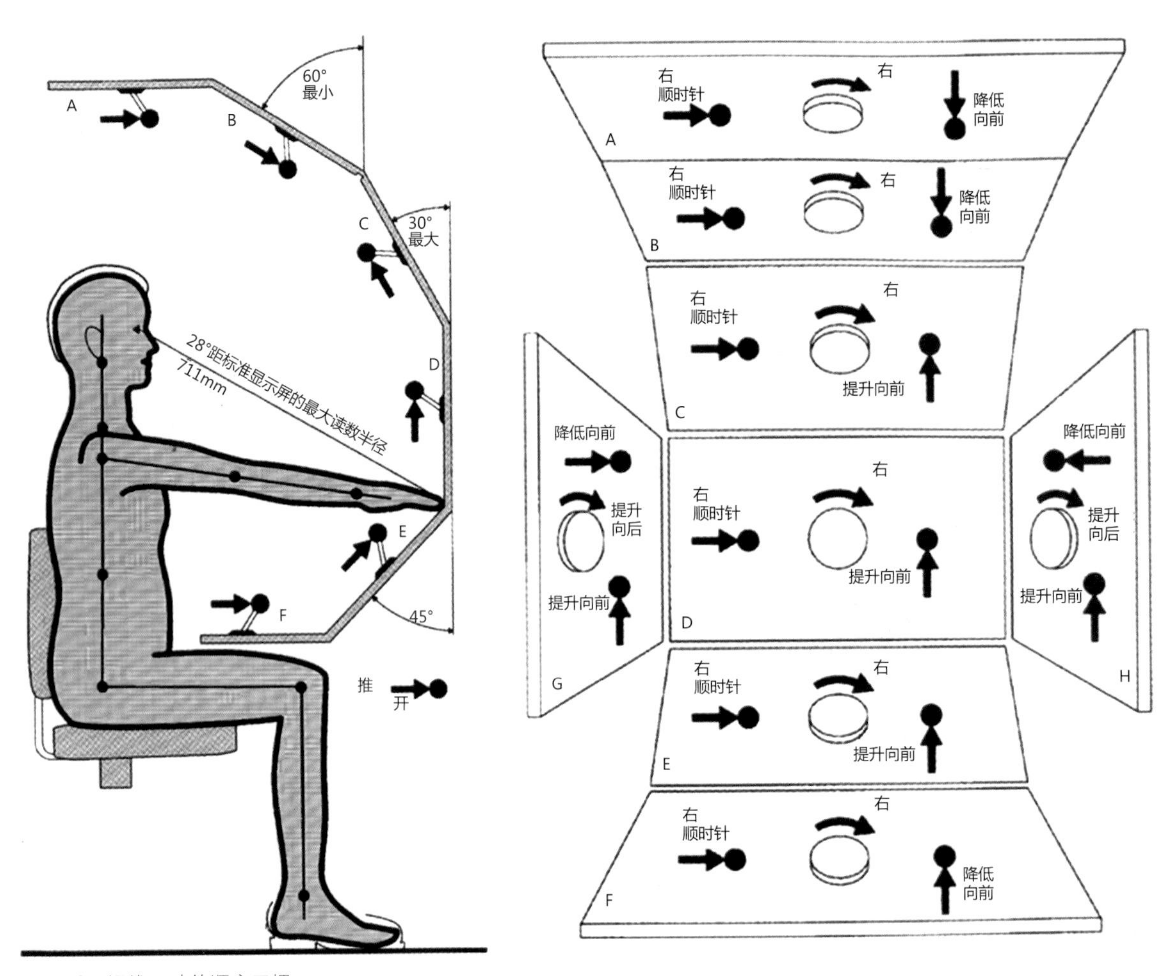


图 4.10 视线运动的顺序习惯

## 4.2.4 听觉机制及其特征

物体振动导致周围介质（如空气）的振动，而分子的振动能引起人耳鼓膜的振动。引起听觉的刺激就是物体振动发出的声波，而该振动物体就是声源。人耳具有区分不同频率和不同强度声音的能力。人耳对频率的感觉最灵敏，常常能感受到频率微小的变化，而对强度的感觉次之，不如对频率的感觉灵敏。正常情况下，人两耳的听力是一致的，因此，根据声音到达两耳的强度和时间先后可以判断声源的方向。例如，声源在听者的右侧时，距左耳稍远，声波到达左耳所需的时间就稍长。如果声源同时出现在听者的上下方或前后方，就较难确定其方位。这时通过转动头部，获得较明显的时差及声强差，加之头部转过的角度可判断其方位。在危险情况下，除了听到警报声，如能识别出声源的方向，往往会避免工作中事故的发生。

不同的声音传入人耳时，只能听到最强的声音，而较弱的声音就听不到了，即弱声被掩盖了。被掩蔽声音的听阈提高的现象，称为掩蔽效应。工人在作业时由于噪声对正常作业的监视声及语言的掩蔽，不仅使听阈提高，加速人耳的疲劳，而且还影响语言的清晰度，直接影响作业人员之间信息的正常交换，甚至且可能导致事故的发生。噪声对声音的掩蔽与噪声的声压及频率有关，所以在设计听觉传达类产品时，应尽量避免声音的掩蔽效应，以保证信息的正确交换。

应当注意到，由于人的听阈复原需要一段时间，掩盖声去掉以后，掩蔽效应并不立即消除，这种现象称为残余掩蔽或听觉残留。其量值可代表听觉的疲劳程度。掩盖声也称疲劳声，它对人耳刺激的时间和强度会直接影响人耳的疲劳持续时间和疲劳程度，刺激时间越长、程度越强，则疲劳程度越高。

### 4.2.5　嗅觉机制及其特征

嗅觉是一种感觉。它由两种感觉系统参与，即嗅神经系统和鼻三叉神经系统。嗅觉和味觉会整合并互相作用。嗅觉是外激素通信实现的前提。嗅觉是一种远感，即它是通过长距离感受化学刺激的感觉。相比之下，味觉是一种近感。

人的嗅觉具有以下特征：第一，在几种不同的气味混合同时作用于嗅觉时，可以产生不同的情况；第二，当嗅觉器官长时间受某种气味刺激后，对此气味的感觉就会逐渐减弱直至完全适应，这种现象称为嗅觉适应；第三，嗅觉时常会伴有其他感觉的混合，如嗅辣椒时的辣味常伴有痛觉，嗅薄荷叶时又带有冷觉。

### 4.2.6　味觉机制及其特征

味觉是指食物在人的口腔内对味觉器官化学感受系统的刺激并产生的一种感觉。从味觉的生理角度分类，有 4 种基本味觉：酸、甜、苦、咸。它们是食物直接刺激味蕾产生的。一般人的舌尖和边缘对咸味比较敏感，舌的前部对甜味比较敏感，舌的两侧对酸味比较敏感，而舌根对苦味、辣味比较敏感。通常，随温度的升高，味觉会加强，最适宜的产生味觉的温度是 10 ～ 40℃，尤其是在 30℃时味觉最敏感，大于或小于此温度时，味觉会变得迟钝。

两种相同或不同的呈味物质进入口腔时，会使二者呈味味觉都有所改变的现象，称为味觉的相互作用。第一，味的对比现象，指两种或两种以上的呈味物质，适当调配，可使某种呈味物质的味觉更加突出的现象。第二，味的相乘作用，指两种具有相同味感的物质进入口腔时，其味觉强度超过两者单独使用的味觉强度之和，也称味的协同效应。第三，味的消杀作用，指一种呈味物质能够减弱另外一种呈味物质味觉强度的现象。第四，味的变调作用，指两种呈味物质相互影响而导致其味感发生改变的现象。第五，味的疲劳作用，指长期受到某种呈味物质的刺激后，感觉刺激量或刺激强度减小的现象。

### 4.2.7　皮肤觉机制及其特征

皮肤觉是皮肤受到物理或化学刺激所产生的触觉、温度觉和痛觉等皮肤感觉的总称。人们通常将触觉、温度觉和痛觉看作基本的皮肤觉。

1. 触觉

皮肤受到机械刺激所产生的感觉称为触觉。触觉按刺激的强度可分为接触觉和压觉。轻轻地刺激皮肤就会产生触觉；当刺激强度增大时，就会产生压觉。这种刺激区分只是相对的，实际上二者结合在一起，统称为触压觉或触觉。除了触压觉，还有触摸觉。触摸觉是人手所独有的，是人类在长期劳动过程中形成的。

2. 温度觉

由冷觉和热觉两种感受不同温度范围的感受器受外界环境中温度变化所引起的感觉，称为温度觉。对热刺激敏感的是热感受器，对冷刺激敏感的是冷感受器。两种温度感受器在皮肤表层中，均呈点状分布，称为热点和冷点。温度感受器在面部、手背、前臂掌侧面、足背、胸部、腹部，以及生殖器官的皮肤上比较密集，而且冷点多于热点。

3. 痛觉

痛觉是有机体受到伤害性刺激时所产生的感觉。痛觉具有重要的生物学意义。它是有机体内部的警戒系统，能引起防御性反应，具有保护作用。但是，强烈的疼痛会引起机体生理功能的紊乱，甚至休克。

### 4.2.8 人体内部知觉及其规律

人体内部知觉指感受人体内部刺激，反映机体内部变化的感觉。它主要包括机体觉、平衡觉和运动觉 3 类。机体觉是有机体内部环境变化作用于内脏感觉器官而产生的内脏器官活动状态的感觉；平衡觉是有机体在作直线减速运动或旋转运动时，能保持身体平衡并知道其方位的一种感觉；运动觉是反映身体运动和位置状态的感觉。肌肉、肌腱、韧带和关节的本体感觉器对压力和肌肉、关节形状的改变非常敏感，使我们能感觉到身体的位置和运动状态，这种感觉称为本体感觉。

人的知觉一般分为空间知觉、运动知觉、时间知觉。空间知觉是物体的空间特性在人脑中的反映，是由视觉、触摸觉、动觉等多种感觉系统协同活动的结果，其中视觉起着重要的作用。空间知觉主要包括形状知觉、大小知觉、深度知觉、方位知觉等。时间知觉是客观现象的延续性和顺序性反映。人们可以依靠时钟和日历来判断时间，也可以根据自然界的周期现象来估计时间。运动知觉是人脑对物体空间移动和移动速度的知觉。运动知觉、空间知觉、时间知觉三者有不可分割的关系，它们依赖于对象行动的速度、对象距观察者的距离，以及观察者本身所处的运动或静止的状态。

人体内部知觉的基本规律如下。第一，知觉的整体性。知觉对象一般由许多部分组成，各部分有不同的属性与特征。人们由于具有一定的知识经验，加上某些思维习惯，总是把对象感知为一个统一的整体。第二，知觉的理解性。人们往往根据自己过去获得的知识和经验去理解和感知现实的对象。第三，知觉的恒常性。当知觉的客观条件在一定范围内改变时，知觉印象仍然保持相对的稳定性。这一知觉特性使我们能够全面、真实、稳定地反映客观事物。第四，知觉的选择性。被选出的形成清晰知觉的事物称为知觉对象，而其他事物与背景会因为知觉的选择性而发生变化。

# 4.3　人体工作效率

产品设计人机工程学的研究核心就是如何通过设计改善人机工作效率，通过人体测量学帮助设计师了解人体各部位的工作效率。越来越多的设计师把人机工程学作为设计必须考量的因素之一。在设计产品前，他们往往需要通过大量的调查和研究来收集完整的数据，为后期模型提供参考。在设计过程中，设计师会采用不同的方法，综合考虑，使产品的细节更贴合人的实际需求。本书后面的章节会有一系列“以人为本”的产品设计。这些产品不但具备了使用功能而且还让人使用起来更舒服、更安全、更高效。

## 4.3.1　主要关节的活动范围

(1) 头、颈部。头、颈部先置于中立位，颈部活动度为：前屈 35°～45°，后伸 35°～45°，左右侧屈各 45°，左右旋转各 60°～80°。头、颈部尺寸数据参考如图 4.11 所示。

(2) 腰部。采取直立，腰伸直自然体位，其活动度为：前屈 90°，后伸 30°，左右侧屈各 30°，左右旋转各 30°。

【图 4.11】

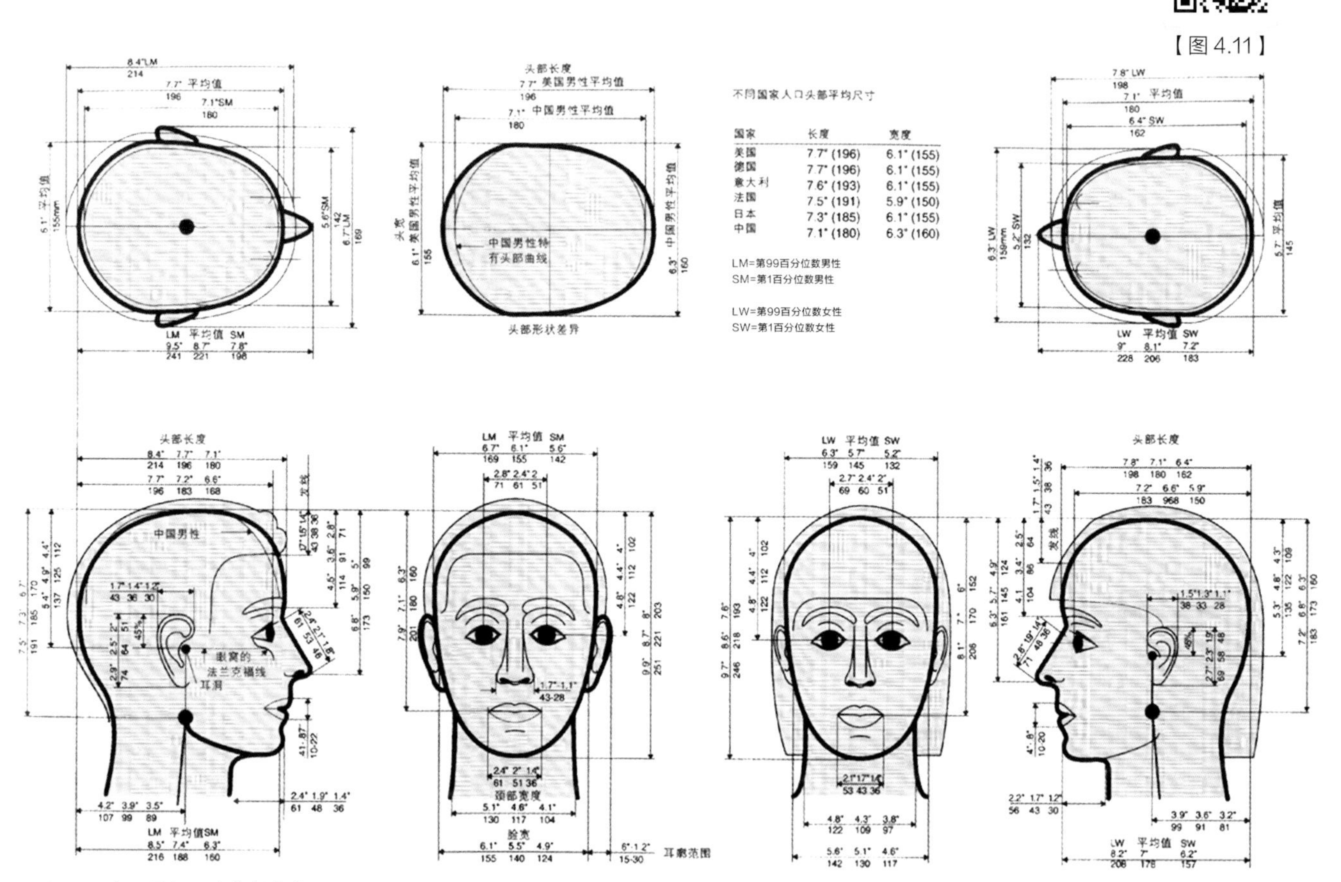


| 国家 | 长度 | 宽度 |
|---|---|---|
| 美国 | 7.7" (196) | 6.1" (155) |
| 德国 | 7.7" (196) | 6.1" (155) |
| 意大利 | 7.6" (193) | 6.1" (155) |
| 法国 | 7.5" (191) | 5.9" (150) |
| 日本 | 7.3" (185) | 6.1" (155) |
| 中国 | 7.1" (180) | 6.3" (160) |

图 4.11　头、颈部尺寸数据参考

(3）肩关节。肩关节先置于中立位，其活动度为：前屈 90°，后伸 45°，外展 90°，内收 40°，内旋 80°，外旋 30°，上举 90°。

(4）肘关节。肘关节先置于中立位，其活动度为：屈曲 140°，过伸 0°～10°，旋前 80°～90°，旋后 80°～90°。

(5）腕关节。腕关节先置于中立位，其活动度为：背伸 35°～60°，掌屈 50°～60°，桡偏 25°～30°，尺偏 30°～40°。手部尺寸数据参考如图 4.12 所示。

(6）掌指关节。掌指关节先置于中立位，其活动度为：掌指关节屈曲 60°～90°，伸直 0°；近节指间关节屈曲 90°，伸直 0°；远节指间关节屈曲 60°～90°，伸直 0°。

【图 4.12】

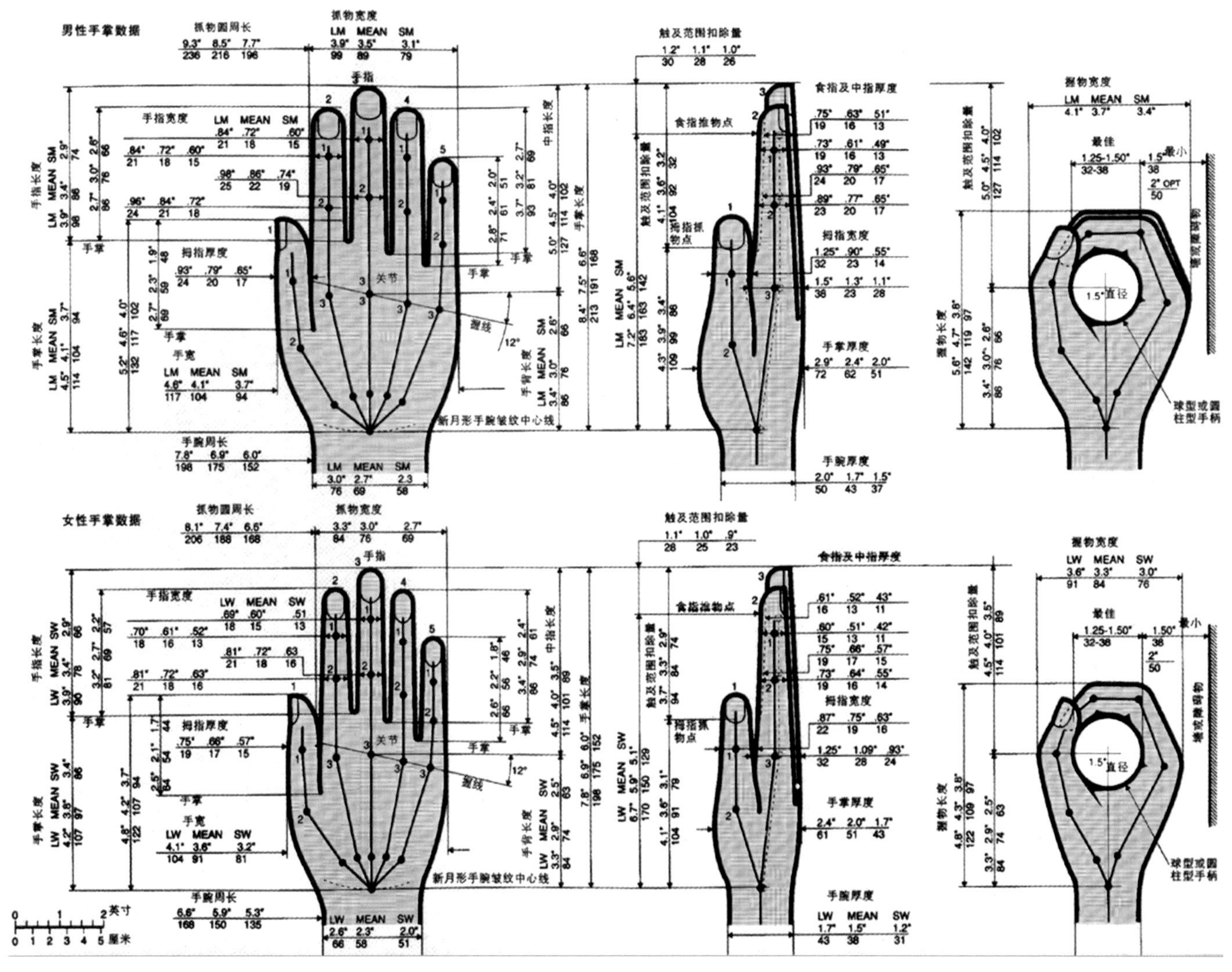


图 4.12 手部尺寸数据参考

(7) 掌拇关节。掌拇关节先置于中立位，其活动度为：掌侧外展 70°；对掌，注意拇指横越手掌的程度；屈曲，掌拇关节 20°～50°，指间关节 90°；内收，伸直位与食指桡侧并拢。

(8) 髋关节。髋关节先置于中立位，其关节活动度为：屈曲 145°，后伸 40°，外展 30°～45°，内收 20°～30°，内旋 40°～50°，外旋 40°～50°。

(9) 膝关节。膝关节先置于中立位，其活动度为：屈曲 145°，伸直 0°，当膝关节屈曲时内旋约 10°，外旋 20°。

(10) 踝、足部。踝关节先置于中立位，其活动度为：背伸 20°～30°，跖屈 40°～50°；跟距关节内翻 30°，外翻 30°～35°；跖趾关节背伸约 45°，跖屈约 30°～40°（图 4.13）。

【图 4.13】

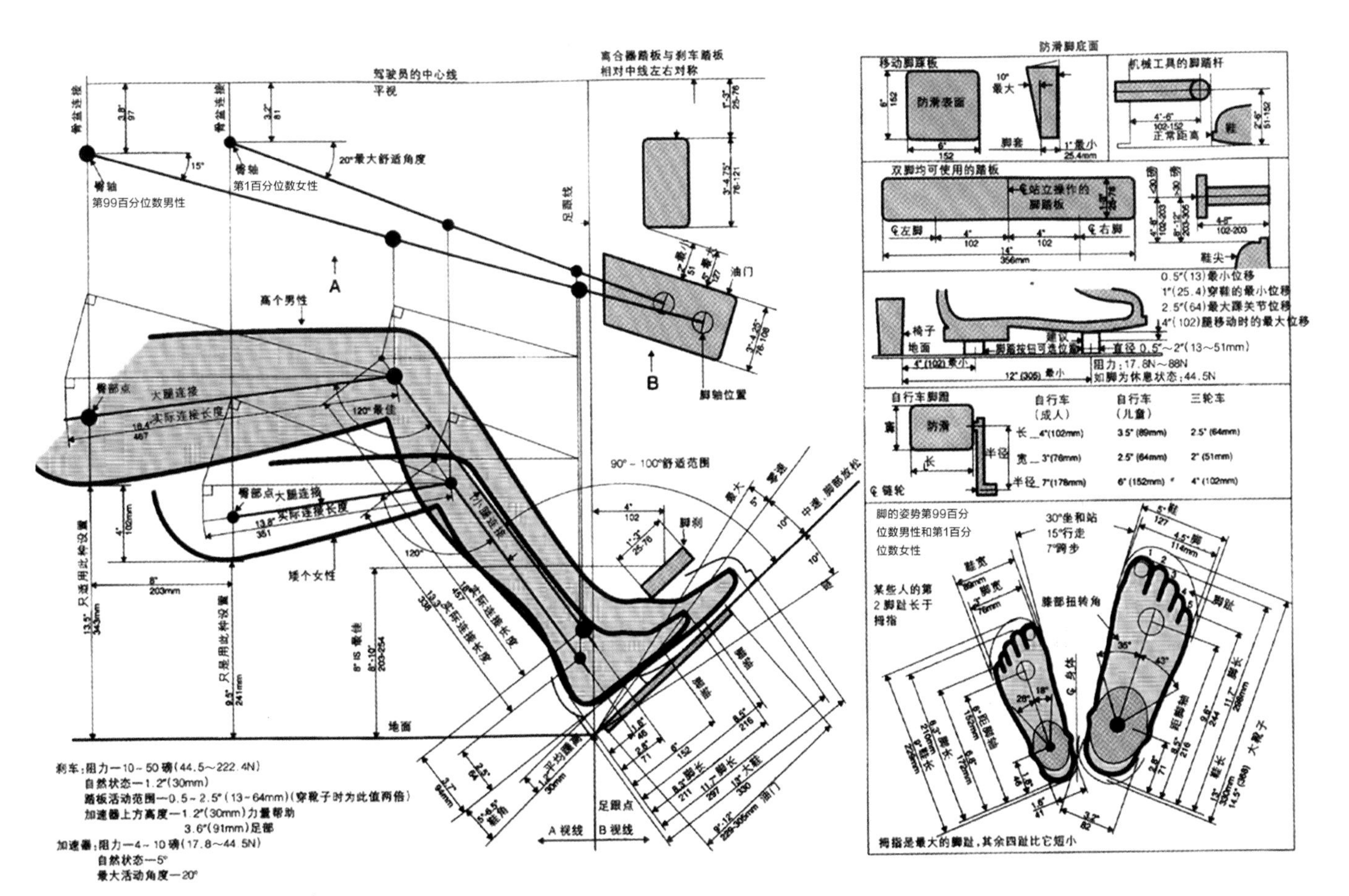


图 4.13　踝、足部尺寸数据参考

## 4.3.2 肢体的活动范围

对于一些大型设备、公共设施、承载类产品设计而言，除了需要采集实施操作部位的人体数据，还需要对人体肢体的活动范围数据进行采集和研究，如人体上肢活动范围（图 4.14）、四肢活动范围及实施具体行动时的活动范围（图 4.15）等。

## 4.3.3 肢体的出力范围

在出力状态下，肢体力量的大小与持续的时间有关。随着人体出力持续时间加长，力量逐渐减小（图 4.16）。

【图 4.14】

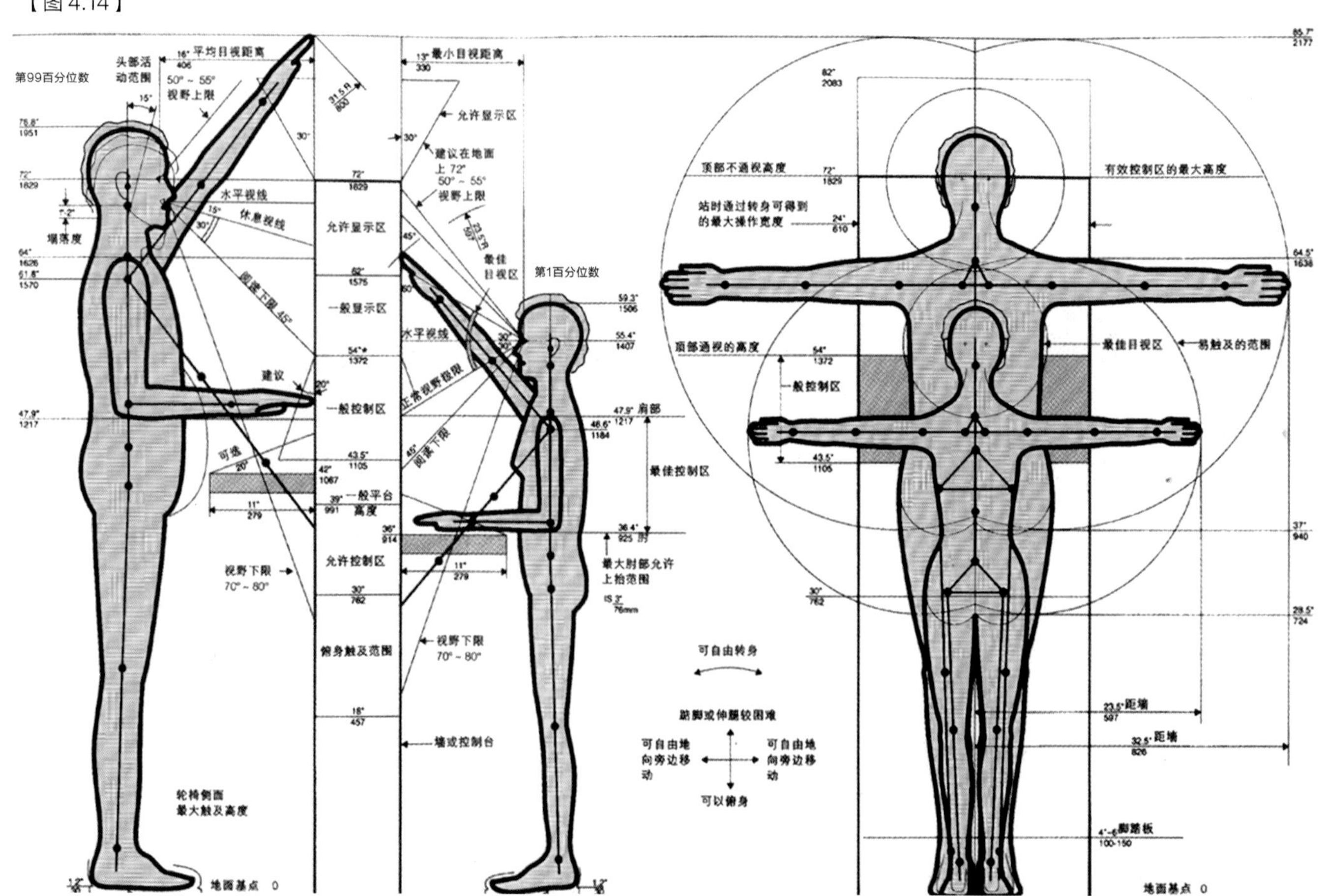


图 4.14 人体上肢活动范围数据参考

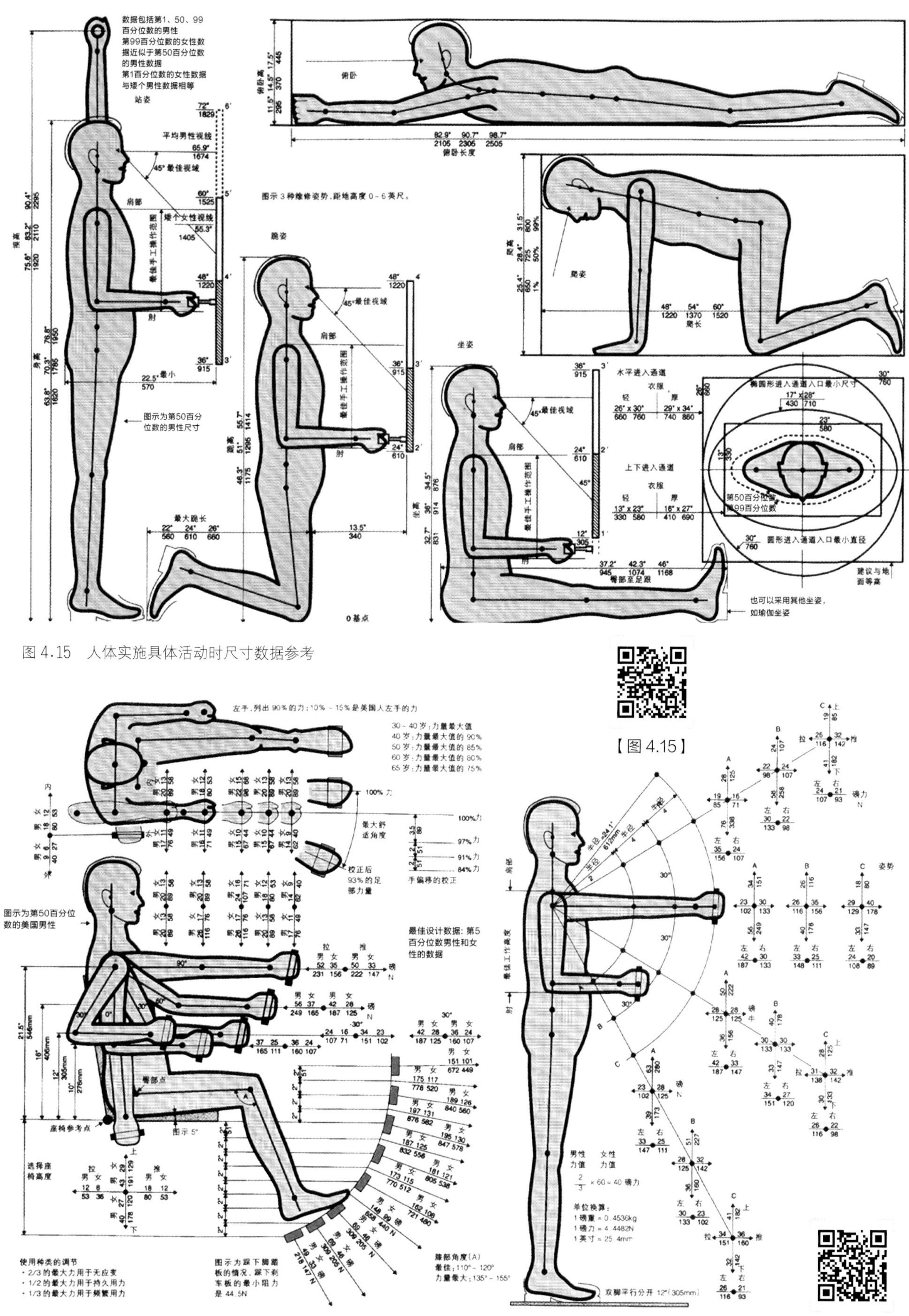


图 4.15　人体实施具体活动时尺寸数据参考

【图 4.15】

图 4.16　人体肢体出力数据参考

【图 4.16】

### 4.3.4 肢体的动作速度和频率

人体肢体动作速度的大小，在很大程度上取决于肢体肌肉收缩的速度，同时，还取决于动作方向和动作轨迹等因素。另外，操作动作的合理性对动作的影响十分明显。在设计操作系统时，对操作速度和频率的要求不能超出肢体动作速度和频率的能力限度，肢体动作的速度和频率随动作部位、动作方式的变化而有所不同。肢体动作频率如图 4.17 所示。

| 运动部位 | 运动形式 | 最高频率 | 运动部位 | 运动形式 | 最高频率 |
|---|---|---|---|---|---|
| 小指 | 敲击 | 3.7 | 手 | 旋转 | 4.8 |
| 无名指 | 敲击 | 4.1 | 前臂 | 伸屈 | 4.7 |
| 中指 | 敲击 | 4.6 | 上臂 | 前后摆动 | 3.7 |
| 食指 | 敲击 | 4.7 | 脚 | 以脚跟为支点蹬踩 | 5.7 |
| 手 | 拍打 | 9.5 | 脚 | 抬放 | 5.8 |
| 手 | 推压 | 6.7 | | | |

图 4.17 肢体动作频率（单位：次 /s）

### 4.3.5 肌肉的负荷

肌肉的负荷可以分为两种形式。一种是动态的（节奏性的）负荷，称为动负荷。动负荷的特点是收缩、伸展、紧张或放松交替进行。另一种是静止不动的负荷，称为静负荷。静负荷的特点是肌肉长期处于收缩状态，通常发生在保持某一姿势不动时。动负荷与静负荷有根本的区别。在静负荷情况下，血管被肌肉组织内部压力所压迫，血液不再流入肌肉。相反，在动负荷中，肌肉的作用就像血液循环系统的水泵一样，收缩时把血液压出肌肉，紧接着的松弛又把新的血液带到肌肉中来。因此，在动负荷情况下，肌肉有充分的血液供应，始终保持着高能状态的糖和氧，同时，废物被随时带走。而在静负荷状态下，肌肉从血液中得不到足够的糖和氧，不得不依赖于自己的贮存，而且更为不利的是废物不能被排出。这些废物积累起来，形成我们所感觉到的肌肉疲劳和酸疼。

在日常生活中，人的身体不得不经常承受静负荷。例如，当站立时，大腿、臀部、背部和颈部的许多肌肉都处在静负荷之下。正是由于这些静负荷，使身体可以保持许多不同的姿势。当坐下时，腿部的肌肉得到了解放，但是身体躯干的静负荷依旧存在。当躺下时，身体内的所有静负荷差不多都消失了，这就是为什么躺下是最好的休息方式。

几乎所有的工作环境和所有的职业都存在各种静负荷的因素，下面是最常见的例子：第一，向前或向侧面弯腰；第二，用手握住物体不动；第三，把手向前水平地伸出；第四，一只脚踩踏板时把身体的重量都放在另一条腿上；第五，在一个地方站着不动很长一段时间；第六，推或拉很重的物体；第七，把头向前或向侧面弯得很厉害；第八，把肩膀抬起很长一段时间。

一般说来，姿势不自然是一种最常见的静负荷。静负荷会使身体呈现以下几种情况：第一，更高的能量消耗；第二，心跳的增加；第三，需要更长的时间消除疲劳。静负荷使肌肉产生疲劳，这种疲劳可以慢慢地发展成不可忍受的疼痛。如果人身体的某一部分每天都承受相当的静负荷，经过较长一段时间后，人就会或多或少地感觉到疼痛，这不仅涉及肌肉，也涉及骨骼、关节、肌腱及身体的其他结构。

### 4.3.6 个体作业行为与研究

作业的具体行为动作，是为达到一定目的而做的系列动作的组合。作业方式可分为体力作业、技能作业和脑力作业。体力作业研究人的能耗、作业强度、作业效率、疲劳、恢复等问题；技能作业研究人的反射、学习和技能的形成；脑力作业研究人脑对信息的接收和处理。

技能作业中的动作研究分为以下几类。第一类，定位动作。为了明确的目的把肢体的一部分移动到一个特定位置，如伸手取物、按开关等。第二类，逐次作业。一连串目标不同的定位动作加起来就是逐次动作，如弹琴、打字等。第三类，重复动作。在一段时间内重复同一个动作称为重复动作，如走路、跑步、骑自行车等。第四类，连续动作。对操纵对象进行连续控制的动作，如用手枪瞄准一个运动的目标。第五类，调整动作。这是人体的一种自我保护方式，不断调整以改善某一部分肌肉的受力状态。

根据研究，人的动作可分解成三大类 18 个要素。第一类是完成作业的必要动作，如伸手、抓住、移动、定位、组装、拆下、运用、放置。第二类是辅助性动作，如寻找、发现、选择、检查、思考。第三类是多余的动作，如紧握、难免的延迟、可免的延迟、休止；经分析可以去掉多余的动作，精简辅助动作；通过工作场所的重新布置改善必要动作，使之符合动作经济原则。

动作经济原则包括 4 个基本思路：第一，减少动作数量；第二，追求动作平衡；第三，缩短动作移动距离；第四，使动作保持轻松自然的节奏。

## 4.4　产品设计中的人机修正量

### 4.4.1　生理修正量

生理修正量又称功能修正量，是为了保证产品的某项功能而对作为产品尺寸设计依据的人体尺寸百分数所做的尺寸修正量。首先，大多数人体测量参考尺寸图表列值为裸体测量的结果，在产品尺寸设计中采用它们时，应考虑由于穿鞋引起的高度变化和穿衣引起的围度、厚度变化量。其次，在人体测量时要求躯干采取挺直姿势，但在人的正常作业时，躯干采取自然放松的姿势，因此，要考虑由于姿势的不同所引起的变化量。最后，为了确保实现产品的功能所需的修正量，所有这些修正量的总计为功能修正量。

穿着修正量包括以下两部分。第一，穿鞋修正量：立姿身高、眼高、肩高、肘高、手功能高、会阴高等（男子：+25mm，女子：+20mm）。第二，着衣着裤修正量：坐姿坐高、眼高、肩高、肘高等（+6mm）；肩宽、臂宽等（+13mm）；胸厚（+18mm）；臀膝距（+20mm）。姿势修正量：人们正常工作、生活时，全身采取自然放松的姿势所引起的人体尺寸变化。立姿身高、眼高、肩高、肘高等（-10mm）；坐姿坐高、眼高、肩高、肘高等（-44mm）。操作修正量：实现产品功能所需的修正量。

满足最基本人体功能修正量的计算公式：产品最小尺寸＝人体尺寸百分位数＋功能修正量。例如，设计女子专用船舱的最低层高时，假设女子身高第 95 百分位数对应的身高为 1700mm，鞋跟高的修正量为 60mm，高度最小安全裕量（零件设计中为了某些因素使用一个比正常要求大一点儿的尺寸，多出来的那一部分就是裕量）为 90mm。那么船舶的最低层高 =1700+（60+90）=1850（mm）。

而最佳功能尺寸计算公式则要加入更多的人机参数，其中最关键的是心理修正量：产品最佳尺寸＝人体尺寸百分位数＋功能修正量＋心理修正量。例如，设计女子专用船舱的最佳层高时，假设女子身高第 95 百分位数对应的身高为 1700mm，鞋跟高的修正量为 60mm，高度最小安全裕量为 90mm；但在实际设计过程中，还可能加入一个高度的心理修正量，假定为 115mm，以避免空间不够大而给人造成的压迫感。那么船舶的最低层高 =1700+（60+90）+115=1965（mm）（图 4.18）。

## 4.4.2 心理修正量

心理修正量是指为了消除空间压抑感或为了追求美观等心理需求而给出的尺寸修正量。例如，在工程机械驾驶室的空间设计中，若其空间大小刚好能让人们完成必要的操作活动，是不够的，因为这样会使人们在其中感到局促和压抑，为此应该放出适当的余裕空间。心理修正量应根据实际需要和条件许可两个因素来研究确定。研究心理修正量的常用方法是：设置场景，记录被试者的主观评价，综合统计分析后得出数据。

图 4.19 所示是应用心理修正量优化栏杆尺度设计的案例。一般来讲，栏杆是为了保证人的安全，只需要确保人们不会有掉出去的危险即可。但是一般栏杆高度会比这个预设值更大一些，这样一来，栏杆会更高，在心理上给人更安全的感觉，这就是考虑了人们的心理因素而做出的设计调整。

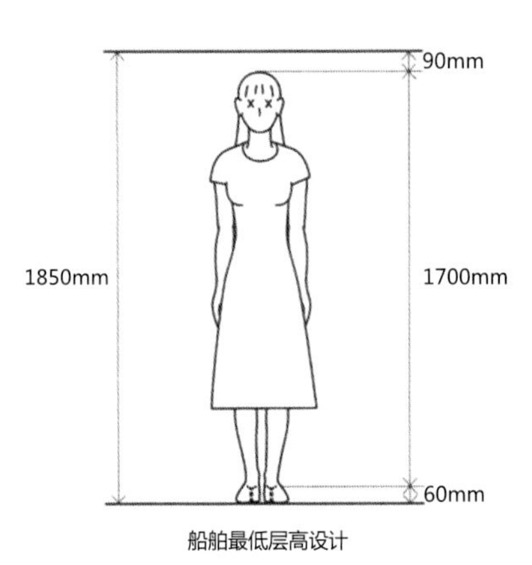


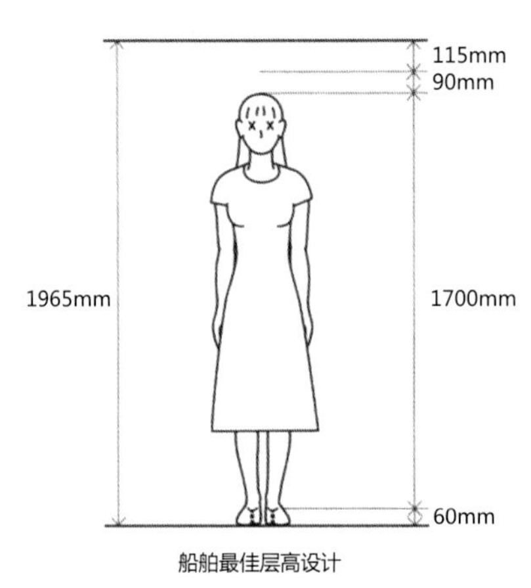


图 4.18　船舶最低层高和船舶最佳层高的尺度对比

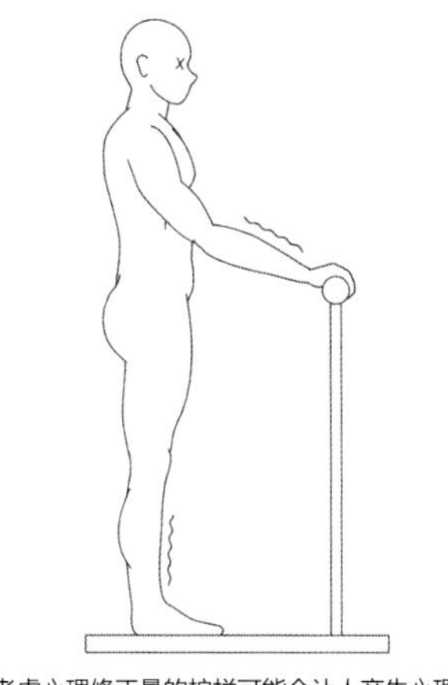

不考虑心理修正量的护栏可能会让人产生心理恐惧


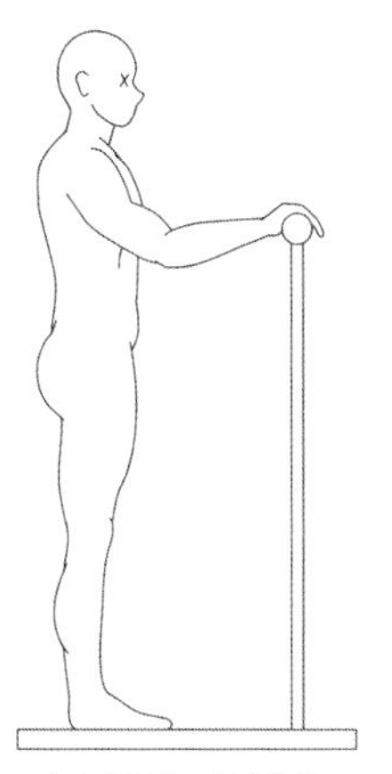


图 4.19　加入心理修正量前后对比

**思考题**

（1）人体测量学的使用原则有哪些?

（2）人体感知系统包括哪些组成部分?

（3）如何计算人体工作效率?

（4）如何应用生理修正量优化产品设计?

（5）如何应用心理修正量优化产品设计?

# 第 5 章 感性工学与产品设计

## 本章要点

1. 产品设计中的感性工学因素。
2. 用户心智的层级。
3. 不同类型用户消费心理特征归纳。
4. 用户对产品的心理需求差异研究。
5. 情绪对产品选择的影响。

## 本章引言

产品设计中的人机工程学包含人体测量学、人体力学、劳动生理学、劳动心理学等学科的研究方法。本书除了之前章节中对人体结构特征和机能特征进行分析，研究人体各部分的出力范围、活动范围、动作速度、动作频率、重心变化，以及动作时的习惯等人体机能特征参数，还要探讨人在工作中影响心理状态的因素，以及心理因素对工作效率的影响等。而感性人机工程学的分析也并非完全依靠主观评估，需要测量分析人的视觉、听觉、触觉、皮肤觉等感觉器官的机能特性，还需要分析人在各种社会活动中的心理变化、心智能力、消费差异需求划分等，以上分析均可以为感性人机工程学的研究提供支撑。

# 5.1 感性工学与设计心理学

感性工学设法将人的各种感性定量化，再寻找出感性量与人机工程学中所使用的各种物理量之间的关系，可以作为产品设计研究的基础。感性工学将对人的感性分析的结果转化为产品物理设计要素，依据人的喜好来制造产品。感性工学是一项将消费者的感觉与情感需求应用在待研发的产品中的功能强大的人机工程学技术。因此，从一定角度来讲，感性工学是人机工程学研究的重要组成部分。人机工程学所关注的焦点是产品的实用性和功能性，集中在如何使消费类产品符合人的生理特征。而感性工学则更多的是对消费者的心理需求与感情进行考虑，确保产品使用能够给人带来积极的愉悦性。感性工学的量化图解如图 5.1 所示。

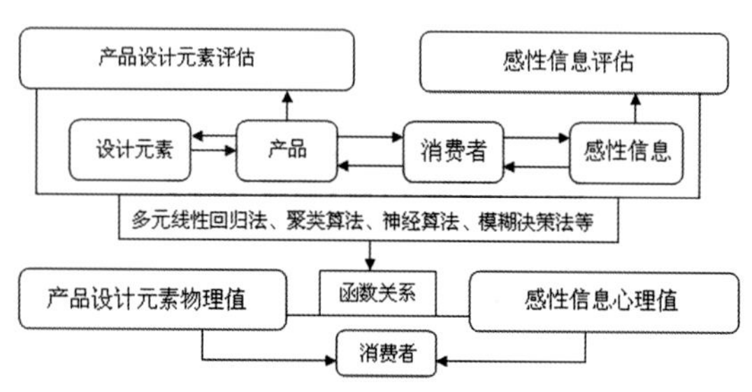


图 5.1　感性工学的量化图解

设计心理学是设计专业的一门理论课，是建立在心理学研究的基础上，把人的心理状态，尤其是人对于需求的心理，通过意识作用于设计的一门学问。同时，它也研究人在设计创造过程中的心态，以及设计对社会、对社会个体所产生的心理反应，反过来再作用于设计，起到使设计能够更加满足人们心理的作用。设计心理学涉及的研究领域有艺术学、美术学、创造心理学、格式塔心理学、精神分析、认知心理学、人机工程学、人因心理学、广告心理学、消费心理学、环境心理学、感性心理学等。产品设计中用户的心理情感因素如图 5.2 所示。

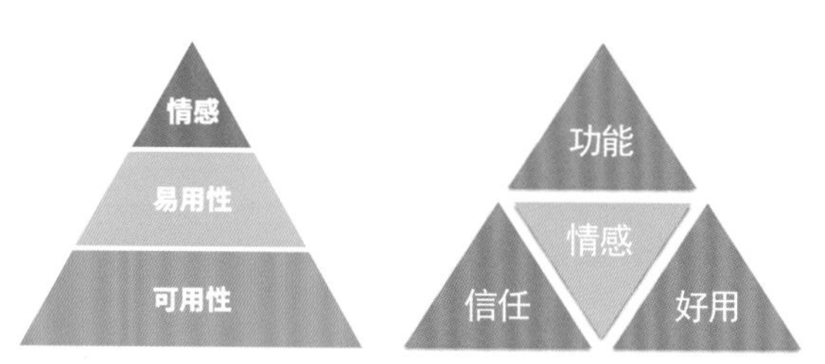


图 5.2　产品设计中用户的心理情感因素

感性工学与设计心理学都是以用户心理学为基础的研究。感性工学不限于对设计发挥作用，有一个独立的、广阔的研究方向。在产品设计中，它将感性与人机工程学相结合，主要通过分析人的感性来设计产品。而设计心理学是面向设计应用心理学的研究，是针对设计这个活动所能引发的心理反应的一门学问。与感性工学相比，设计心理学的针对性更强，但是两者对产品设计发挥的作用都集中于用户心理层面的研究。产品设计中感性工学的设计流程如图 5.3 所示。

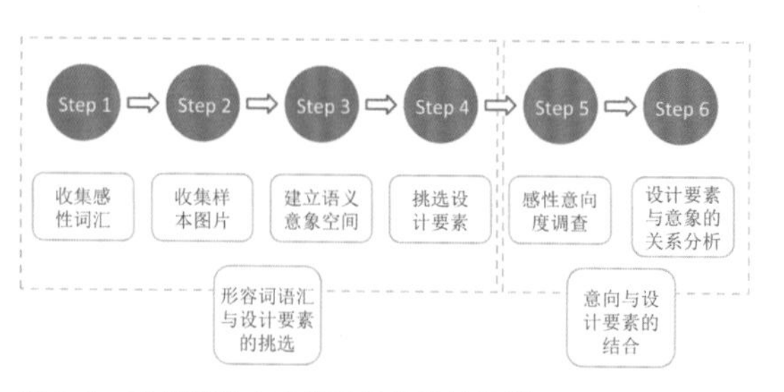


图 5.3　产品设计中感性工学的设计流程

## 5.2 用户心智研究方法

当人认识周围世界的时候，内心常会产生某种特殊的体验。例如，人们通常所说的喜、怒、哀、乐，以及美感、自豪感、自卑感等，这些心理现象分别称为情绪和情感。情绪和情感产生的过程就是人对待其所认识的事物、所做的事情，以及他人和自己的态度体验。认知事物的过程是指人们获取知识和运用知识的过程。它包括感觉、知觉、记忆、思维、想象和言语等。人对世界的认识始于感觉和知觉。通过眼、耳、口、鼻、舌等感官感觉事物的颜色、声调、气味、粗细、软硬等，而知觉是对感觉信息的解释过程。

人不仅能认识世界，对事物产生某种情绪体验，而且能在自己的活动中有目的、有计划地改造世界。用户在自己的活动中设置一定的目的，按计划不断地排除各种障碍，力图达到该目的的心理过程为用户的心智过程，如图 5.4 所示。要想了解用户的心智，需要对其进行调查研究，以下是几种常用的用户心智研究方法。

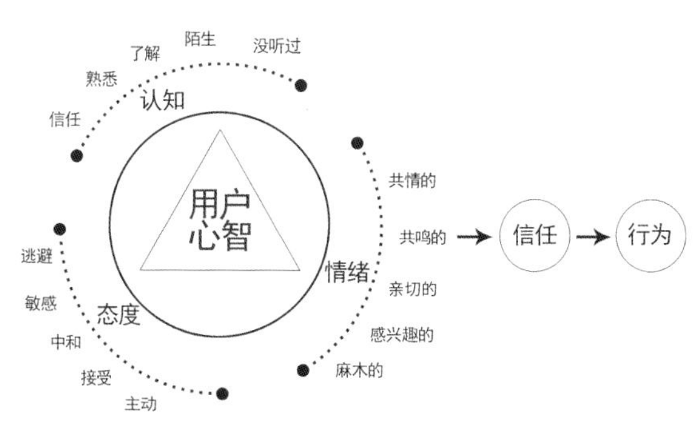


图 5.4　用户心智过程

1. 观察法

观察法是用户心智研究的基本方法。观察法是一种在自然条件下，有目的、有计划地直接观察研究对象的言行表现，从而分析其心理活动和行为规律的方法。观察法的核心是按观察目的确定观察对象、观察方式和观察时机。观察记录的内容包括观察目的、对象、时间，被观察对象的言行、表情、动作的质量和数量等，另外还有观察者对观察结果的综合评价。观察法的优点是自然、真实、简便易行、费用低廉；缺点是被动地等待，并且事件发生时只能观察到怎样从事活动，并不能得到为什么会从事这样的活动。

2. 访谈法

访谈法是一种通过访谈者与受访者之间的交谈，了解受访者的动机、态度、个性和价值观的方法。访谈法分为结构式访谈和无结构式访谈。

3. 问卷法

问卷法是一种设计团队在调查之前，首先拟订出所要了解的问题，制作问卷，邀请消费者回答，通过对答案的分析和统计研究得出相应结论的方法。

4. 实验法

实验法是一种有目的地在严格控制的环境中，或创设一定条件的环境中诱发被实验者产生某种心理现象，从而进行研究的方法。

5. 案例研究法

案例研究法通常以某种行为的抽样为基础，分析和研究一个人或一个群体在一定时间内的许多特点。

6. 抽样调查法

抽样调查法是一种可以揭示消费者内在心理活动与行为规律的研究方法。

## 5.3 用户消费心理分析

消费心理学是心理学的一个重要分支，主要研究消费者在消费活动中的心理现象和行为规律。消费心理学是消费经济学的组成部分。研究消费心理，对于消费者而言，可以提高消费效益；对于经营者而言，可以提高经营效益。

人的消费心理在认知、情感和意志等心理活动过程中经常表现出来的稳定的、本质的特征被称为消费者个性心理特征。用户消费心理由于用户个性和气质产生差异，例如，有的人性格内向，思维迟钝、严谨；有的人性格外向，思维灵活、敏锐，愿意主动与人交往，这些性格因素都会对产品选择造成影响。

## 5.4 消费者心理差异研究

消费者心理差异可以根据用户的生理特征和心理特征进行分层，再在产品设计中进行具体的分析。首先，可以按照性别差异进行分析和研究，为设计提供参照因素。

男性的消费心理特征可以总结为以下几点。

第一，动机形成迅速、果断，具有较强的自信心。善于控制自己的情绪，处理问题时能够冷静地权衡利弊，能够从大局着想。有的男性则把自己看作能力、力量的化身，具有较强的独立性和自尊心。这些个性特点也直接影响他们在购买过程中的心理活动。

第二，购买动机具有被动性。就普遍意义来讲，男性消费者的购买活动不频繁，购买动机也不强烈，比较被动。在许多情况下，男性购买动机的形成往往是由于外界因素的作用，如家人的嘱咐、同事或朋友的委托、工作的需要等，动机的主动性、灵活性都比较差。

第三，购买动机感情色彩比较淡薄。男性消费者在购买活动中不喜欢联想、幻想，感情色彩也比较淡薄。所以，当男性的购买动机形成后，稳定性较好，其购买行为也比较有规律，即使出现冲动性购买，也往往很自信，很少反悔。图 5.5 是结合男性消费心理特征的 SUV 汽车设计定位。

女性的消费心理特征可以总结为以下几点。

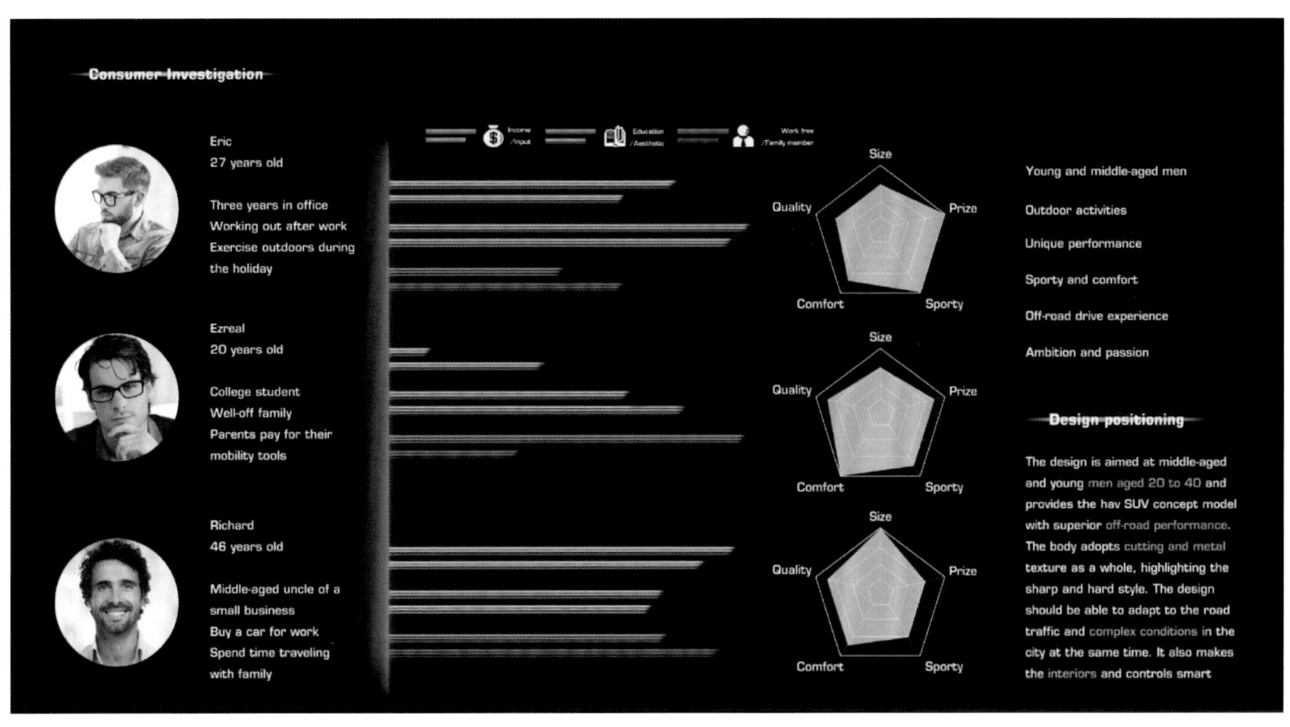


图 5.5　结合男性消费心理特征的 SUV 汽车设计定位

第一，追求时尚、追求美观。对于女性消费者来说，不论是年轻女性，还是中老年女性，她们都愿意将自己打扮得更加美丽，充分展现自己的女性魅力。尽管不同年龄层次的女性具有不同的消费心理，但是她们在购买某种产品时，首先想到的就是这种产品能否展现自己的美，使自己显得更加年轻、更加有魅力。

第二，感情强烈，喜欢从众。女性一般具有比较强烈的情感特征，这种心理特征表现在产品消费中，主要是用情感支配购买动机和购买行为。同时，她们经常受到同伴的影响，喜欢购买和他人一样的东西。

第三，喜欢炫耀，自尊心强。对于许多女性消费者来说，之所以购买商品，除了满足基本需要，还有可能是为了显示自己的社会地位，向别人炫耀自己的与众不同。在这种心理的驱使下，她们会追求高档产品，而不注重产品的实用性。图 5.6 是结合女性消费心理特征的孕婴产品的设计定位。

对于用户的心理因素，除了受性别差异的影响，年龄的变化也是影响心理差异的重要因素之一，不同年龄的用户，对产品设计的需求会发生变化。

少年儿童的消费心理特征可以总结为以下几点。

第一，购买目标明确，购买迅速。少年儿童所购买的产品多由父母确定，决策的自主权十分有限，因此，购买目标一般比较明确。同时，由于少年儿童缺少产品知识和购买经验，识别、挑选产品的能力不强，所以，对目标产品较少异议，购买比较迅速。

第二，少年儿童更容易受到群体的影响。学龄前和学龄初期的儿童的购买需要往往是感

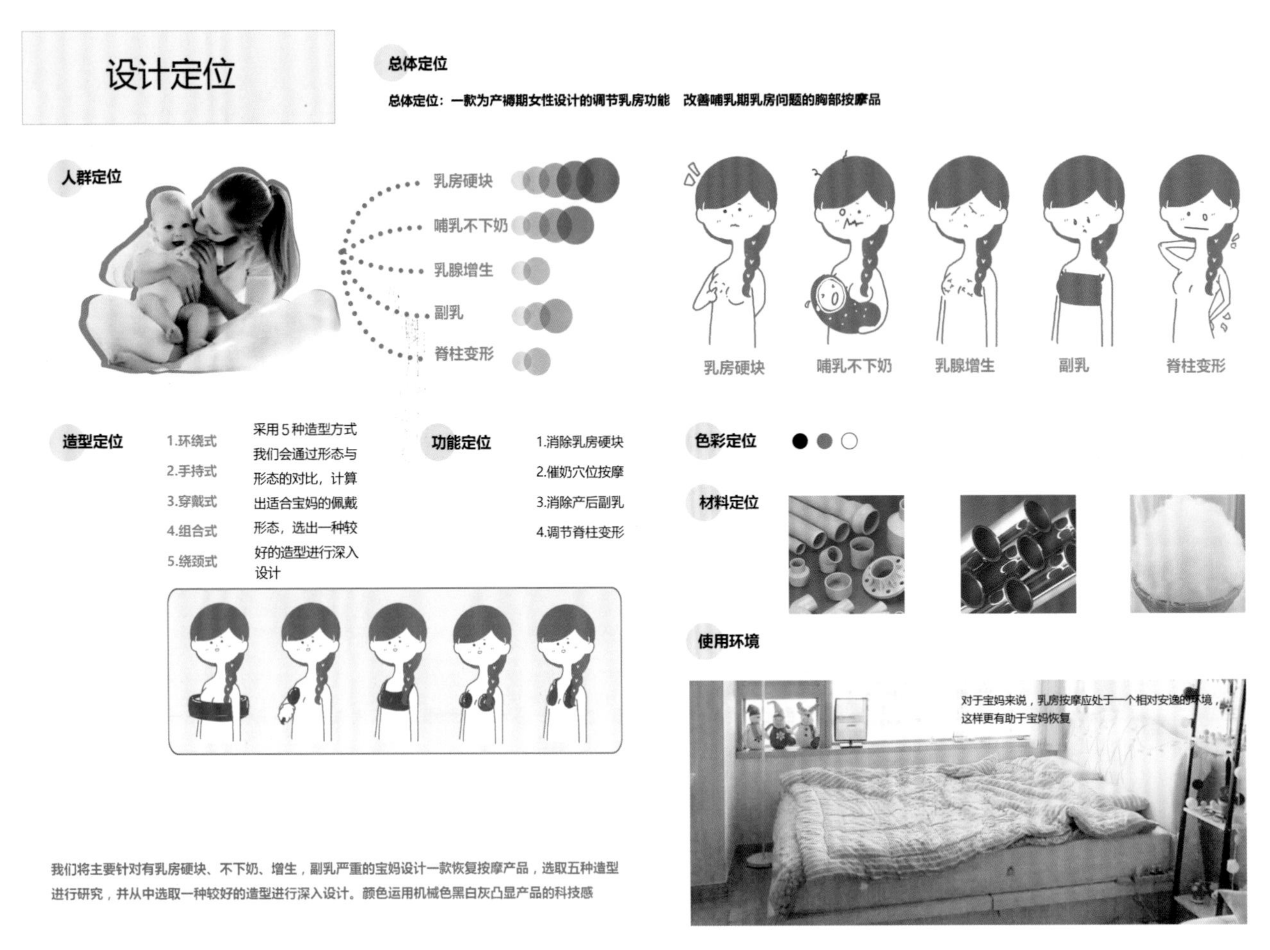


图5.6　结合女性消费心理特征的孕婴产品的设计定位

性的，容易被诱导的。在群体活动中，儿童会产生相互的比较，例如，“谁的玩具更好玩”“谁有什么款式的运动鞋”等，并由此产生购买需要，要求家长为其购买同一种类、同一品牌、同一款式的产品。

第三，选购商品时具有较强的好奇心。少年儿童的心理活动水平处于较低的阶段，虽然已经能够进行简单的逻辑思维，但仍以直观、具体的形象思维为主，对产品的注意和兴趣一般是由产品的外观刺激引起的。因此，在选购产品时，有时不是以是否需要为出发点，而是取决于商品是否具有新奇、独特的吸引力。

第四，购买产品时具有依赖性。由于少年儿童没有独立的经济能力，几乎由父母决定他们的购买行为，所以，在购买产品时具有较强的依赖性。父母不但代替少年儿童进行购买，而且经常将个人的偏好投入购买决策中，忽略儿童本身的喜好。图5.7是专为儿童设计的推车，在设计定位中充分考虑了少年儿童与家长的消费心理特征。

青年人的消费心理特征可以总结为以下几点。

第一，追求时尚和新颖。青年人的特点是热情奔放、思想活跃、富于幻想、喜欢冒险。这些特点反映在消费心理上，就是追求时尚和新颖，喜欢购买一些新的产品，尝试新的生活。在他们的带领下，消费时尚就会逐渐形成。

DESIGN MENTALITY
设计思路

· 根据人体测量结果的分析，得到最佳的儿童坐姿曲线并运用到婴儿车的座椅上

· 设计点从类平衡陀螺仪的装置出发，无论外壳如何摇摆，壳内的物体始终保持平衡不变

· 产品各部件可以拆换，方便清洗，也可以定制颜色，座椅可以定制材料，如皮革、帆布等

图 5.7 专为儿童设计的推车

第二，表现自我和彰显个性。在这一时期，青年人的自我意识日益加强，强烈地追求独立自主，做任何事情都力图表现出自我个性。这一心理特征反映在消费行为上，就是喜欢购买一些具有设计特色的产品，而且这些产品最好是能体现自己的个性特征，对那些一般化、缺乏个性的产品，一般都会不屑一顾。

第三，容易冲动，注重情感。由于青年人的人生阅历还不丰富，对事物的分析判断能力还没有完全成熟，他们的思想感情、兴趣爱好、个性特征还不稳定，因此，在处理事情时，往往容易感情用事，甚至产生冲动行为。他们的这种心理特征表现在消费行为上，就是容易产生冲动性购买，在选择产品时，感情因素占主导地位，往往以能否满足自己的情感愿望来决定对产品的好恶，只要是自己喜欢的东西，一定会想方设法购买。图 5.8 是为青年人设计的可以快速穿戴的手套，其设计定位充分体现了青年人的消费心理特征。

快脱手套系统

能让人在公共空间快速地脱下手套触摸自己的私人物品，防止手套直接触摸带来的病毒传播。并且，手套上的系统可附着物品，从而代替脱下手套

----上班途中需要频繁脱手套

Pruitt·J
男/24岁
媒体编辑
通勤上班

痛点：
坐地铁需要用手机时不得不频繁地脱手套

----一般出门会用相机街拍

欧晓春
女/27岁
兼职博主
日常生活出街

痛点：
戴着手套不方便操作相机。买菜时需要频繁脱手套用指纹解锁二维码

----喜好机能风格服饰及各种装备的玩法

赵哲
男/21岁
学生
亚文化圈

需求：
手套在机能服饰领域较为边缘，缺乏完善的产品

图 5.8 结合青年人消费心理特征的手套的设计定位

中年人的消费心理特征可以总结为以下几点。

第一，购买的理智性胜于冲动性。随着年龄的增长，年轻时的冲动情绪渐渐趋于平稳，理智逐渐支配行动。中年人的这一心理特征表现在购买决策心理和行动中，使他们在选购商品时，很少受产品外观因素的影响，而比较注重商品的内在质量和性能，往往经过分析、比较以后，才做出购买决定，尽量使自己的购买行为合理、正确、可行，很少有冲动购买的行为。

第二，购买的计划性多于盲目性。中年人虽然掌握着家庭中大部分收入和积蓄，但是由于他们既要赡养父母，又要养育子女，所以肩上的担子往往比较沉重。他们中的多数人懂得量入为出的消费原则，很少像青年人那样盲目消费。因此，中年人在购买产品前常常对品牌、价位、性能有一定的要求，对购买的时间、地点都妥善安排，做到心中有数，对不需要和不合适的产品他们绝不购买，很少即兴购买。

第三，购买求实用，节俭心理较强。中年人不再像青年人那样追求时尚，生活的重担、经济收入的压力使他们越来越实际，买一款实实在在的产品成为多数中年人的购买心理。因此，中年人更多的是关注产品的结构是否合理、使用是否方便、是否经济耐用、是否省时省力，他们的目的是切实减轻家务负担。当然，中年人也会被新产品所吸引，但他们更多的是关心新产品是否比同类旧产品更具实用性。产品的实际效用、合适的价格与较好的外观，是引起中年消费者购买的动因。

第四，购买有主见，不受外界影响。中年人的购买行为具有理智性和计划性。他们经验丰富，对产品的鉴别能力很强，大多愿意挑选自己喜欢的产品。

第五，购买随俗求稳，注重产品的便利性。中年人不像青年人那样完全根据个人爱好进行购买，不再追求丰富多彩的个人生活用品，需求逐渐稳定。图 5.9 中的产品是为防止中年人在公共场合发生突发疾病导致意外的救援设施设计，在设计定位中充分考虑了中年人常患的疾病和消费心理特征。

老年人的消费心理特征可以总结为以下几点。

第一，更加理智，很少感情冲动。老年消费者生活经验丰富，情绪反应一般比较平稳，很少感情用事，大多会以理智来支配自己的行为。因此，他们在消费时比较谨慎，不会像年轻人那样产生冲动的购买行为。

第二，精打细算。老年消费者会按照自己的实际需求购买商品，量入为出，对产品的质量、价格、用途、品种等都会进行详细了解，很少盲目购买。

第三，坚持主见，不受外界影响。老年消费者在消费时十分相信自己的经验和智慧，即使听到广告宣传和别人介绍，也要先进行一番分析，以判断自己是否需要购买这种产品。

第四，品牌忠诚度较高。老年消费者在长期的生活过程中，已经形成了一定的生活习惯，所以在购物时具有怀旧和保守心理。他们对于曾经使用过的产品及品牌印象比较深刻，而且非常信任，是产品的忠诚消费者。图 5.10 是针对疫情防控期间老年人外出健身的风险，专为老年人设计的居家健身产品，结合老年人消费心理进行了设计定位。

设计定位

场景设定

1. 商场

2. 健身房

3. 机场/火车站

人群分析

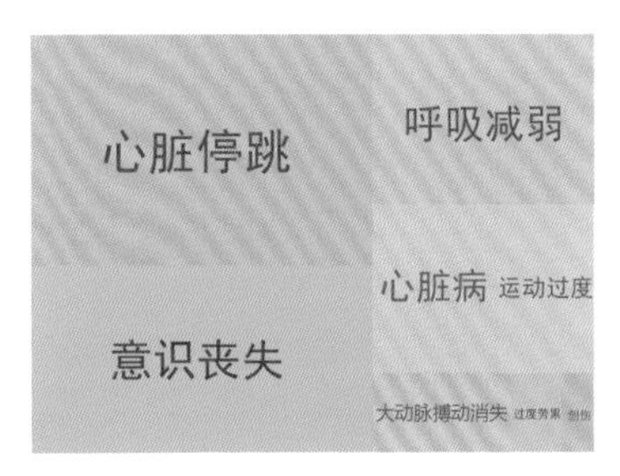


设计定位

衣服　心肺复苏　急救箱　药品

公共区域急救箱

总结

在许多公共场合，会突然发生患者因某种情况而导致心脏停跳，或者患者本身就患有病症，而在许多公共场合也会因为局部受伤没有得到及时救助。这时候，如何利用“黄金4分钟”对患者进行救治十分重要

图 5.9　结合中年人消费心理特征的疾病防控产品的设计定位

Design Target

发现问题　反感电子产品，选择户外锻炼，但健身房器械强度大……

设计定位

居家　散步　消毒

针对人群

老年人

标签：65岁+　独居　丧偶　和子女一起　不喜欢戴口罩

兴趣：喜欢锻炼但要求强度不要过大　老年人学习能力下降　注意卫生

关于我：操作简单　使用便利　步骤清晰　一机多用

总结　在发生突发性事件时，老年人作为社会的弱势群体，生理机能和心理机能都相对较差，一款适宜老年人　居家炼的健身器械能丰富他们的生活，减少他们的出门次数，有效地达到居家锻炼的目的。产品的功能更加人性化，不再是冷冰冰的器械，让老年人感受到关爱

图 5.10　结合老年人消费心理特征的健身产品的设计定位

# 5.5 情绪与情感因素的价值

情绪代表感情性反应的过程。感情性反应的发生都是脑的活动过程，或个体需要的特定反应模式的发生过程。从这个意义上说，情绪概念既可用于人类，也可用于动物。而情感经常被用来描述具有稳定而深刻社会含义的高级感情，是人特有的本质。它所代表的感情内容，诸如对祖国的荣誉感、对事业的热爱、对美的欣赏，所指的感情内容不是指其语义内涵，而是指对这些事物的社会意义在感情上的体验。

情绪在心理学上一般划分为快乐、悲伤、愤怒、恐惧4种基本形式。情绪的存在形式如果从情绪活动发生的强弱程度和持续时间来看，可分为心境、激情和应激等。高级的社会情感包括道德感、理智感和美感。情绪和情感具有两极性品质，具体表现为：肯定性（愉快性）与否定性（不愉快）、增力性（积极性）与减力性（消极性）、紧张性与松弛性、激动性与平静性、力量强与弱的变化等。

在某种程度上，情感和理智是处于对立面的。当代表着标准生产的产品拥有了情感和情绪，会更加容易受到人们的青睐，从而受到推崇（图5.11）。因此，具有情感化因素的设计能够脱离条框与流程，具备更多温度，且变得与众不同。

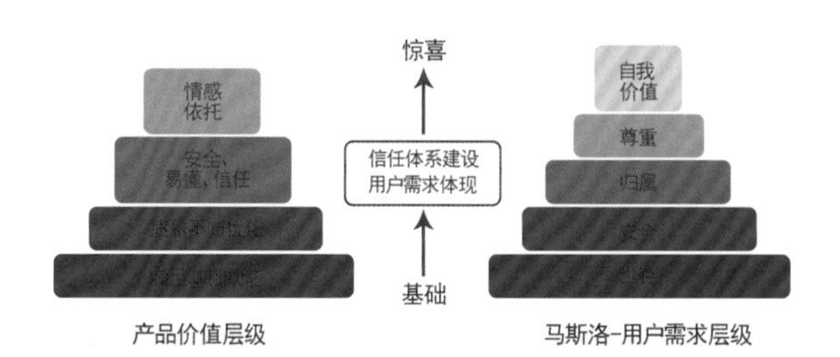

图5.11 产品价值层级与用户需求层级

**思考题**

(1) 什么是感性工学?

(2) 感性工学与设计心理学有什么关联?

(3) 研究用户心智有哪些方法?

(4) 不同消费者的心理特征有何差异?

(5) 情绪和情感因素对产品设计有哪些价值?

# 第 6 章
# 人机因素与人机交互界面

## 本章要点

1. 实体产品中的信息显示设计要素。
2. 产品设计语义与符号的作用。
3. 产品的操纵控制设计原则。
4. UI 设计的基本原则。
5. 用户体验设计与人机工程学的关系。

## 本章引言

人与产品之间的对话和交流方式并不局限于实体部分，产品技术的不断升级与创新，为人机交互提供了多个渠道，其中最直接、最主要的渠道是屏幕交互与按键交互，以及两者相结合的模式。这些人与产品之间的交互渠道统称为人机交互界面，为人与产品之间进行交流与互动提供有效的媒介。其中，实体产品上的屏幕信息可以与用户进行交流与互动，人从信息显示器获取信息，据此向操纵控制系统下达指令，又从信息显示器获得反馈，并对操纵控制系统继续操作或调整修正，完成人机界面系统的协同作业。在未来的产品设计中，人机交互界面是与实体产品同样重要的设计组成部分。本章将介绍人机工程学的研究如何应用和指导产品人机交互界面的设计。

# 6.1 信息显示设计

信息显示器是产品人机系统中用来向人传达产品的功能、参数、动作状态及其他信息的装置。就产品中信息显示的载体性质而言，可分为硬件界面和软件界面；就其承载和传递的内容而言，可分为信息性界面、工具性界面和环境性界面；就其对人的作用而言，可分为功能性界面和情感性界面。

大多数情况下，产品的各项指标和提示信息是通过视觉方式呈现的，但听觉、触觉、嗅觉等也会经常被用于传递产品信息。因此，多通道显示可以为用户提供更有效的信息提示系统，通常会将两个或两个以上的感觉显示叠加使用。例如，视觉显示同时伴随听觉显示和触觉显示等，目前，应用较多的手机来电显示信息大多采用的是多通道显示。下面对不同的信息显示方式进行对比分析。

1. 视觉显示设计

优点：可以直接传达比较复杂、抽象的信息；传递速度快；传递距离远；显示时间可持续。

缺点：对视力、色彩分辨能力有要求；可能造成误解；容易受环境中照明、色彩等因素的干扰；信息量过大时，人无法同时处理。

应用实例：告示牌、汽车时速表、交通信号灯、显示器等。

图 6.1 是浴室交互镜设计，在外观设计上保

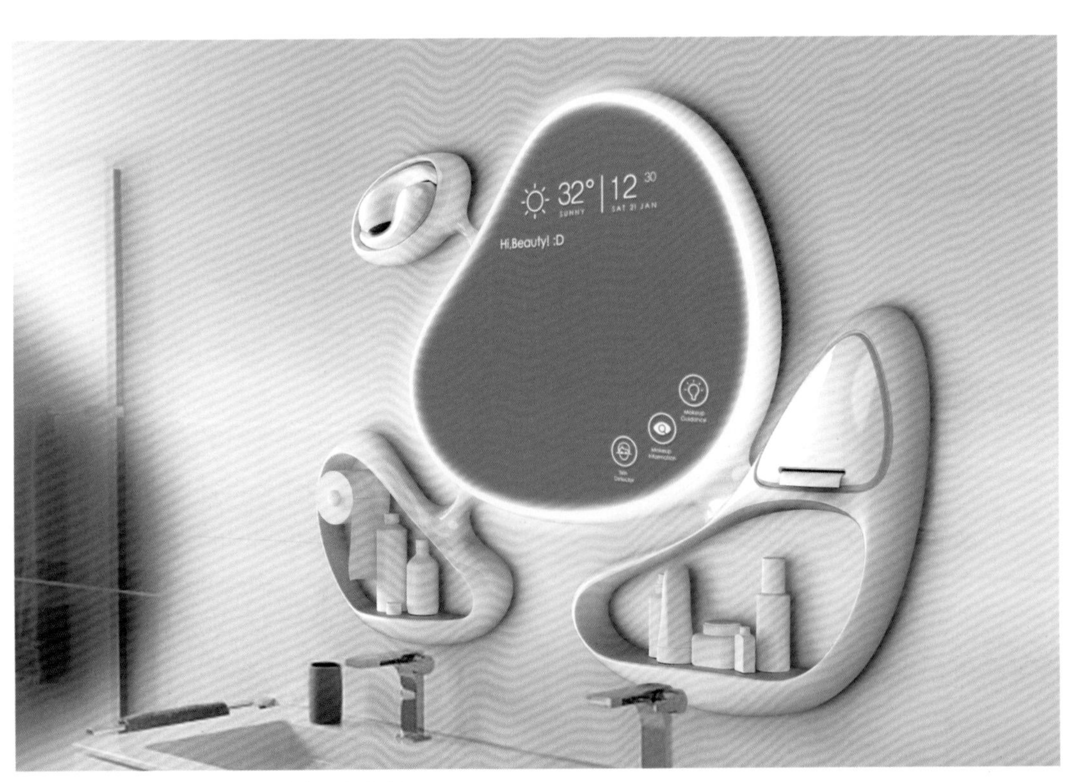


图 6.1　浴室交互镜设计，设计者：侯佳琪

持简洁明快的风格，除实体产品部分整合了在洗漱过程中的常用工具外，产品的主要功能都集中在屏幕交互部分。镜子的交互方式包括两个方面：触控式的屏显转盘和流动的自定义菜单。触控转盘的设计，首先评估了使用者对系统资源进行操作时可能涉及的具体行为和过程；然后优选最佳使用方式，建立了符合大多数使用者行为习惯的交互过程的设计模型；最后产生了简单但交互过程十分完善的触控式操作界面。这种界面的交互动作是人们习惯的点击方式，轻轻一点便可以方便地查阅信息。镜子界面菜单的设计参照平板电脑的信息显示模式，流动的菜单、超大的屏幕显示、彩色的背光、醒目的界面元素等，对消费者更具吸引力(图 6.2)。

2. 听觉显示设计

优点：信息传递速度快；传递装置可配置在任意方向上；用语音通话时应答性良好。

缺点：对听力有要求；信息容量有限；传递距离有限；信息内容不可持续，不可校对；容易受环境中的噪声干扰。

应用实例：蜂鸣器、汽笛、哨子、号角和扬声器。

适用场合：信号源本身是声音；视觉通道负荷过重；信号需要及时处理，并立即采取行动；流动工作岗位；视觉观察条件受限；预料操作者可能会出现疏忽；显示某种连续变化而不需要短时间储存的信息。

图 6.3 是关于公共卫生间经常有老年人发生意外情况而进行的产品设计。这款产品根据人机分析和使用情形分析，将其设置在用户摔倒或晕倒后，可以方便触碰的位置，通过触碰设备上的求助按钮，可以立即发出求助信号和警铃声，使用户能够快速得到帮助和救援。产品采用听觉与视觉双渠道信息显示的方式，方便用户进行自救并等待救援(图 6.4)。

3. 触觉显示设计

优点：可接收触觉信息的人体器官较多；通过触觉传递信息不会影响他人。

缺点：信息容量小，不易识别；必须与人体接触。

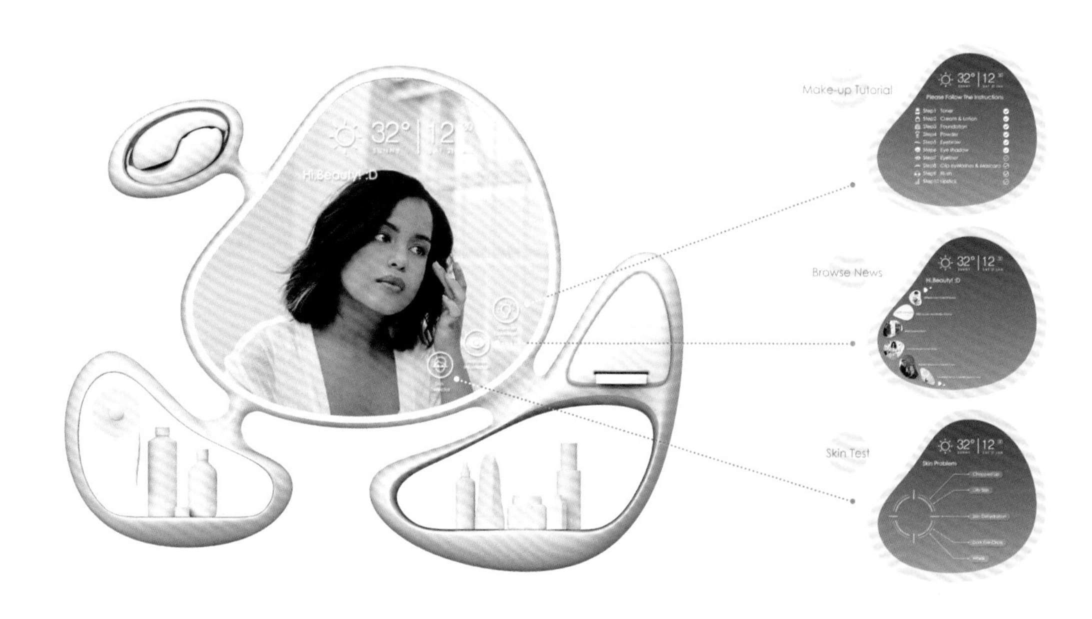


图 6.2　浴室交互镜的界面展示，设计者：侯佳琪

图 6.3　公共卫生间紧急救援产品设计，设计者：施耐淑

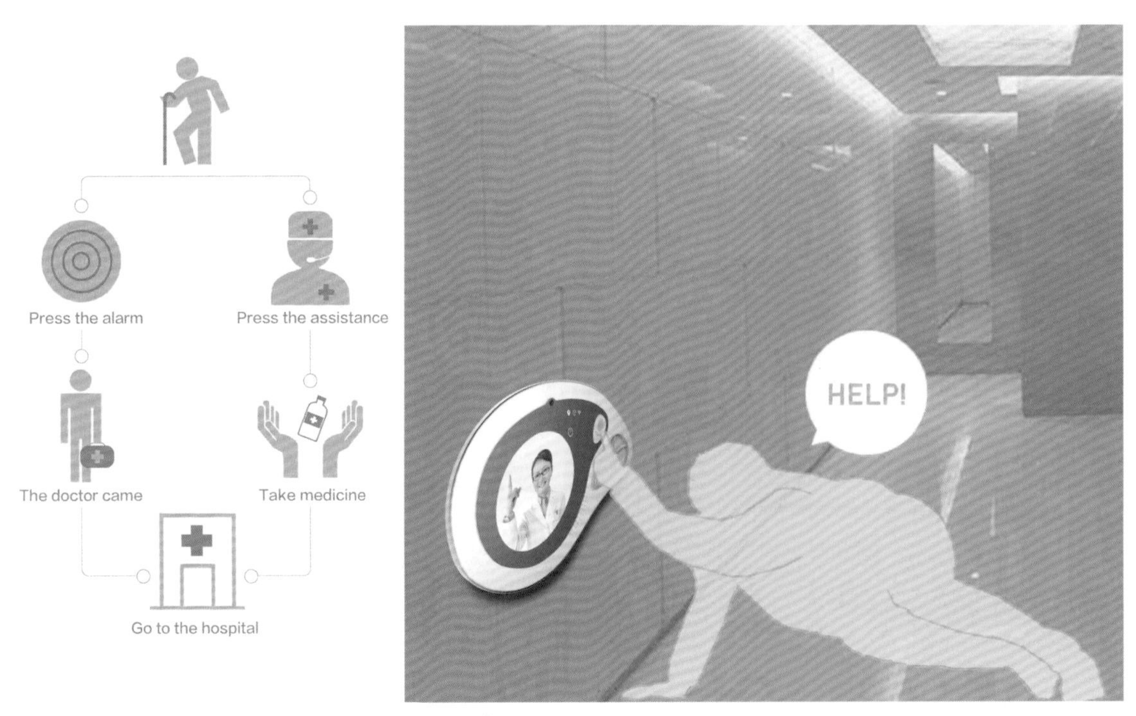


图 6.4　公共卫生间紧急救援产品使用流程展示，设计者：施耐淑

应用实例：手机来电振动、键盘定位键、盲道等。

图 6.5 是一款帮助视力障碍者了解谈话人情绪的触摸式感应器。感应器表面会根据所接收到的谈话者的情绪形成不同的肌理效果，让视力障碍者可以感知对方的情绪，从而调整谈话的进程与方式。产品的设计让用户使用起来更加愉快舒心，同时也为视力障碍者提供平等的谈话权利。从人机交互的角度看，产品造型的设计方便使用者双手或单手触碰和持握，能及时消除用户潜在的心理等待和状态猜测，从而增进使用者的交互体验（图 6.6）。触屏的设计是与不断增强的交互需求相一致的，都是以终端使用者的具体需要和行为习惯来具体考虑的，而这种关于设计的考虑，一个重要思想就来源于对人机交互内容的使用和创新。

4. 嗅觉显示设计

嗅觉显示是由物质散发的介质气味，接收者无须在某一固定位置，即使在从事其他工作时也能感受到的信息。

综合以上几种基于人感知系统的显示设计的优缺点和适用场合，总结了几点显示器选用与设计的原则：第一，显示器传递的信息数量不宜过多；第二，应考虑人接收信息能力的特性；第三，同类信息应尽量用同样的方式传递；第四，显示器的信息内容不宜超过接收者的观察范围和注意能力；第五，显示信息的量值应有足够的精度和可靠性。

图 6.5 视力障碍者的谈话辅助设备设计，设计者：张启硕

**28** 产品使用故事版
STORY BOARD

图 6.6　视力障碍者的谈话辅助设备使用说明，设计者：张启硕

## 6.2　设计语义符号

相对于人机工程学的系统性和完整性而言，产品语义学是产品进入信息时代后提出的一个新的概念，其研究对象是符号。符号是一个抽象的概念，它通过视觉刺激而产生的视觉经验和视觉联想或其他感知方式来传达形态所包含的内容。实际上，产品的外部形态就是一系列视觉符号的表达。它综合了产品的形状、色彩、材质、肌理等视觉要素，并通过象征的手法来表达产品的功能，说明产品的特征。简言之，产品语义学旨在借助产品的外在视觉形态，使一件复杂的产品能够进行自我介绍，让使用者理解这件产品是什么、如何工作、如何使用等。

产品语义学提出了新的设计思想。它认为大多数操作错误是出自产品不适当的符号和象征手法，产品实际承担的工作与它向用户表现出来的符号不一样，会使操作者产生误解。产品语义学的口号就是“使机器容易懂”，强调设计师应当解决下列 3 个问题：不言自明，使产品能够立即被认出来它是什么；语义适应，采用易懂的操作过程构成人机界面的结构；自教自学，使用户能够自然掌握操作方法。

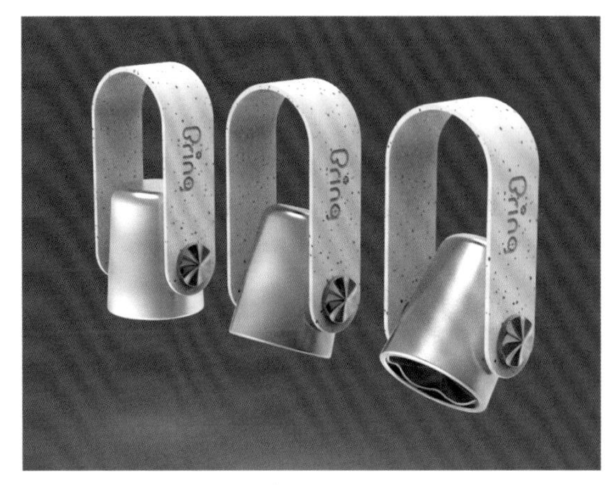

图 6.7　灯具设计，设计者：谢千慧

图 6.8　系列化的灯具产品设计，设计者：谢千慧

产品的功能，如产品的用途、工作原理、如何操作，用手还是用脚等，反映的是产品形态与人的生理之间的关系，大多与操作功能的物质形式有关，这也是传统人机工程学的研究重点。其实操作功能在设计中还有另外一个层面，就是操作者的心理、习惯、记忆、想象、情感等精神层面。产品形态学的设计方法正是立足于此，从人的视觉交流象征含义出发，让产品通过自己视觉形象“讲述”自己的用途和操作方法。例如，人观察物体的形态时通常是按从上至下、从左至右的顺序进行的。如果面对二维圆形，人的视觉会沿圆形边缘从左至右迅速巡视，试图找到新的发现；如果面对三维圆形，人总是试图从左至右用手去旋转并习惯性地把顺时针方向认知为增量调节。图 6.7 中的灯具设计突出了侧面调节旋钮的形状，帮助使用者调节灯的亮度，以此作为系列化设计的象征符号进行多个产品设计（图 6.8）。类似的情况还有对于一个三维封闭形态，如果是圆柱体，人们会试图用“旋”的动作来开启；如果是方柱体，人们则更多地选择用“推”的动作来开启。再如，在装配中，同样形状的接口，人们则习惯于把同色接口进行配对接插。总之，产品语义学认为：通过人们已经熟悉的形状、颜色、材料、位置的组合来表示操作，并使它的操作过程符合人的行动特点。

以上分析表明，产品语义学的研究目的与人机工程学有较高的一致性，在产品人机工程学设计中合理应用产品形态语义，将有利于弥补上述人机工程学设计中的不足，提高和完善人机工程学在产品设计中的实效。

# 6.3 操纵控制系统设计

操纵控制系统是人用来将信息传递给产品的媒介，如产品上的按键、旋钮、触控屏、操控杆等。通过操纵控制系统，可以执行设计好的各种控制功能，调整、改变产品的运行状态。操纵控制系统设计得是否合理，直接关系到人机界面的工作效率。合理的操纵控制系统可以使操作者准确、迅速、安全地进行操作，并且减少紧张和疲劳。操纵控制系统的设计要充分考虑用户的生理、心理、人体解剖和语义符号识别能力等属性。操控系统一般由人的手和脚进行操作。下面是针对手和脚设计的不同类型的操控器。

图6.9 智能门锁设计，设计者：张依

1. 手动操纵控制系统设计

由于手的动作精细准确、灵活多变，所以绝大多数控制系统是手操纵的，操纵方式也多种多样。第一，旋钮。通过手的扭转来达到控制目的。第二，按钮（图6.9）。按钮的尺寸主要根据人的手指端尺寸确定。拇指按钮的最小直径为19mm，其他手指按钮的最小直径为10mm。第三，拨动式开关。图6.10是关于系列按钮的设计训练，3个按钮通过形态语义分别实现按钮、拨动式开关、旋钮这3种功能，每个按钮只能明确体现一种功能，避免用户做出错误判断。通过这项训练帮助学生理解按钮形态与功能的联系，以及系列化设计的规范原则。第四，控制杆。设计控制杆时注意其尺寸应符合人手的尺度，手把形状应与手的生理特点相适应，同时手把形状应便于触觉识别。第五，摇把。摇把实际上是手动曲柄，操作摇把时的旋转面一般与人的正面垂直。第六，手轮（图6.11）。可单手、双手同时操作或交替操作，转动力大，适于要求控制力量较大、连续旋转的场合，操作时手轮的旋转面一般与人的正面相对。单手操作手轮的直径为50～110mm，双手操作手轮的直径为180～530mm。

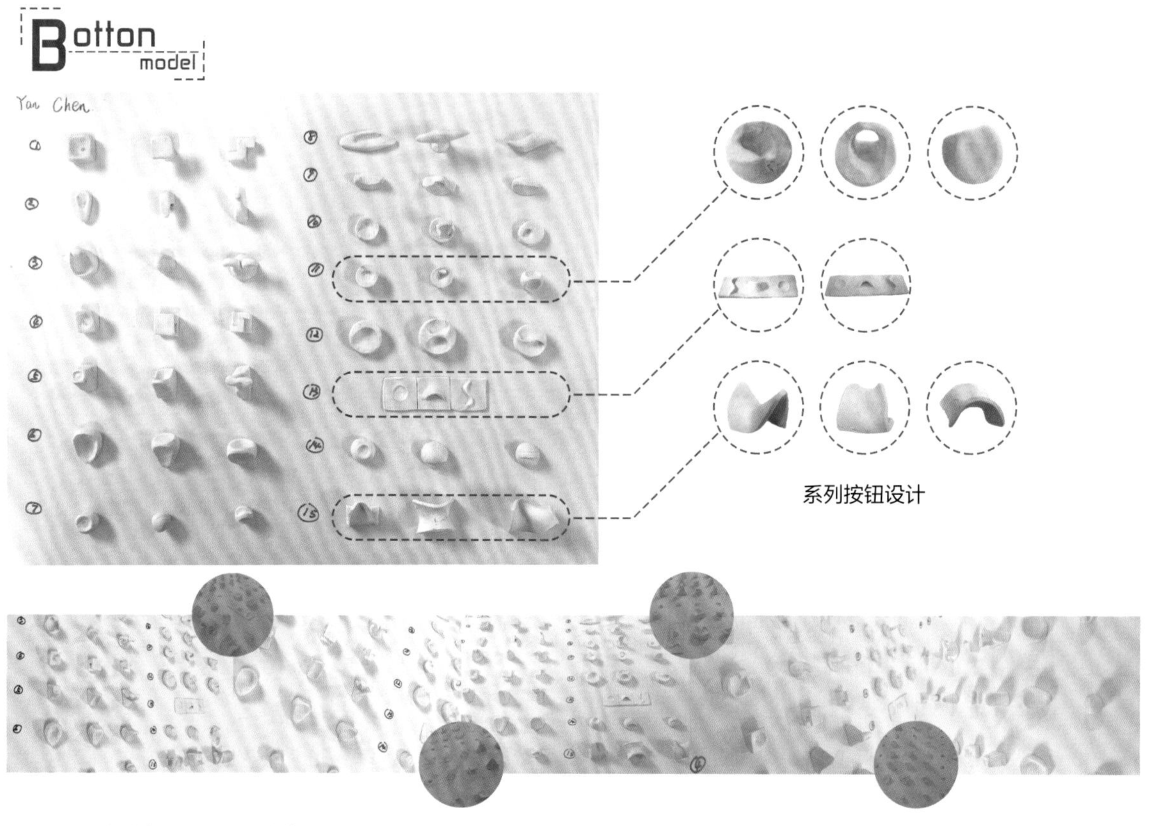


图 6.10 系列按钮设计，设计者：陈妍

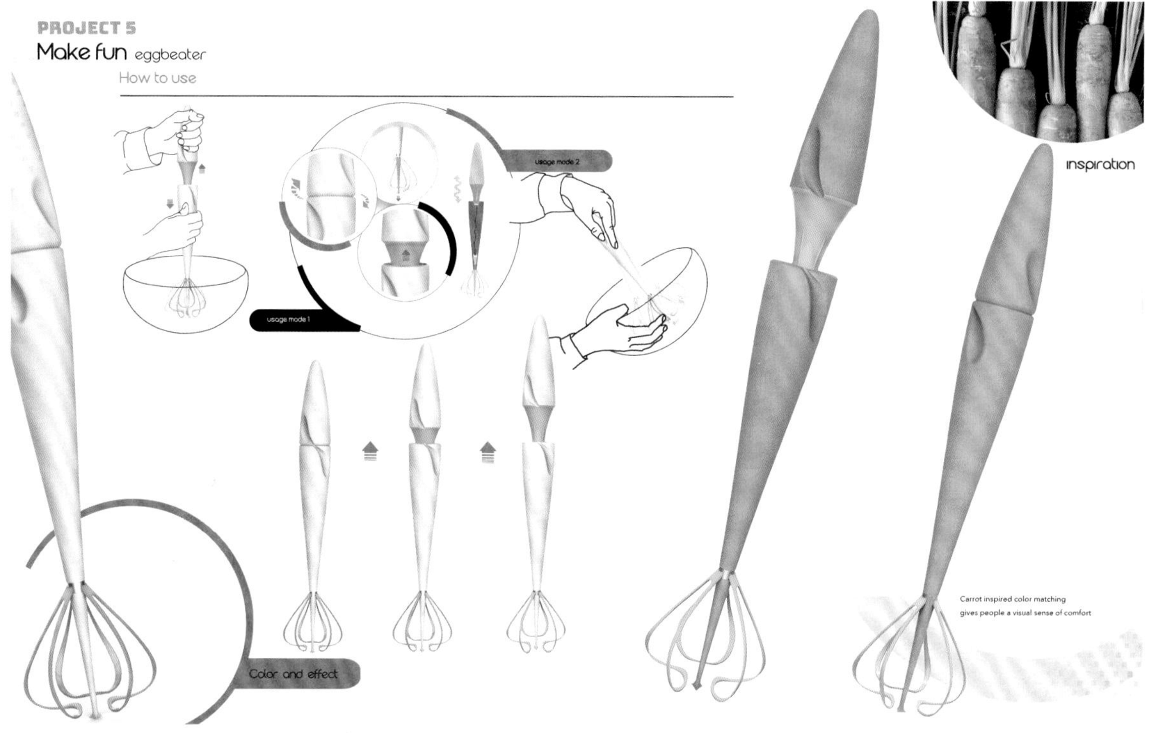


图 6.11 旋转式打蛋器设计，设计者：张依

2. 脚动操纵控制系统设计

适合脚动操作的控制系统常用于以下情况：第一，需要连续进行操作，而用手又不方便的情况（图6.12）；第二，操纵力超过50～150N的情况；第三，手的控制工作量太大，不足以完成任务的情况。脚动操纵控制系统主要有脚踏板和脚踏钮两种操纵形式。

控制系统的设计原则：第一，控制系统要减少和避免不必要的操作；第二，控制系统的运动方向应与预期的功能方向一致；第三，控制系统操纵部分的大小和形状必须便于把握和移动；第四，控制系统的移动范围要根据操作者的身体部位、活动范围和人体尺寸来确定；第五，尽量避免无意识操作而引发的危险。

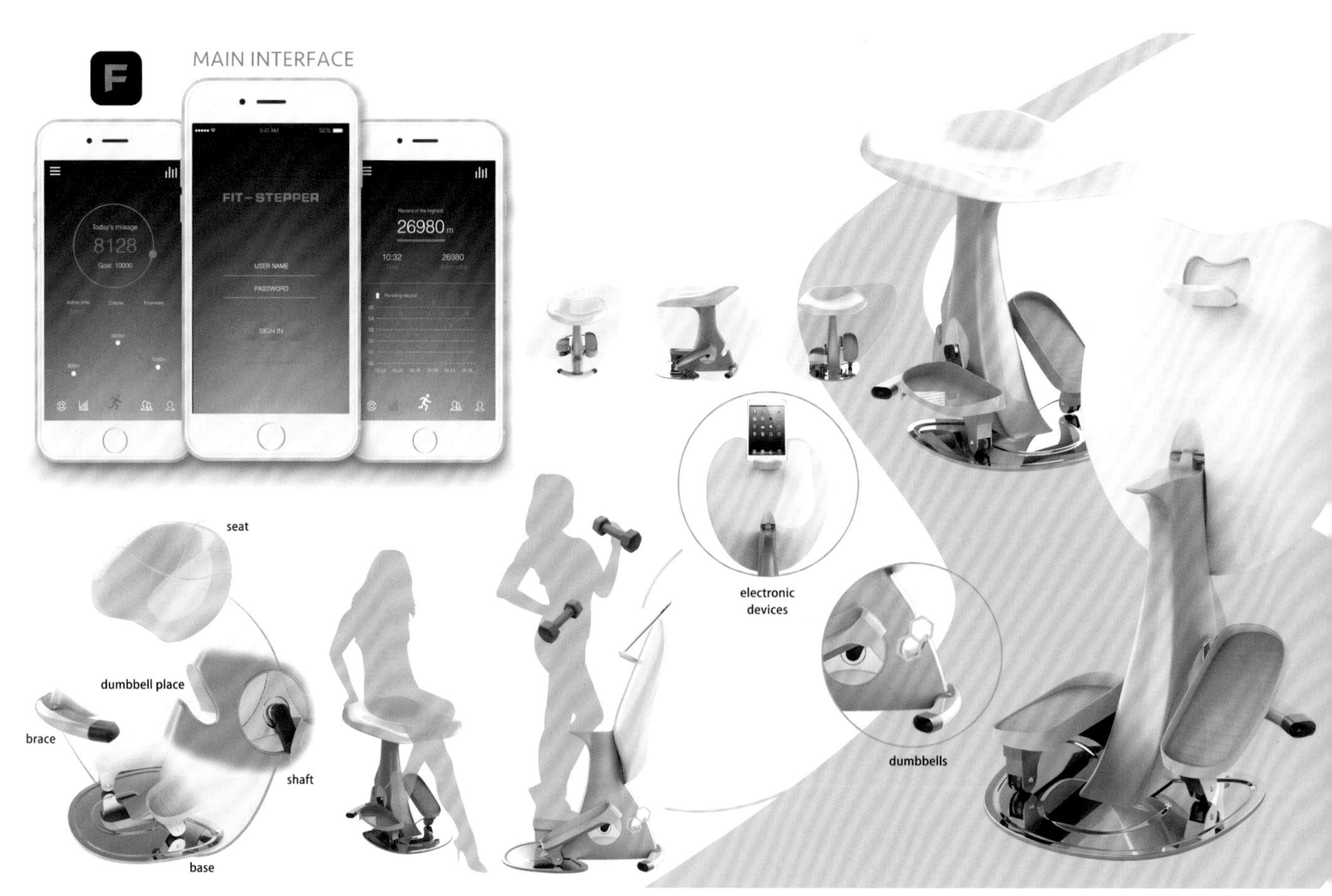


图6.12 腿部健身器设计，设计者：秦浩翔

# 6.4　UI 设计

UI 是英文 User　Interface 的缩写，指用户界面。从字面上看，它由用户与界面两部分组成，但实际上还包括用户与界面之间的交互关系，所以可分为 3 个方面，分别是用户研究、交互设计、界面设计。人机工程学一向遵循“以人为本，为人服务”的原则，采用人体生理、心理测量、计量等手段，对人体的结构、功能、心理等进行研究，使人在使用产品时身心舒适，达到更好的使用成效。

人的生理和心理特性，决定了界面设计的特性。界面的设计要以人为本，应用人机工程学的原理对界面进行合理的设计，并且在界面设计上体现对人的关怀与尊重，达到在视觉上亲切、使用上方便、精神上愉悦的目的，使人对产品产生美好的体验。图 6.13 是远程宠物喂食 App 的界面设计。

界面设计要以实用、操作简便为核心。从人机工程学的角度来讲，要符合以下几点要求。第一，交互界面风格要统一，色彩、字体、图片等要具备一定的连贯性。第二，可以使用快捷键来达成操作，当使用者想放弃当前操作，并且在放弃当前操作后想要进入一个新的界面时，直接点击界面的某个图标即可实现。第三，程序界面应给予使用者相应的提示，提示使用者程序当前的状态，提示使用者是否创建新的文件。第四，设计预防错误和具备简单纠错能力的操作键，加了阴影的键盘设计，能够提醒使用者哪个按键正在

图 6.13　远程宠物喂食 App 的界面设计，设计者：张雨萌

被使用。如果连续按下，则会全部归零，改正使用者的错误操作。第五，方便使用者取消某个操作的功能，只需要点击某个图标就可完成。第六，降低使用者的记忆负担，界面上的信息应该清晰地展现，方便使用者阅读。图 6.14 为某航空公司的网站界面和 App 界面设计。图 6.15 为某自然保护主题公园的 App 界面设计。

图 6.14　某航空公司的网站界面和 App 界面设计，设计者：张雨萌

图 6.15　某自然保护主题公园的 App 界面设计，设计者：张雨萌

# 6.5 用户体验设计

产品设计人机工程学的研究对象是“人－产品－环境”，三者之间相互依存、相互影响。设计的主体是人，同时兼顾人、产品、环境三者之间的关系，通过分析研究找到设计的切入点，并通过动手制作模型来检测设计的合理性。关注用户体验的设计已成为当今社会发展的趋势，人机工程学可以引导设计者形成正确的设计观念。在未来的设计中，如何运用设计实践与创新解决更加复杂的设计问题，将成为需要设计者持续探索的主题。

用户体验是主观的，且注重实际应用。用户体验，即用户在使用一个产品或系统之前、使用期间和使用之后的全部感受，包括情感、信仰、喜好、认知、印象、生理和心理反应、行为和成就等各个方面。影响用户体验的因素包括系统、用户和使用环境。注重用户体验的产品设计可以更好地满足用户需求，给用户提供全面的产品使用体验。图 6.16 是关于手部残疾者的日常行程图。设计团队采集了用户生活中的痛点，以寻找为目标群体设计服务的机会。

人机工程学与用户体验设计是相互关联的学科，两个学科的交集是以人为核心，研究人

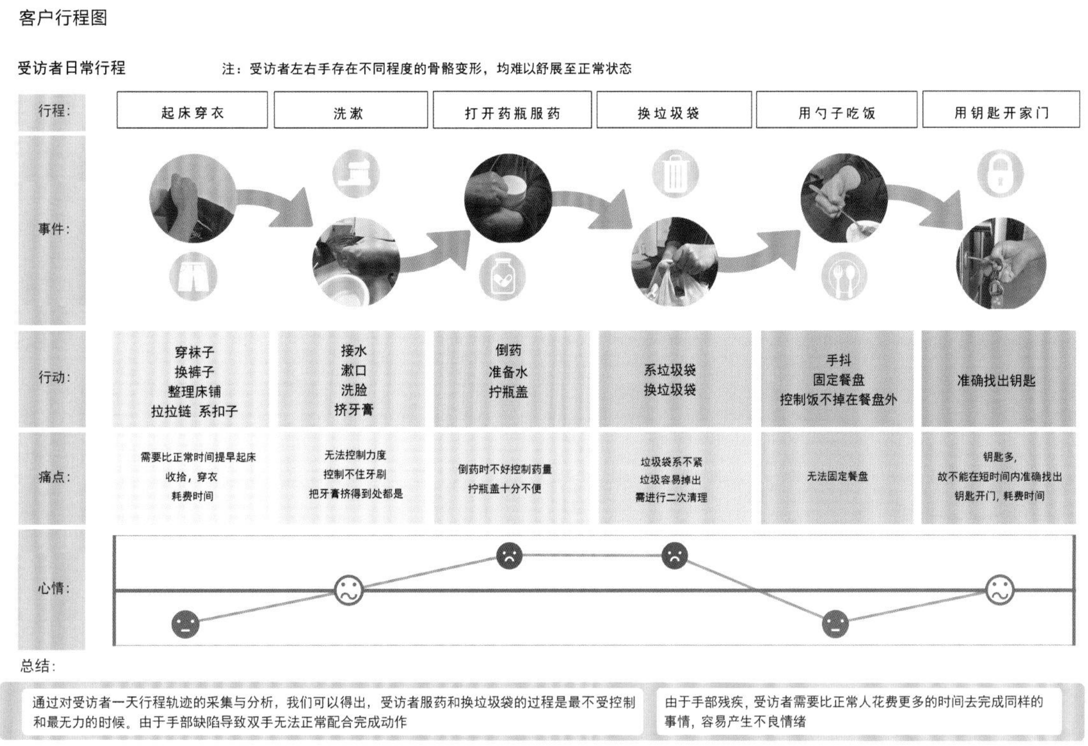

客户行程图

受访者日常行程　　注：受访者左右手存在不同程度的骨骼变形，均难以舒展至正常状态

| 行程: | 起床穿衣 | 洗漱 | 打开药瓶服药 | 换垃圾袋 | 用勺子吃饭 | 用钥匙开家门 |
|---|---|---|---|---|---|---|
| 事件: | | | | | | |
| 行动: | 穿袜子<br>换裤子<br>整理床铺<br>拉拉链 系扣子 | 接水<br>漱口<br>洗脸<br>挤牙膏 | 倒药<br>准备水<br>拧瓶盖 | 系垃圾袋<br>换垃圾袋 | 手抖<br>固定餐盘<br>控制饭不掉在餐盘外 | 准确找出钥匙 |
| 痛点: | 需要比正常时间提早起床<br>收拾，穿衣<br>耗费时间 | 无法控制力度<br>控制不住牙刷<br>把牙膏挤得到处都是 | 倒药时不好控制药量<br>拧瓶盖十分不便 | 垃圾袋系不紧<br>垃圾容易掉出<br>需进行二次清理 | 无法固定餐盘 | 钥匙多,<br>故不能在短时间内准确找出<br>钥匙开门，耗费时间 |
| 心情: | | | | | | |

总结:

通过对受访者一天行程轨迹的采集与分析，我们可以得出，受访者服药和换垃圾袋的过程是最不受控制和最无力的时候。由于手部缺陷导致双手无法正常配合完成动作

由于手部残疾，受访者需要比正常人花费更多的时间去完成同样的事情，容易产生不良情绪

图 6.16　关于手部残疾者的日常行程图，鲁迅美术学院设计团队

在使用产品或环境系统中的行为方式、生理和心理需求等。人机工程学的发展经历了“人适应产品－产品适应人－人、产品、环境协调发展”这3个阶段。如何使“人－产品－环境”和谐发展，是现阶段人机工程学研究的主要内容。人机工程学涉及的领域非常广泛，如人体测量学、生理学、心理学、社会学、美学等。随着人机工程学涉及领域和研究内容的不断扩展和延伸，人与产品之间的尺寸、使用范围等认知已经无法满足现代社会的需求，设计中人的认知、感性、情感因素日益加强，人机工程学范围已延伸到了用户体验、情感化设计。这正是顺应社会发展的结果，人们对产品已不仅是简单的使用需求，更重视精神上、情感上的体验与共鸣。所以，全方位地完善产品给用户的体验，可以更好地满足用户的需求，创造出更高的产品附加值。图6.17、图6.18所示为视力障碍者设计的系列餐具，为了测试餐具是否满足目标用户的使用需求，将餐具模型进行使用测试，并通过用户体验地图记录使用各个系列餐具后用户的反馈，以继续优化设计。

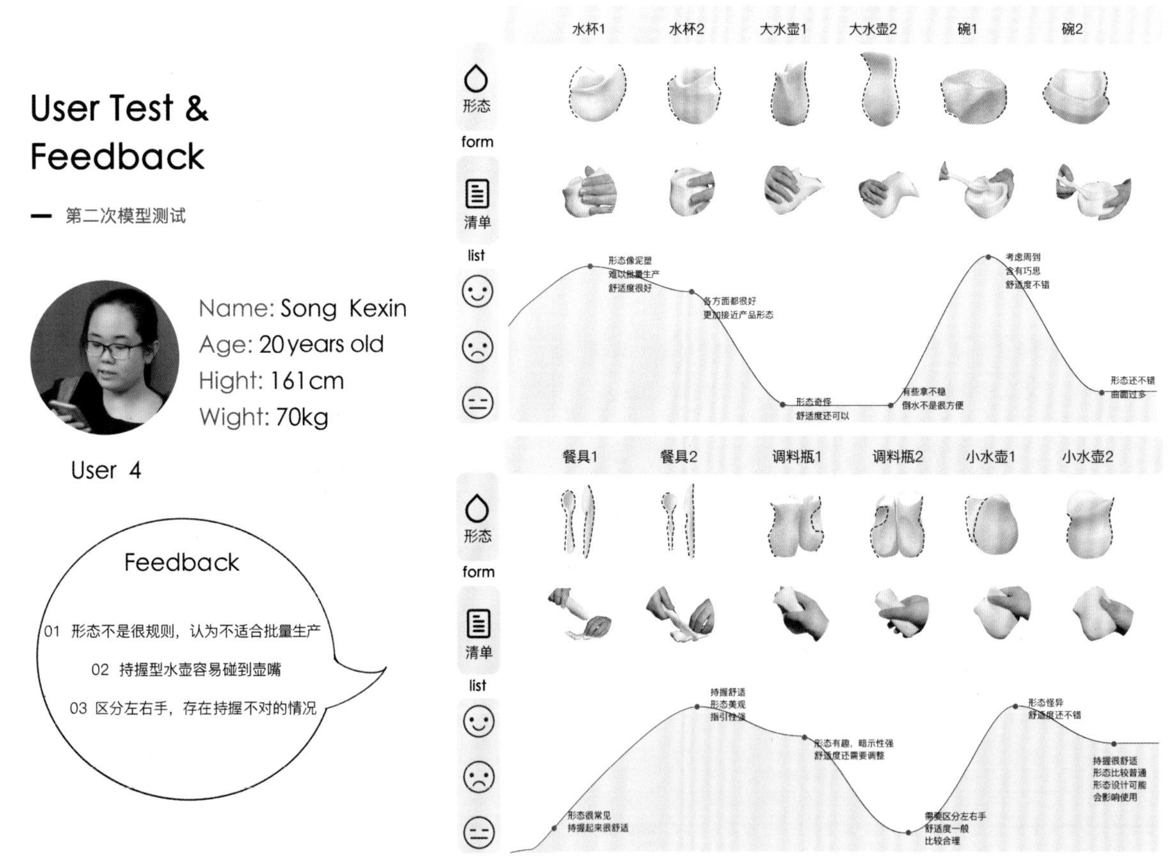


图6.17　关于视力障碍者的餐具设计－体验地图及用户反馈(1)，设计者：袁康玲

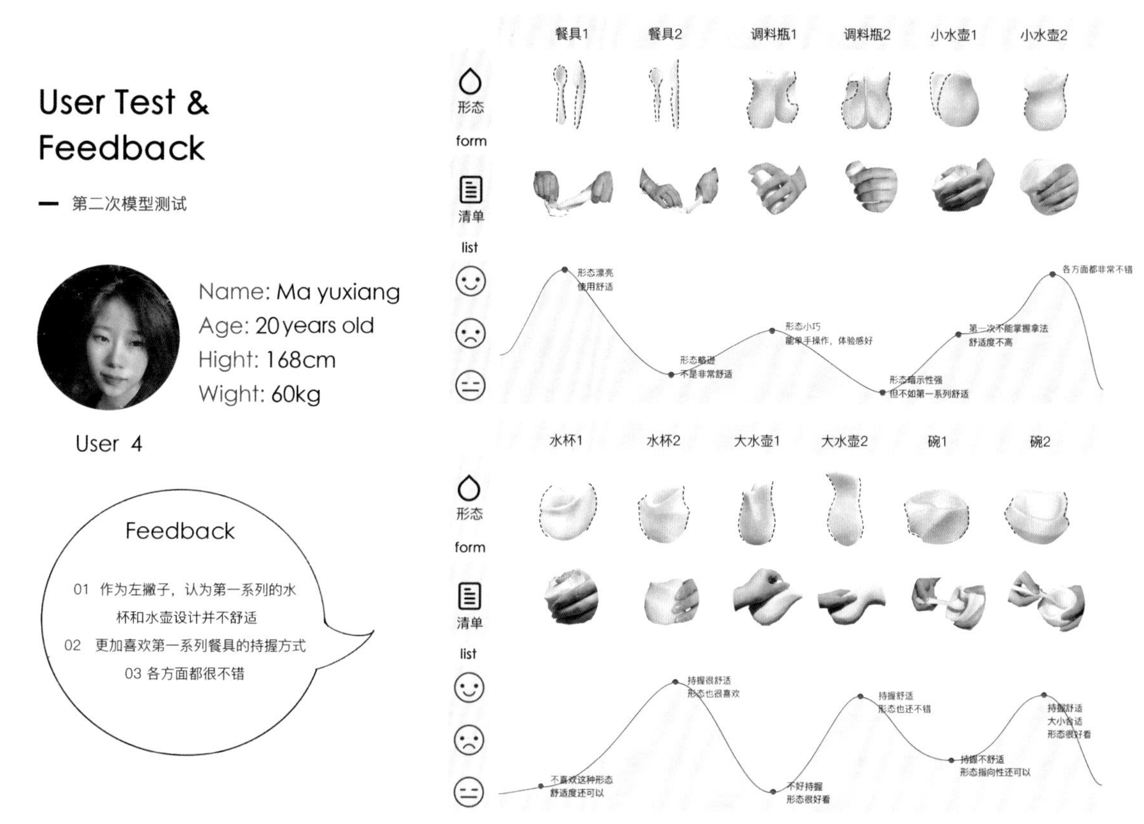


图 6.18　关于视力障碍者的餐具设计－体验地图及用户反馈（2），设计者：袁康玲

## 思考题

（1）产品设计中包括哪些人机交互界面？

（2）如何设计产品的界面？

（3）简述人机工程学与符号语义学的关系。

（4）简述人机工程学与界面设计的关系。

（5）简述人机工程学与用户体验设计的关系。

# 第 7 章
# 以人机思维应对新的设计挑战

本章要点

1. 可持续设计的基本原则。
2. 社会伦理问题的挖掘。
3. 民族差异与包容性设计。
4. 数据时代的机遇与挑战。
5. 对弱势群体的关注与服务思维。

本章引言

面对日益复杂的社会问题和国际局势，新的技术带动着生产力不断提升，产品设计人机工程学的研究范围也在不断扩展，并尝试与多学科相互融合，从解决微观设计痛点转化为系统地服务于各种具有商业价值和社会价值的课题。传统的人机思维已经迎来了新的设计挑战，需要设计师从解决痛点模式中慢慢觉醒，逐渐建立起设计大局观念，融入对可持续发展问题、社会道德伦理问题、民族文化包容性问题、数据时代新的机遇与挑战的思考，以及对社会弱势群体的不断关注等。这些方面的研究将为设计师提供前所未有的广阔空间，去实现自身的价值，也将为社会发展带来积极的影响和有价值的设计成果。

# 7.1 可持续产品设计 - 人机设计案例 17

人类进入工业时代，西方社会从科学的角度提出了众多人与自然环境关系的探讨。1971年，美国设计师帕帕奈克出版了著作《为真实世界而设计》，强烈批判纯粹以商业盈利为目的的设计，提倡设计师摒弃花哨的、不安全的、不成熟的、无用的产品，有节制地使用有限资源，担负起理性设计的责任。《我们共同的未来》是世界环境与发展委员会发布的一份关于人类未来的报告，于1987年4月正式出版。该报告以翔实的资料，对当今世界面临的生存和发展问题进行了系统研究，提出人类必须寻求一条新的可持续的发展道路、将社会发展与环境保护结合起来的战略，对世界各国政府的发展理念和政策选择产生了广泛而深远的影响。随着城市化进程的不断加速，城市环境问题涌现，同时，为增强城市面对灾难和突发事件的“免疫力”，韧性城市的概念应运而生。

可持续产品设计的核心在于系统设计，统筹宏观环境（社会、政治、经济、人文、科技等）与微观产品的体系，将宏观系统与微观系统相互融合、综合优化。可持续产品设计的目标是长远的可持续发展，同时促进生态效益与社会福祉。可持续产品设计可从微观层面、中观层面和宏观层面进行解读(图7.1)。

微观层面关注的是设计材料的固有属性，如材料的回收与再生属性，直接决定了设计物本身的可持续性，自然材料的可持续性是整个设计活动的基础。本节案例是海藻材料在日用产品设计中的应用，设计者尝试利用海藻植物的韧性和弹性制作出对环境无害的新型材

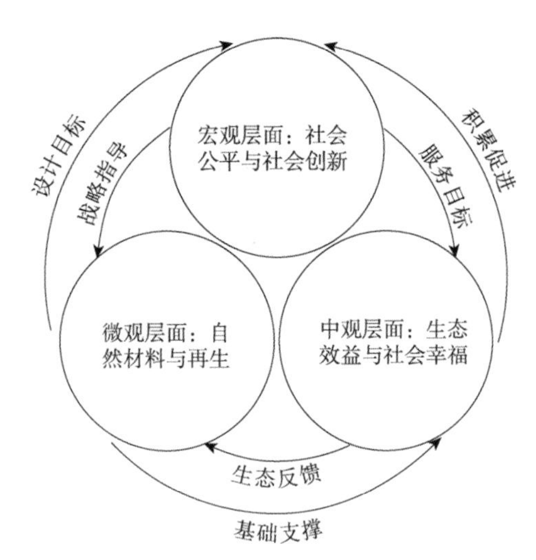


图7.1 可持续产品设计层次体系

料，同时也减轻了沿海局部地区因海藻泛滥造成的影响(图7.2、图7.3)。

中观层面更贴近用户本身，关注人的生活方式及生活环境，提供对环境友好并尊重生活方式的产品及服务，以新商业及服务模式创造属于大众的社会祉福，平衡社会发展质量与生态效益，改善生态环境。

宏观层面侧重于社会公平与社会创新，通过社会创新设计系统地调动社会分散资源（如创造力、技能、知识和企业家等），使其成为可持续生活方式和生产方式的有力驱动，促进社会和谐与公平，从战略角度为中观层面制定服务目标，为微观层面引领方向。

可持续设计是一种构建与开发可持续解决方案的策略设计活动，它利用产品与服务整合系统，以虚拟服务取代实体产品为目的。产品生命周期（Product Life Cycle，PLC）设计缘起于生态设计阶段，是一种干预产品

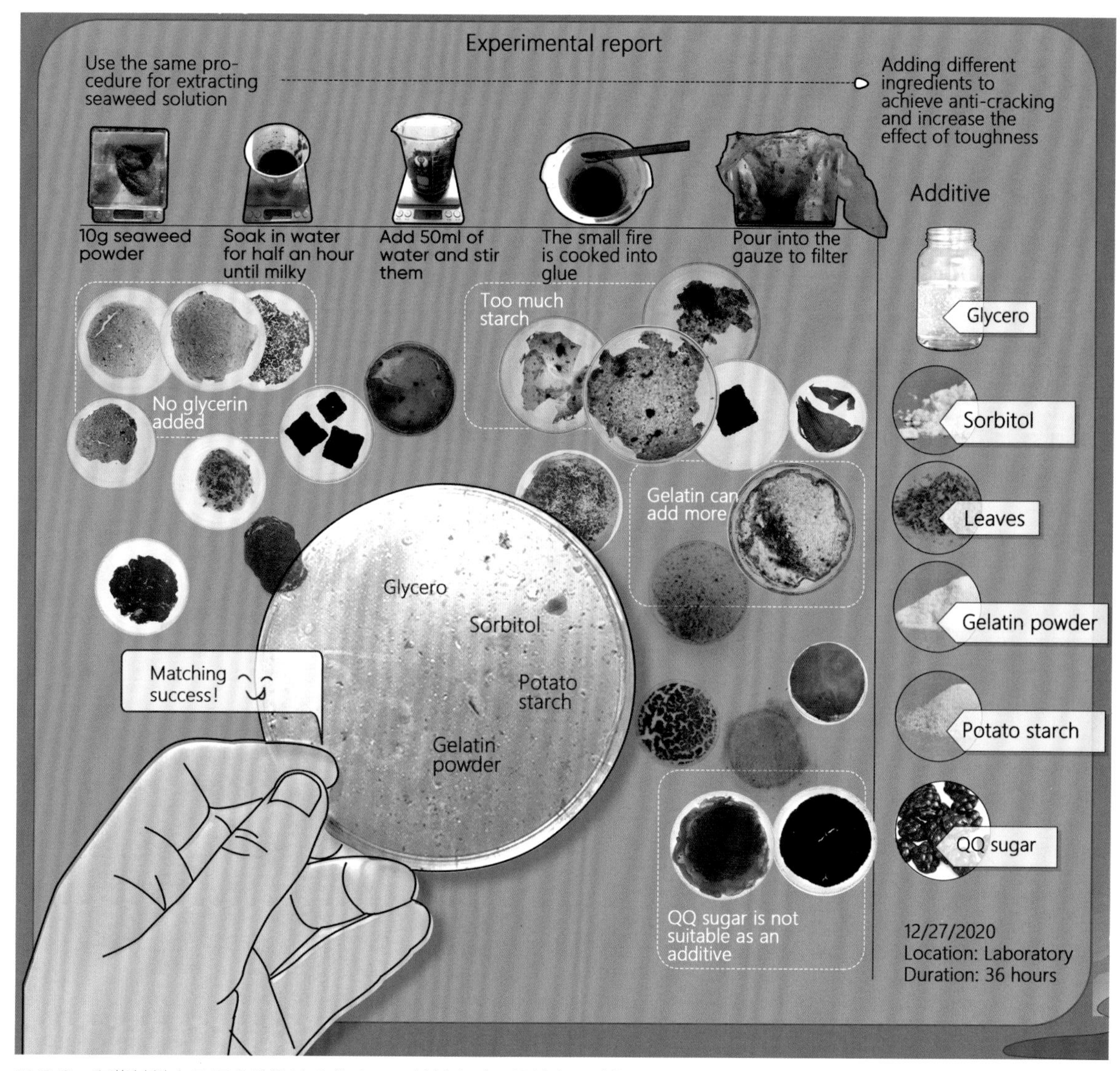


图 7.2　海藻材料在日用产品设计中的应用－材料实验，设计者：陈妍

图 7.3　海藻材料在日用产品设计中的应用－材料应用，设计者：陈妍

从开发到废弃全过程的系统设计，包含设计、制造、使用、维护、回收、废弃 6 个阶段。产品生命周期设计以减少或消除产品的整个系统过程对环境的不良影响为目标，以最少的资源消耗来实现系统的全部功能。在探寻可持续产品系统设计方法的过程中，为循环经济的 3R 原则率先被应用。3R 原则即 Reduce（减量化）、Reuse（再利用）和 Recycle（再循环）。通过引入 Regeneration（再生）形成的 4R 原则，着眼于人类社会未来的发展。3R 原则、4R 原则可总结为减量化、循环利用、无害化。

## 7.2 道德伦理问题 – 人机设计案例 18

设计中的道德伦理问题不仅涉及设计作品的内容，还事关设计艺术本身。莫里茨·石里克在《伦理学问题》中说："伦理学问题关系道德、关系风气、关系有道德价值的东西，还关系人的行为准则和规范的东西。"设计工作者站在社会发展和人类命运的大背景下，对与现代设计有关的伦理问题进行思考是非常必要的，其中包括研究设计与伦理学的关系、设计的意义、设计的价值体现、设计师的职责与道德素质、设计定位等问题。产品设计伦理的原则是"以人为本""道法自然"，它研究人与产品、人与自然之间的关系，通过设计来满足人们对物质文化及精神文化的需求。通过设计使人与自然的关系更加和谐，对资源的利用更加合理，促进整个人类社会的可持续发展。

伦理学作为设计和造物的道德哲学，它的"人本位"思想、可持续发展问题和设计主体价值实现问题，是产品设计最高标准的评价指标。其中"人本位"思想是产品设计伦理的核心内容，可持续发展问题是实现人性化设计的物质基础，设计主体价值实现问题是保证实现设计目标的重要保证，三者互相影响，不可分割。设计已经涉及人们生活的各个方面，在人们的生活中扮演着越来越重要的角色。设计的目的是满足人的物质需要和精神需要，人是设计成果服务的对象，是设计的核心。在设计中应首先考虑人的各种需要，把人作为设计的中心和要素。人性化设计是设计本质要求的必然，而不是设计师提出的口号。设计过程中始终要关注人、关注人的生活方式和生活环境、关怀弱势群体，从而体现人性关怀。本节案例是为偏远山区儿童设计的放映机，使用的是再生材料（图 7.4、图 7.5）。

在实现人类多方面需要的同时，还要考虑对自然环境的利用和保护，也就是可持续发展问题，自然环境是设计行为所依赖的物质基础。优秀的产品设计应当在产品的整个生命周期中尽量帮助人类最大限度地降低对自然环境的破坏。绿色设计的思想改变了过去盲目自发主体性的状况，已发展成为多向、循环，具有主观能动的主体性实践，由"单项度"的人发展为"多项度"的人，设计活动也转变成为能够考虑可持续发展问题的创造实践。只有在以人为本、保持自然环境可持续发展的基础上，才能最终实现人作为设计主体的人生价值理想。

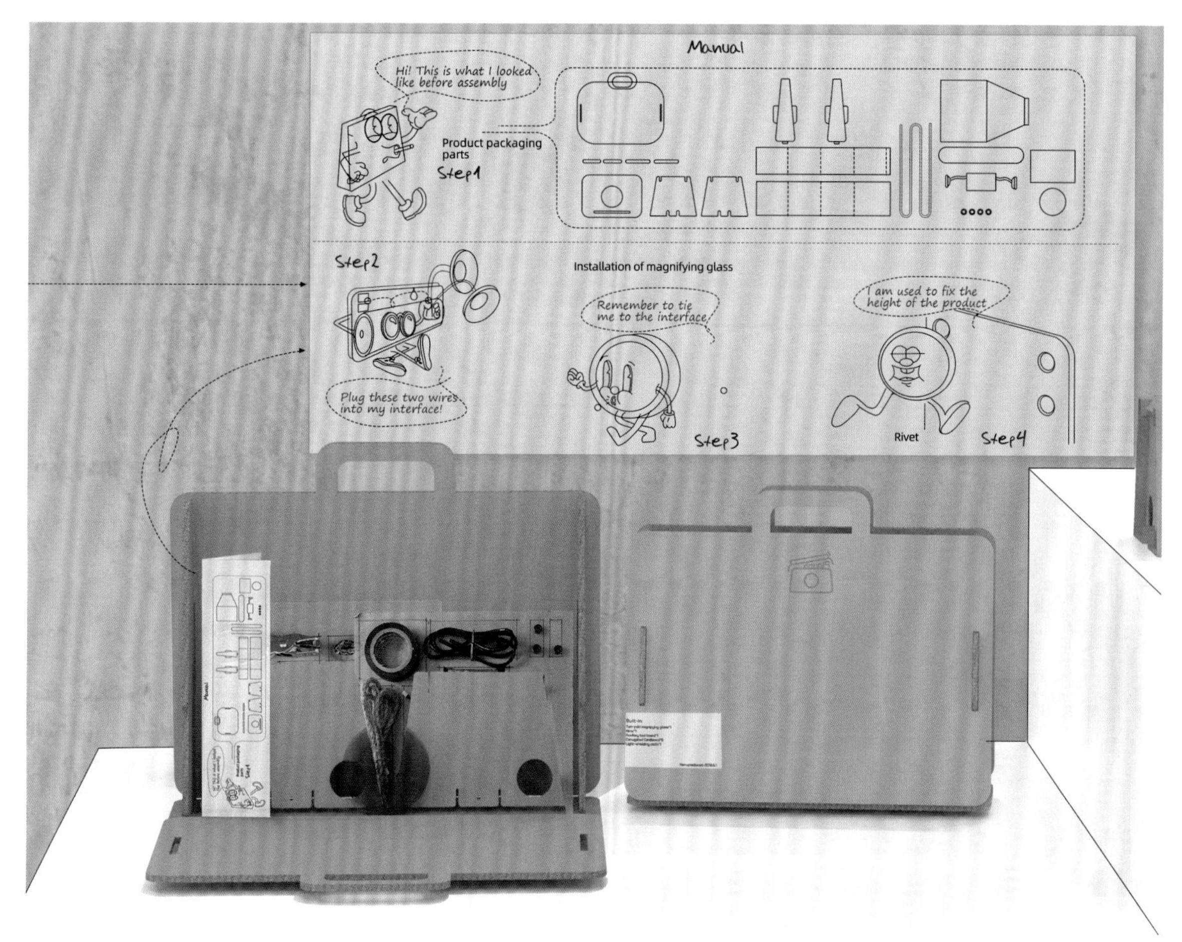


图 7.4　为偏远山区儿童设计的放映机 - 使用说明，设计者：陈妍

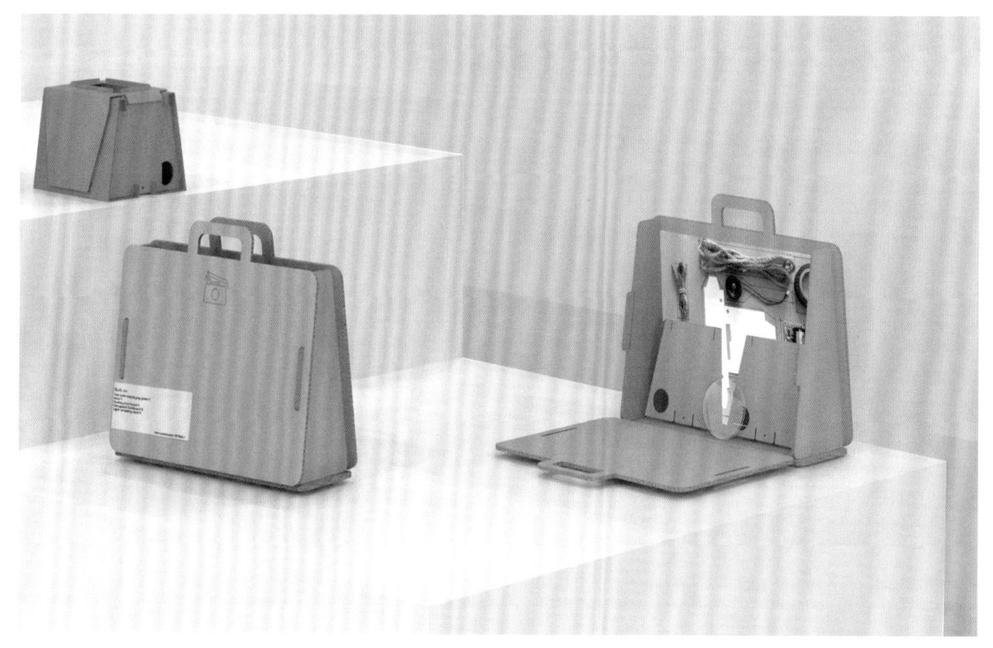

图 7.5　为偏远山区儿童设计的放映机 - 结构展示，设计者：陈妍

# 7.3 地域差别与民族志 – 人机设计案例 19

民族志视角常常能够兼顾全球化的科学技术与地域性的消费市场。对于产品设计而言，民族志视角可以提供能够反映消费者真实需求的研究渠道，实现产品人文设计与科学设计的融合，凸显设计人类学在企业全球化进程中的重要作用。将民族志理论应用于产品设计环节，能够为企业新产品的探索、设计与研发提供专业知识参考，而且，从设计人类学的角度来看，人类学方法指导下的产品设计，能够符合人机工程学、人体生物性的基本功能需求。如此一来，立足于人类学基础上的产品设计便不仅能够简单阐述产品的美学意义，更为重要的是，还可以准确找出用户对产品的核心需求与行为习惯，使设计出来的产品具有多元化的特征，能够符合更多消费群体的需求。

人机工程学研究可以为产品设计提供人体与产品交互过程中所需的参数，但是这些参数并非一成不变，根据不同地域人种的差别，数据参数也应进行相应的调整。然而，随着研究的深入，地域差异性研究不仅局限于群体生理尺度的差异，还包括群体生活习惯、民族文化习俗、礼仪规范、价值观念等。这些方面的研究将结合群体所生活的具体环境而展开，这项研究即民族志研究。

本节案例是某少数民族地区健康饮水问题的服务设计。本项目利用民族志的研究内容和田野工作的研究成果来提供对目标群体的描述研究，主要采用参与式观察、相处共话与访谈等调研方法。同时，为了更好地了解用户的生活背景，设计者先查阅了有关史志，对用户进行现场访谈，收集了许多口述的历史资料。通过以上调研进行的设计服务定位和产品设计更贴合用户的实际需求（图 7.6、图 7.7）。

融合民族志研究的设计团队在分析产品设计方法的时候，视野通常不会单纯局限于分析市场消费者的使用需求和心理需求，往往还会站在全局的角度，分析与消费行为直接相关的社会及文化大环境，包括社会习俗、道德、政治体制、法律、艺术等知识与信息构成的文化环境，其中考虑较多的是中西方文化的差异。因此，在设计产品时要充分考虑目标消费市场，并且尽量避免运用同质化手段，以确保设计研发的产品能够契合目标消费市场。

立足于民族志研究方法的视角，产品设计师需要清楚如何设计能够让消费者产生购买欲望，要了解消费者的实际需求，并结合其喜好，在产品投入市场之前就能够准确预见到他们对于产品的满意度情况。借助民族志研究方法进行深入探索，能够突破文化差异的瓶颈，使产品借助经济全球化的发展机遇，开拓更大的消费市场。而且，民族志研究方法要求产品设计人员立足于不同地区人们的品位偏好，挖掘消费者对产品新功能或特性的特殊需求，使设计出来的产品既能够融合全球性，又能够与地区文化相关联。

图 7.6　某少数民族地区健康饮水问题的服务设计 - 用户访谈，设计者：陈斯琪

【图 7.6】

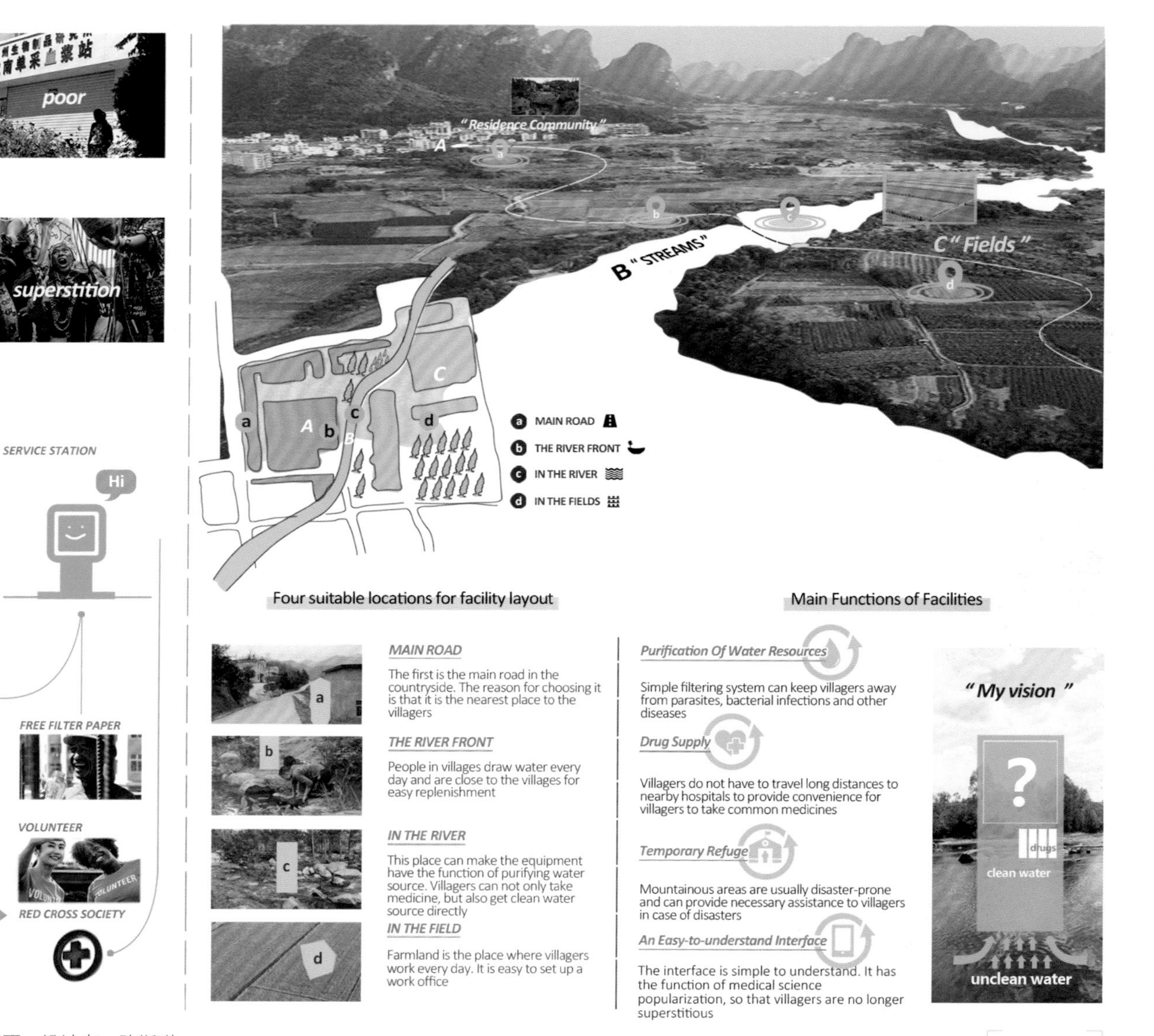


图 7.7 某少数民族地区健康饮水问题的服务设计－地域调研，设计者：陈斯琪

【图 7.7】

# 7.4　人工智能与大数据 – 人机设计案例 20

科技对设计的影响由来已久，尤其是大数据、智能化的运用使新技术、新工艺、新材料不断涌现，赋予了产品设计领域全新的面貌。大数据与智能化在经济、政治、文化领域均引发了巨大的变革，技术潜能的不断挖掘对产品设计来说既是动力，也是挑战。

大数据和智能化作为新技术正是产品设计发生变革的契机，与产品设计密切关联的工艺、材料和设计工具的变化，将为用户创造新的生产生活模式。智能化的主要特点是：具有感知能力、记忆和思维能力、学习和自适应能力、决策能力。

本案例是为儿童设计的陪伴型智能机器人，不但可以辅导和陪伴儿童学习，还可以作为儿童出行的电动脚踏车。此外，机器人的一个设计创新点是其具备陪伴和保护功能，当儿童遭遇危险时，可以第一时间报警和通知家人（图 7.8、图 7.9）。对于人机工程学研究而言，智能化设备还可以在人机测试和评估等环节提供更客观、更科学的数据支撑。纵观以技术牵引的时代发展脉络，在经历前三轮的工业革命之后，人类进入信息化时代并逐步迈向智能时代，人工智能作为无主观意识的人类智能延伸，将对人类文明的发展产生重要的影响。

智能化技术为产品设计人机工程学研究所带来的革新，包括以下几个方面。第一，技术更新促使材料更新。新的材料可以为用户提供更理想的使用体验。第二，技术更新带来制造工艺的更新。3D 打印改变了原有的制造方式，麻省理工学院以 3D 材料为基础，将时间维度引入材料生产，可制造具有自我变化属性材料的 4D 打印技术应运而生。可见，智

图 7.8　为儿童设计的陪伴型智能机器人 – 使用情景，设计者：张天一

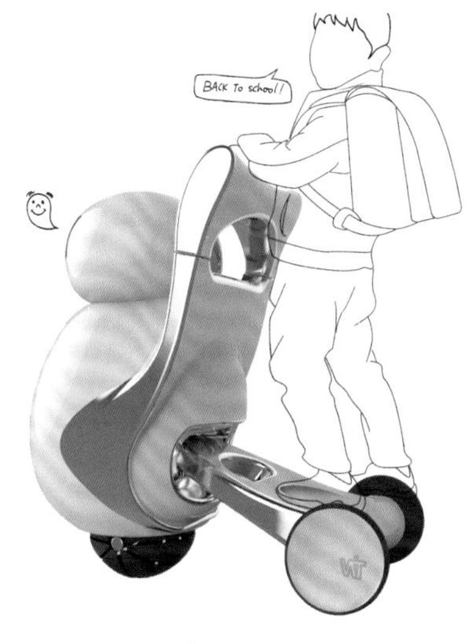


图 7.9　为儿童设计的陪伴型智能机器人 – 功能展示，设计者：张天一

能化推进了材料和工艺的进步。第三，新技术诱发设计工具的更新。计算机绘图系统的应用，以及参数化设计的拓展，使设计的可能性呈几何倍数递增。

大数据可以有效避免在设计中因个人经验而形成的偏见，是一种科学呈现事实的手段，将成为产品设计过程中发现问题、解决问题的重要工具。大数据与智能化的发展，使设计思路、设计生产、产品消费及服务的链条发生根本性改变，因此，设计研究从以人为中心造物的过程，升级为强调体验的处理复杂关系的过程。也就是说，设计对象从“物”变成“事”。设计产业是设计实践和设计师劳动、服务的产业化运作模式。在复杂的设计环境中，人工智能与大数据为设计产业运作的关键环节提供了可供参考的规则和模式，在各环节“相关关系”的挖掘中，以数据预判未来的发展趋势。

## 7.5 社会弱势群体服务 – 人机设计案例 21

对人的关怀是工业设计最具人道主义和人情味的体现。在针对社会弱势群体进行产品设计时，他们在生理、心理方面的特殊性导致了对许多产品有着特殊的需求。因此，在面向社会弱势群体的产品设计中，人性化就显得格外重要。人性化设计在具体的实践中是指在设计居住空间及产品时，力求从生态学、人机工程学、美学等角度使人们得到享受，并体会到安全性、舒适性、和谐性、美观性、趣味性。

对于社会弱势群体的关注，不仅局限于残障人士、老年人和幼儿，因全球经济发展不均造成的局部人口贫困问题，也应进入设计服务者的视野。因此，包容化和人性化设计是当今社会产品设计的必然要求，它的目的是为全人类提供更安全、更舒适的生活，其服务对象同样包含社会弱势群体。弱势群体是社会的组成部分，他们拥有参与社会活动和改造社会的权利，应该得到社会的承认和关怀。由于自身的特殊状况，社会弱势群体往往会有更为强烈的渴望和需求，根据这些生理及心理特征为他们设计更为合理和方便的产品，不仅可以满足其生活需求，还能体现社会对弱势群体的重视和关爱。

本节案例是为手部有残疾的群体设计的单手读书辅助器，在纸质书的支撑架上加入卡扣，可以在单手操作的情况下完成翻书、固定、在书中记笔记等任务。为了更好地测试辅助器的可行性，设计者制作了等比例的草模型搭建和草模型展示，分别如图 7.10、图7.11所示。设计者通过人机实验(图7.12)，

## 04 草模型搭建

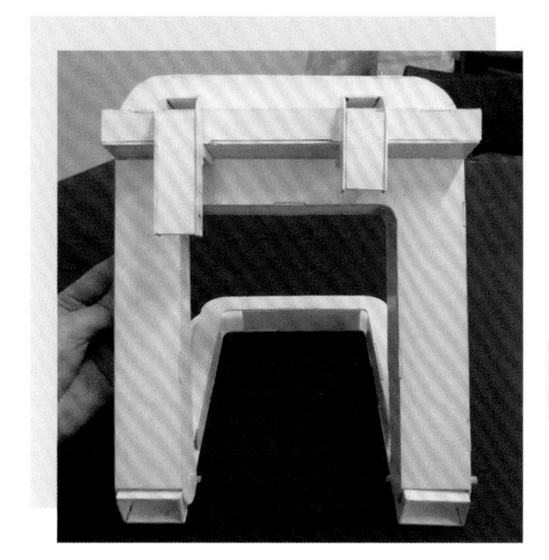

**主体搭建**

通过硬纸板之间的穿插黏合，搭建起整个主体
各个部件之间采用榫卯结构，使主体更加稳固。同时，使用硬纸板作为材料，使整个草模型更为轻便，整体的活动更为灵活

**关节搭建**

关节处的可调节设计，巧妙利用了现有材料，置有暗槽，使得草模型在进行人机实验时能根据需要调节高度

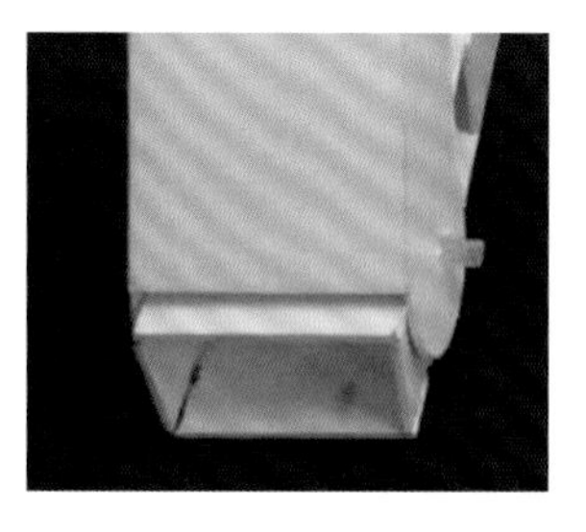

图 7.10　单手读书辅助器设计－草模型搭建，设计者：杨珂

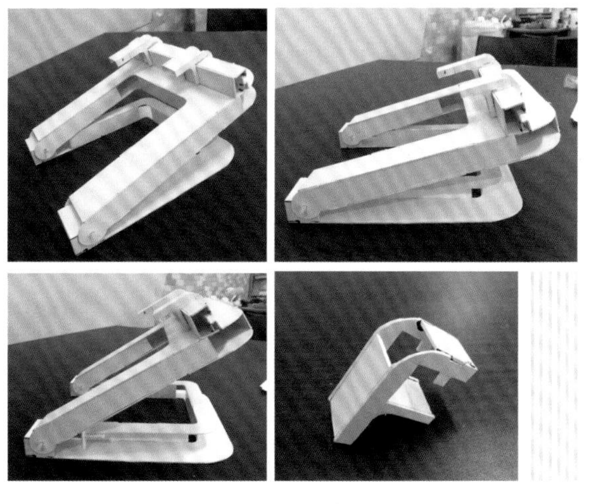

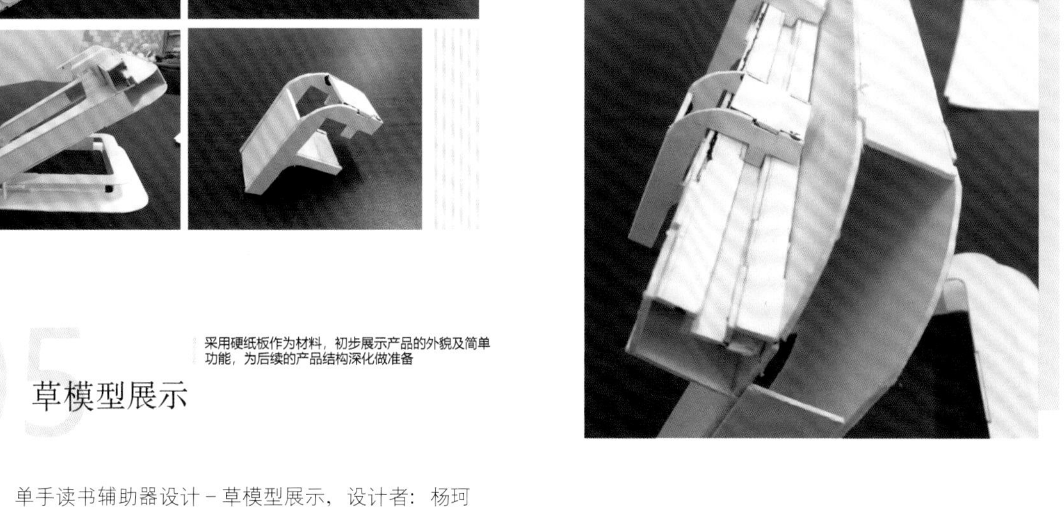

## 05 草模型展示

采用硬纸板作为材料，初步展示产品的外貌及简单功能，为后续的产品结构深化做准备

图 7.11　单手读书辅助器设计－草模型展示，设计者：杨珂

探索方案的可行性与产品的舒适度。单手读书辅助器的使用说明如图 7.13 所示。获得使用反馈后，设计者对产品局部进行修改，完成了产品最终效果展示（图 7.14）。

## 06 人机实验

通过人机实验，探究方案的可行性与产品的舒适度

经过人机实验，夹片与书籍之间较为贴合，在单手翻书时没有出现夹片与书籍贴合过紧导致无法翻书或者夹片与书籍贴合过松导致书籍自动闭合的情况。滑轨与夹片之间的滑动也比较顺畅，基本不会出现夹片卡住的情况。人在单手操作的前提下，也能顺利完成从翻书到固定的一系列操作

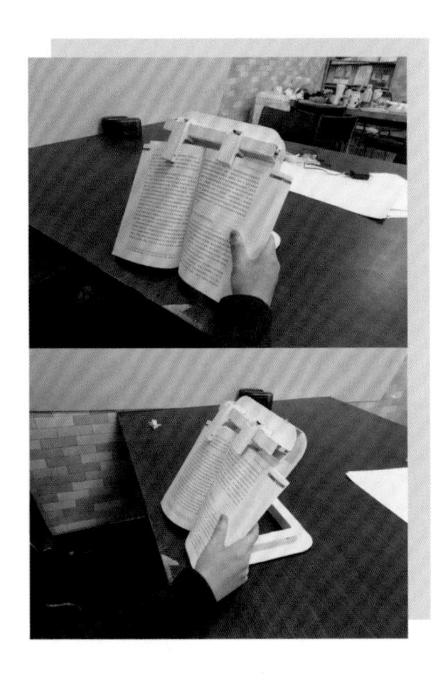

背板和底板连接处的调节设计，可以让不同身高及使用习惯不同的人根据自己的喜好调节书籍与桌面的夹角，达到使自己舒适的角度

图 7.12　单手读书辅助器设计 - 人机实验，设计者：杨珂

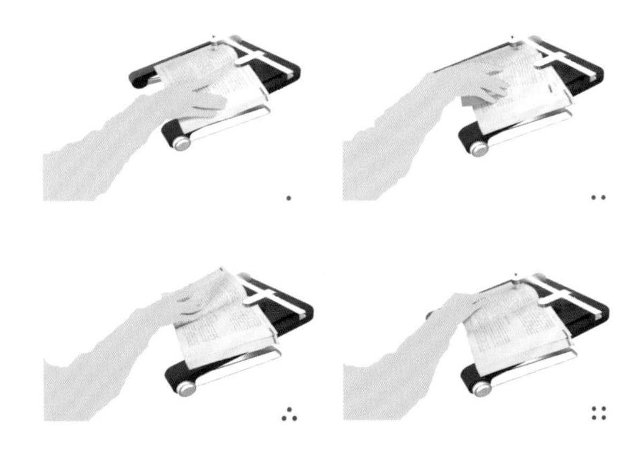

图 7.13　单手读书辅助器设计 - 使用说明，设计者：杨珂

图 7.14　单手读书辅助器设计 - 效果展示，设计者：杨珂

**思考题**

（1）可持续设计可以为人机工程学提供哪些新的启示？

（2）在产品设计人机工程学中，如何聚焦道德伦理问题？

（3）民族志研究在产品设计人机工程学中如何应用？

（4）智能化设计对产品设计人机工程学有哪些影响？

（5）如何运用人机工程学的相关研究为社会弱势群体服务？

# 第 8 章 AEIOU 解析人机环境系统

## 本章要点

1. A-Activity 人机系统行为活动。
2. E-Environment 人机系统环境因素。
3. I-Interaction 人机交互系统。
4. O-Objective 人机系统运行载体。
5. U-Users 人机系统的服务对象。

## 本章引言

相较于传统的人机工程学研究的人－机－环境系统，AEIOU 增加了两个维度，组成了五维度的设计系统，可以帮助设计者评价人机产品的设计架构。AEIOU 是一种用户研究方法，这 5 个字母代表框架下不同的信息分类组别名称的首字母，A-Activity（活动）、E-Environment（环境）、I-Interaction（互动）、O-Objective（载体）、U-Users（用户）（图 8.1）。AEIOU 框架与人－机－环境系统有着相同的属性，其中的 5 个分类要素不是各自独立的，而是相互关联的，每个分类元素之间都有重要的相互作用。框架的作用在于提醒设计人员有条理地关注研究课题在活动、环境、互动、载体、用户这 5 个类别下的关键信息，并且分门别类地进行整理记录，再以此为基础进行深度分析。

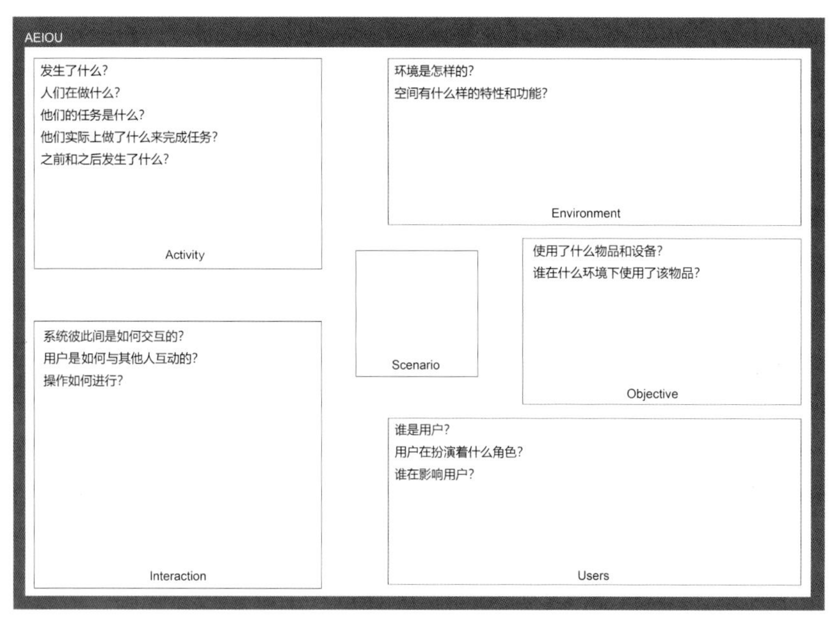


图 8.1　AEIOU 系统架构

# 8.1　Activity－系统中的行为

Activity（活动）是指被研究者以目标为导向而进行的一系列行动。设计师想了解用户为了他们想要完成的事情，到底做了什么？其中包括具体的行动和过程，也包括这些活动的性质、产生的作用等。若要了解用户在人机交互过程中作出的反应和行为，需要综合了解作出此行为的人的生理和心理属性，进而通过行为去洞察用户的动机，再总结规律。

1. 领域意识

领域性源于生物学，原指动物活动、控制的生存空间。虽然人与动物在语言表达、理性思考、意志决策及社会性等方面有本质的区别，但人在生活、生产活动中，也力求其活动不被外界干扰。

领域意识让人意识到私密空间的重要性，在设计规划中需要对人际交流、接触时所需的距离进行考虑。实际上，人际接触根据不同的接触对象和所在的场合，在距离上各有差异。霍尔以动物的环境和行为的研究经验为基础，提出了人际距离的概念，根据人际关系的密切程度、行为特征等确定人际距离，并划分为密切距离、人体距离、社会距离、公众距离。当然，针对不同民族、宗教信仰、性别、职业和文化程度等因素，人际距离也会有所不同。

2. 私密需求

如果说领域性主要在于空间范围，那么，私密性就是在相应空间范围内包括视线、声音等方面的隔绝要求。在日常生活中会非常容易发现，集体宿舍里先进入宿舍的人，如果允许自己挑选床位，他们总愿意挑选在房间尽头的床铺，可能是出于生活、就寝时相对较少受干扰。同样情况也常见于餐厅中餐桌座位的挑选，人们一般不愿意选择门口人流频繁通过的座位，而选择靠墙的位置，因此，在空间中形成更多的“尽头”，更符合就餐时人们私密性的心理要求。

本节案例是户外浴室设计（图 8.2、图 8.3），在空间上参考人机工程学的参数，尽可能满足洗浴、洗衣、停放自行车几项功能，其封闭的洗浴环境充分考虑到了用户在户外环境下的私密性需求。

3. 安全意识

通过行为观察发现，通常人们在空旷的室内愿意靠近有“依托”的物体。例如，在火车站和地铁站的候车厅或站台上，人们较少停留在最容易上车且人员密集的地方，而是愿意待在人员稀少的角落里，适当地与人流通道保持距离。角落或柱子让人在心理上有了“依托”，更具安全感。

4. 从众行为

从一些公共场所内发生的事故中观察到，当火警或烟雾开始弥漫时，人们无心注视标志

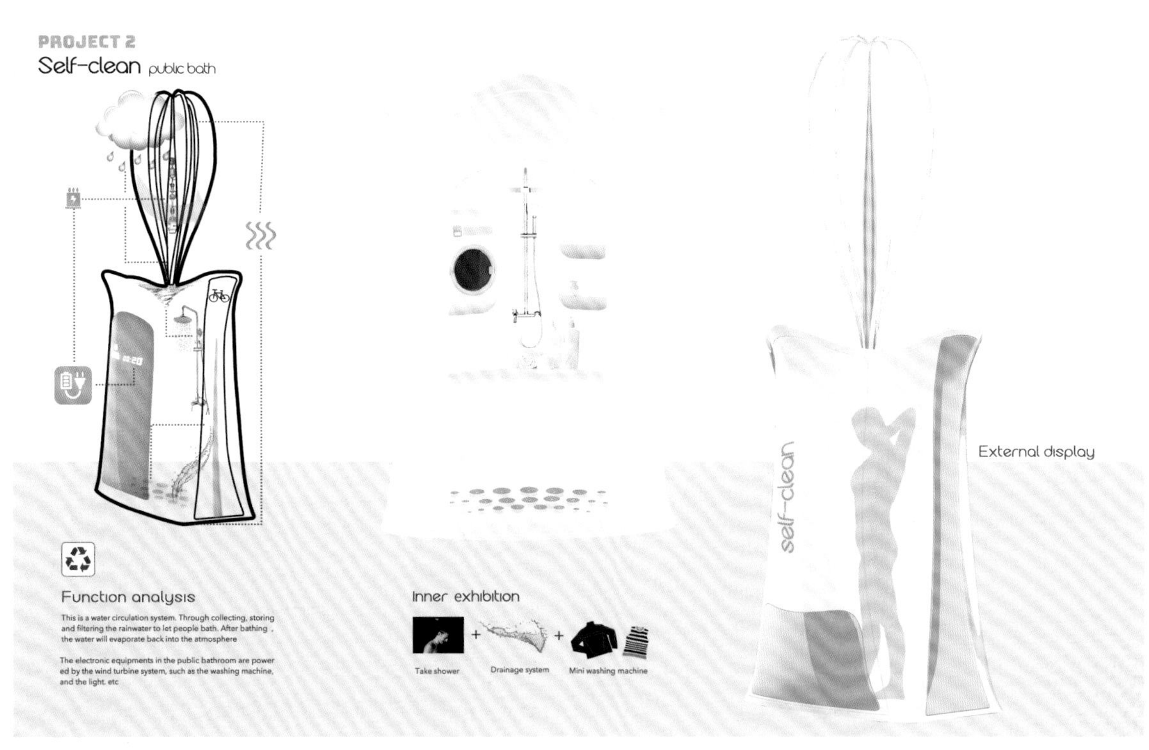


图 8.2　户外浴室设计－空间规划，设计者：张依

图 8.3 户外浴室设计－情景展示，设计者：张依

及文字的内容，甚至对此缺乏信赖，往往会凭直觉跟着领头的几个人跑动，造成整体人群的流向。上述情况即从众心理。同时，人们在室内空间中流动时，具有从暗处往较明亮处流动的趋向，紧急情况时光亮引导会优于文字引导。上述心理和行为现象提示设计师在设计公共环境时，首先应注意空间与照明等的导向，标志与文字的引导固然很重要，但从紧急情况时人类的心理与行为来看，空间、照明、音响等更加重要。

## 8.2 Environment－系统所需的情境

Environment（环境）是指被研究对象的活动场所。被研究对象所处的环境会对其行为、精神状态产生重要的影响。相对于人而言，环境是围绕人并对其行为产生一定影响的外界事物。环境因素为人机互动提供相应的使用情景。环境本身具有一定的秩序、模式和结构，人既可以使外界环境产生变化，同时变化了的环境又会反过来对作为行为主体的人产生影响。

1. 热环境对人机交互的影响

热环境是指由太阳辐射、气温、周围物体表面温度、相对湿度与气流速度等物理因素组成，影响人的冷热感和健康的环境。人的生活和工作大部分时间都在室内，室内环境与人的关系密切。人体除了与环境的热交换的物理因素有关，还与人的衣着和活动量有关。夏季身穿单衣在气温与平均辐射温度同为 26℃、相对湿度为 40%、气流速度小于 0.15m/s 的房间里办公，多数人会感到舒适。冬季身穿绒衣长裤在温度为 10℃、相对湿度为 50% 的房间里办公，多数人会感到冷，而如果在同一房间里做体力劳动，则会感到舒适。此外，人对热环境的反应也与人的年龄、性别、体质、心理与健康状况，以及气候适应经历等有关。本节案例是为病房设计的病患综合服务一体机，其功能包括对病房空气质量、温度、湿度的调节，为病患提供舒适、安全的休息环境（图 8.4、图 8.5）。通过操控界面，医护人员可以完成多项患者看护工作（图 8.6）。

2. 噪声环境对人机交互的影响

物理上的噪声是声源做无规则振动时发出的声音，凡是影响人们正常学习、生活、休息等的一切声音，都称为噪声。判断一种声音是否属于噪声，仅从物理学角度判断是不够的，主观上的因素往往起着决定性的作用。例如，美妙的音乐对正在欣赏音乐的人来说是乐音，但对于正在学习、休息或集中精力思考问题的人来说，就是一种噪声。即使是同一种声音，当人处于不同状态、不同心情时，也会产生不同的主观判断。当声音对人及周围环境造成不良影响时，就造成了噪声污染。

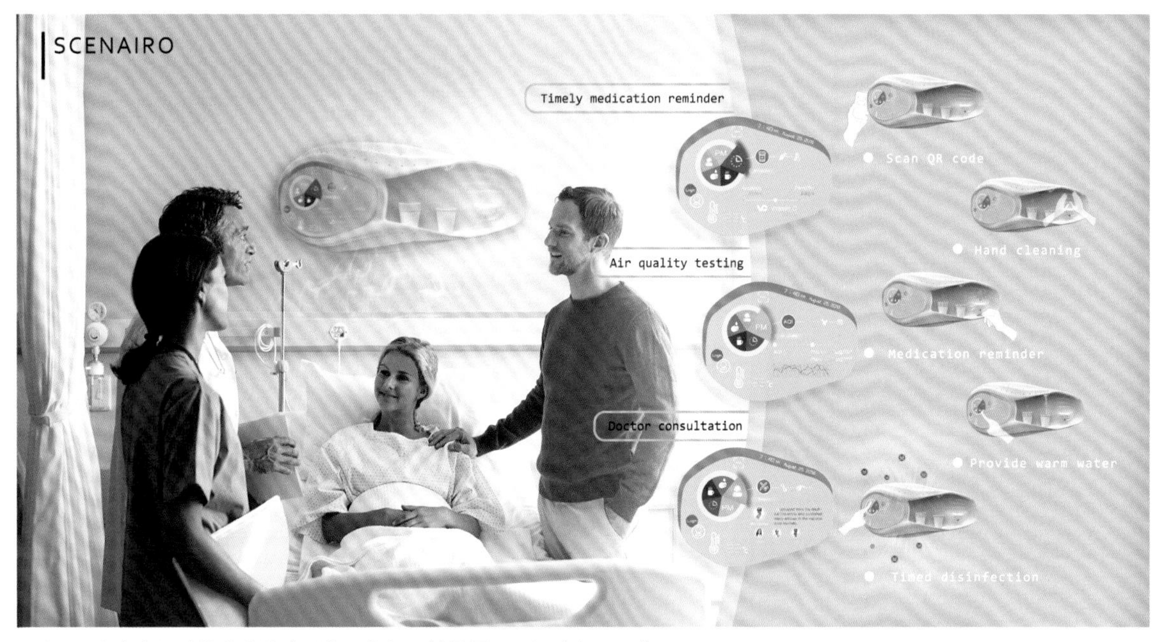


图 8.4　为病房设计的病患综合服务一体机－情景展示，设计者：王迖

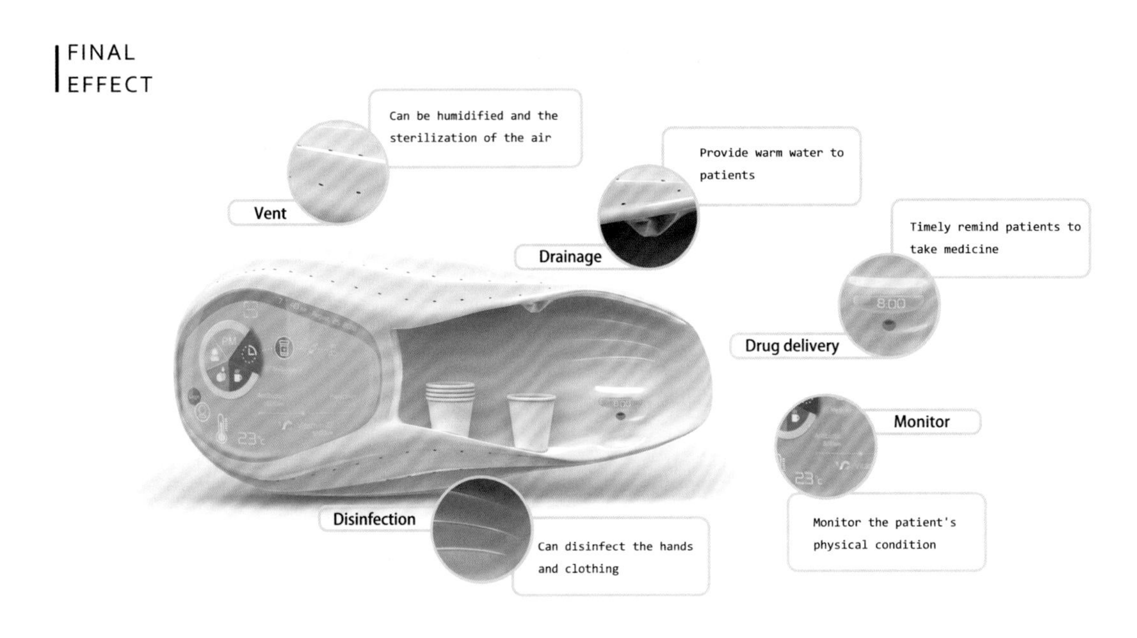


图 8.5 为病房设计的病患综合服务一体机 – 功能展示，设计者：王苾

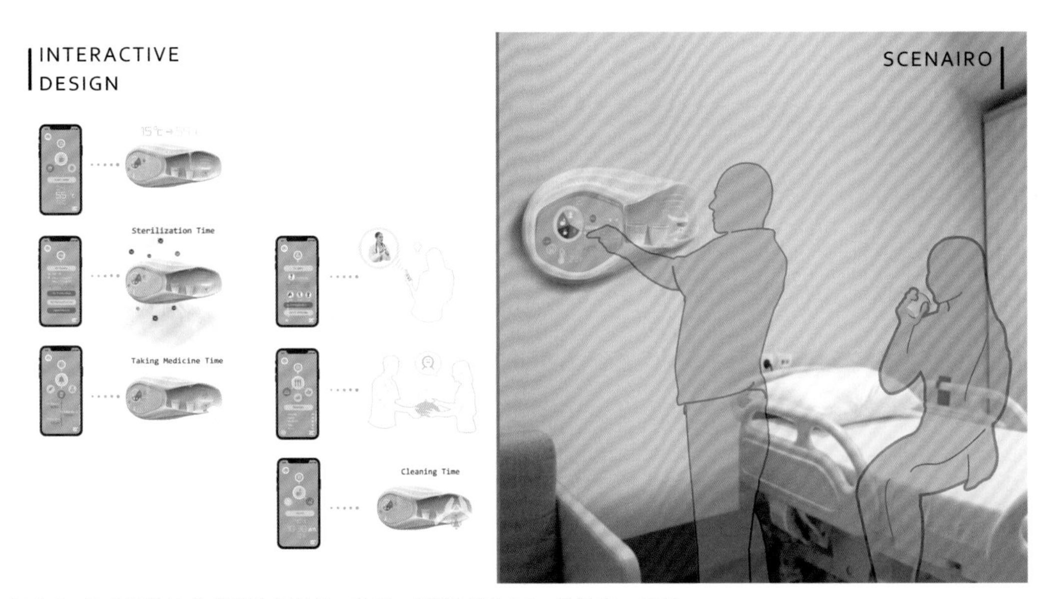


图 8.6 为病房设计的病患综合服务一体机 – 操控界面展示，设计者：王苾

3. 光环境对人机交互的影响

光环境是物理环境中的一个组成部分。对建筑物来说，光环境是由光照射于其内外空间时所形成的环境。因此，光环境形成一个系统，包括室外光环境和室内光环境。前者是在室外空间由光照射而形成的环境。它的功能是要满足户外使用者的物理、生理（视觉）、心理、美学、社会（指节能、绿色照明）等方面的要求。后者是在室内空间由光照射而形成的环境。它的功能是满足室内使用者的物理、生理（视觉）、心理、人机工程学及美学等方面的要求。

# 8.3 Interaction－系统中的互动

Interaction（互动）是指被研究者与其他人或者机器、物体之间的互动，这是活动的重要组成部分。设计师需要观察记录好人与人之间、人与环境中的物体之间的互动形式、规则，同时，也要思考这些互动的本质是什么，会产生怎样的影响。人机交互系统是由人和产品组成，通过人机之间的相互作用以实现特定功能的系统。人机交互系统是一个闭环系统，在这个系统中，人通过感官从被操作对象处获得信息，经过思维做出动作决策，由手、脚或人体其他部位执行，形成操作行为。操作的结果使产品进入新的状态，这种新状态从环境中或显示仪表中反映出新的信号，又可能使操作者做出新的操作。

本节案例是一个集合了空气净化、空气加湿、家庭地面清扫等功能的家庭助手，用户可以在手机中下载 App 完成设备各项操控功能的控制，这种人机交互方式已经应用于许多家电的设计之中，为用户创造了更便捷的使用方式（图 8.7 至图 8.9）。

针对工作过程中的人机交互系统的设计，应当保证使用者的健康和安全，改善他们的工作质量，增进工作绩效。改善人机交互系统需要关注以下几个因素：第一，工作场所的大小；第二，空间通风和温度调节；第三，按照当地的气候条件调节工作场所的热环境；第四，照明应为所需的活动提供最佳的视觉感受；第五，在为房间和工作设备选择颜色时，应考虑它们对亮度分布、视觉环境的结构和质量、安全色感受等的影响；第六，声学工作环境应避免有害的或扰人的噪声的影响；第七，传递给人的振动和冲击应避免引起身体损伤、病理反应和感觉运动神经系统失调。

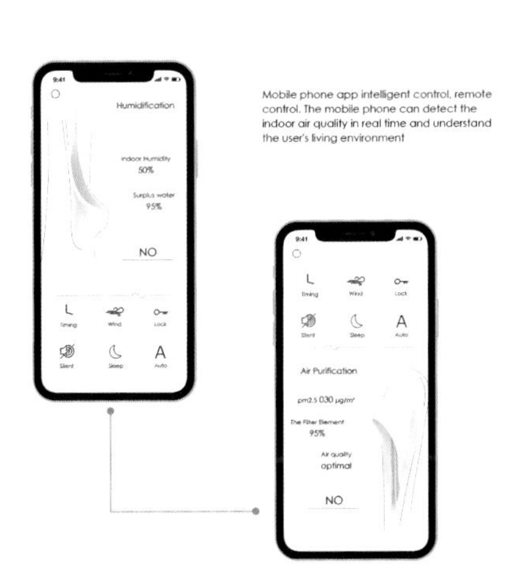

图 8.7　空气清洁集成家庭助手－人机交互系统设计（1），设计者：李港迟

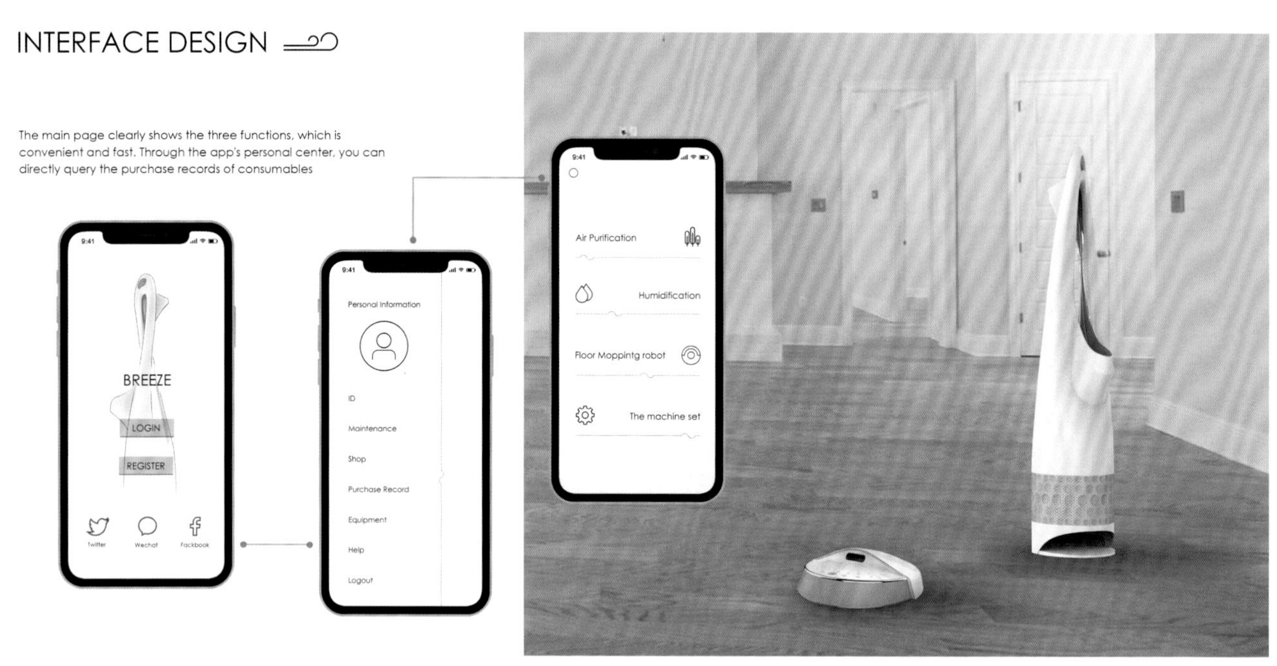


图 8.8 空气清洁集成家庭助手－人机交互系统设计(2)，设计者：李港迟

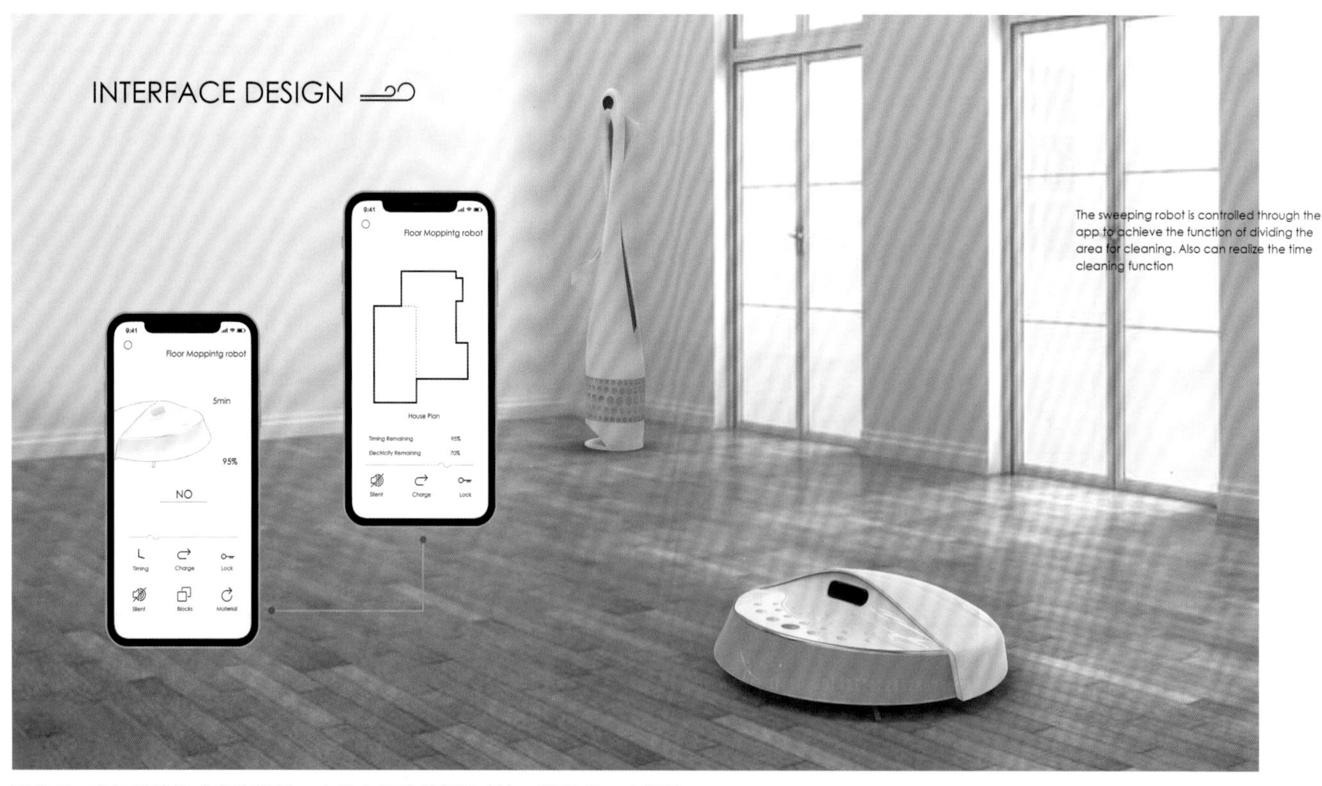


图 8.9 空气清洁集成家庭助手－人机交互系统设计(3)，设计者：李港迟

# 8.4　Objective－系统运行的目标载体

Objective 目标载体是人机环境系统的重要组成部分，它们的存在形式会影响到人机互动形式。所以，观察记录不仅关注人们使用哪些产品和设备，还有思考这些产品和设备与人类活动有什么关系，会有什么影响作用。人机交互系统中的目标载体是产品使用动机能够得以实现的具体条件，在具体设计时一般关注以下几个方面。

第一层面，产品应符合用户身体相关尺寸。在用户生活、工作中的产品尺度应适合使用者。例如，产品高度应适合操纵者的身体尺寸及所要完成的工作类型；座位应具有可调节性以适合人的生理特点；产品应满足人的操作和活动空间；操作器应设置在人体活动可及的范围内；产品的把手和手柄应适合人手功能的解剖学特征。

本节案例是孕妇专用游泳浮带设计，为了测试设计的各项功能是否满足用户的生理尺度和功能尺度，学生制作模型样机并亲身测试，以确保各项功能的可行性（图 8.10 至图 8.13）。

设计定位
Source of inspiration 灵感来源
专家建议：孕期要进行适量的运动，这样可以增强孕妇体质、控制血糖、减少妊娠糖尿病的发生，
并且有助于控制体重、缓解孕妇疲劳、改善孕妇心情
医疗保健人员和健身专家一致认为：游泳 是孕期非常适宜且安全的运动方式

To the benefit of

缓解身体不适：
头疼、腰痛、痔疮、
静脉曲张、便秘等



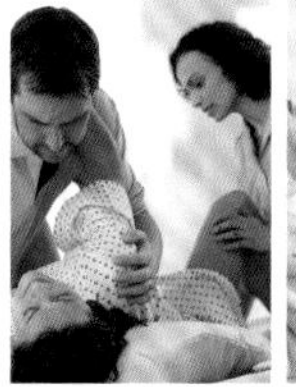

利于生产：
利于纠正胎位、增
加肺活量缩短产程

利于胎儿发育：
促进血液循环、增强
体质、缓解妊娠反应

利于产后恢复：
保持健美体形降低
恢复难度

Problem 解决问题





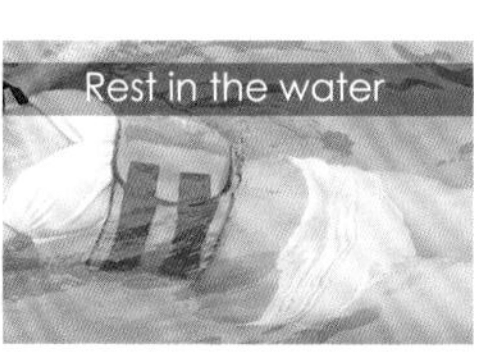

Rest in the water

Poor safety and comfort

No special products



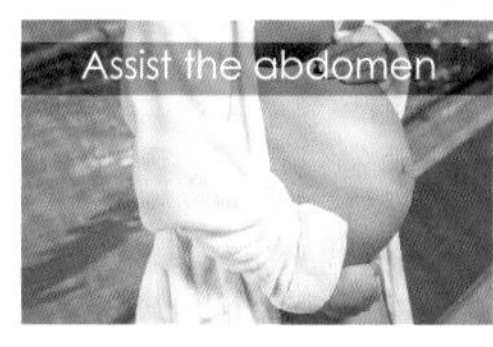

Assist the abdomen

产品方向：
孕妇专用游泳浮带
适应人群：
孕妇（以4~8个月为主）
希望游泳但担心游泳安全性，舒适性
希望减少孕期身体过多脂肪
希望缓解孕期身体不适，调节心情
适应环境：
泳池、海边等游泳场所
功能定位：
增大浮力，自然漂浮
托腹助力
安全固定，孕妇适用固定方式
孕妇标识，警示他人避让
品质定位：
中低端，大众消费



图 8.10　孕妇专用游泳浮带设计－设计定位，设计者：李唯一

## 草模型制作

● Lumbar support 腰椎托扶部分

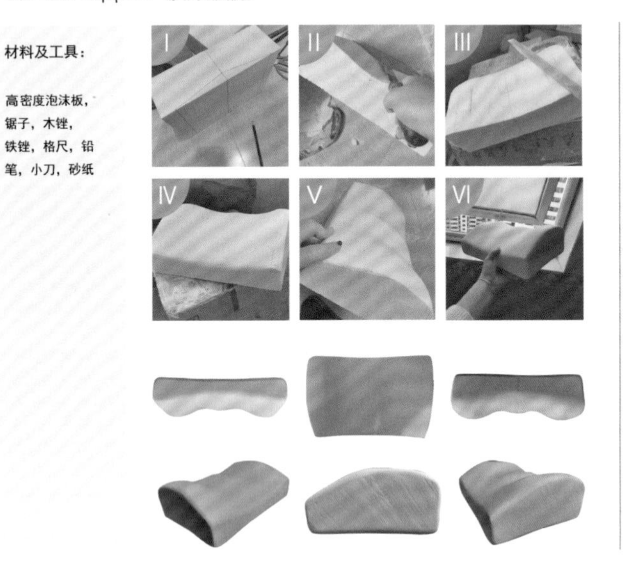

材料及工具：
高密度泡沫板，锯子，木锉，铁锉，格尺，铅笔，小刀，砂纸
I
II
III
IV
V
VI


● Flanking part 两侧包裹部分

材料及工具：

PVC材质气囊，卡扣尼龙带，松紧带，扣子，针线，剪刀，钉子

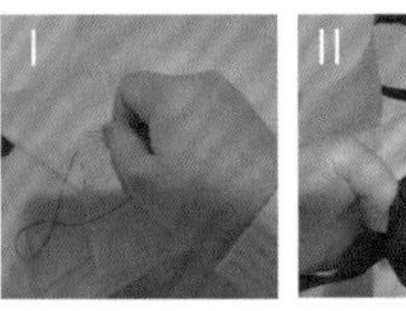

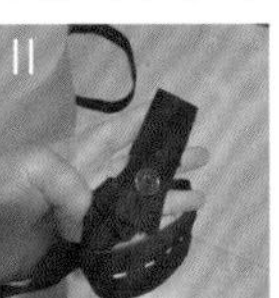

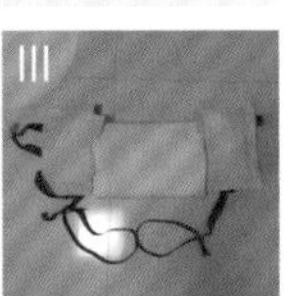

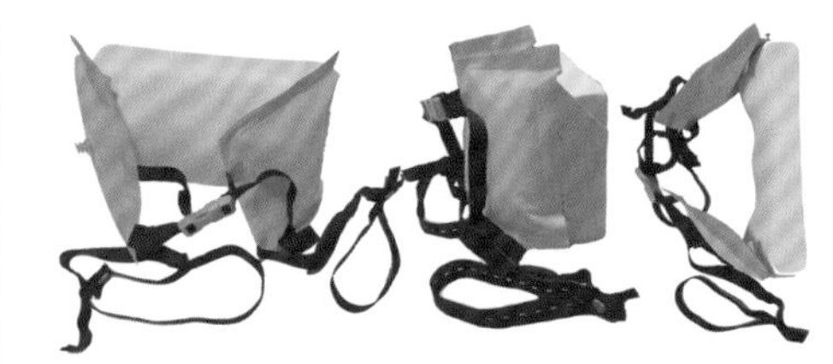

收获：本课题为孕妇专用游泳浮带，通过草模型的制作，加深了我对产品形态的理解，从产品舒适度、操作便捷性等方面调整了产品的形态与所使用的材料，为下一步计算机建模与渲染做了很好的准备

图 8.11 孕妇专用游泳浮带设计－草模型制作，设计者：李唯一

## 模型人机实验

● Wear test 穿戴测试

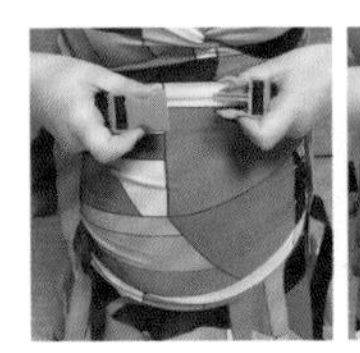
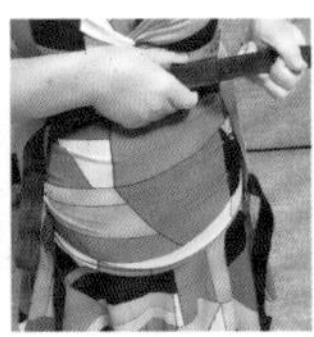
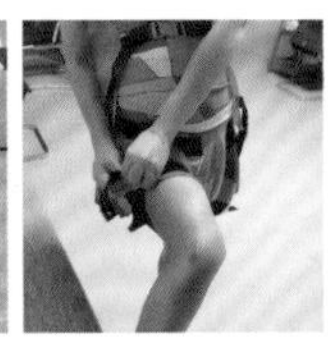
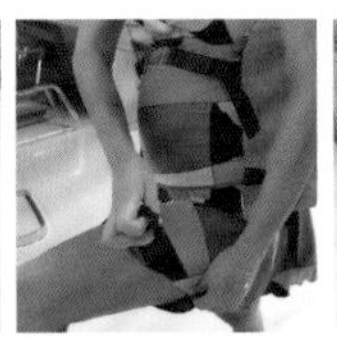
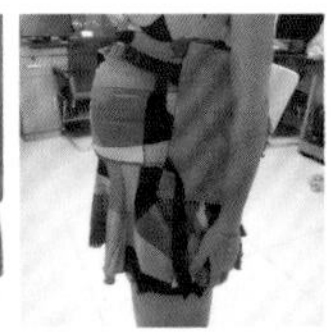
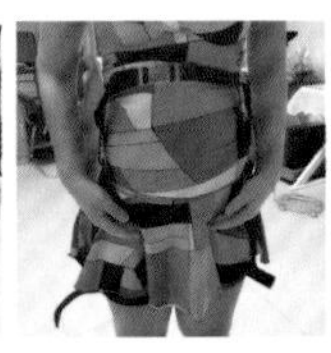

胸部下方固定：卡扣 ＋ 日字扣调节　　胸部固定：传统系扣 ＋ 日字扣调节　　穿戴完成

● Static and dynamic labor tests in water 水中 静态/动态 劳动测试

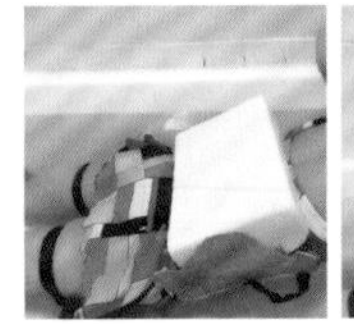

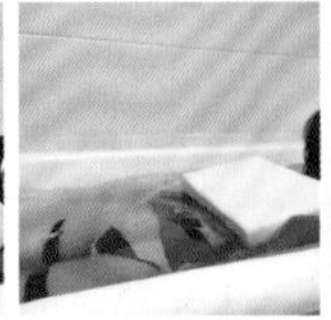
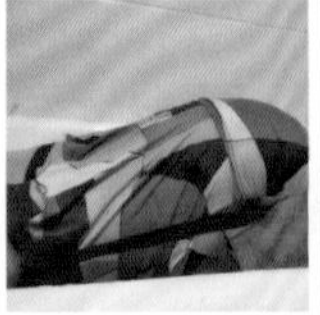
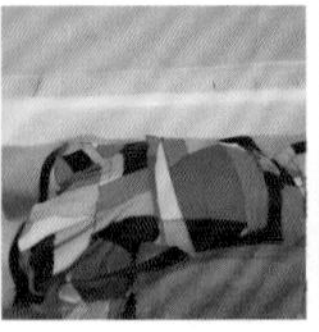

动态劳动：游泳模拟　　静态劳动：水中自然漂浮模拟

图 8.12 孕妇专用游泳浮带－模型人机实验，设计者：李唯一

方案渲染效果图

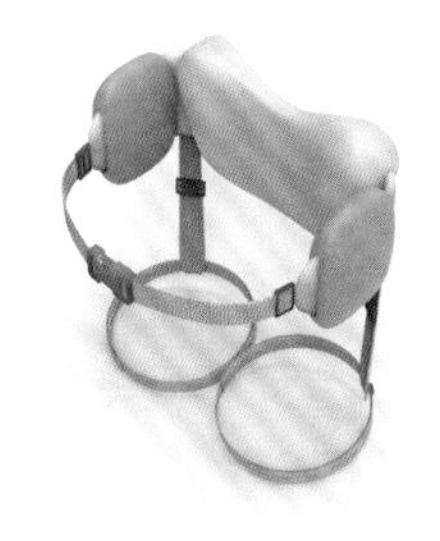

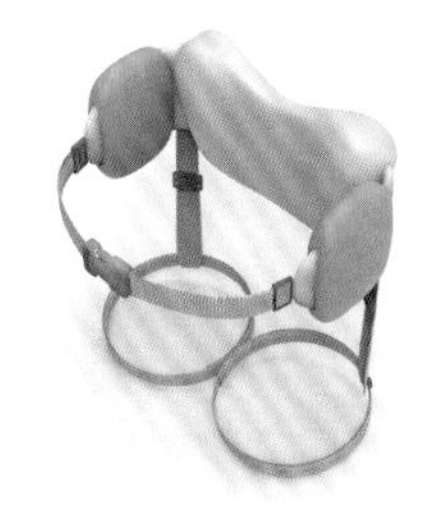

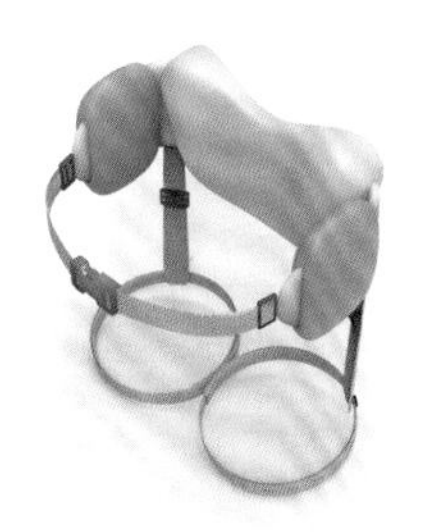

● Color schemes 配色方案

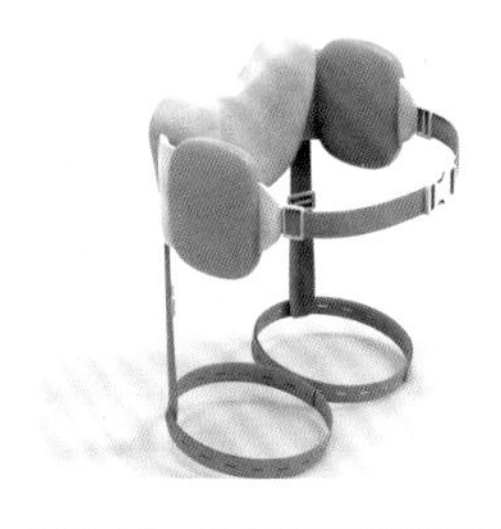

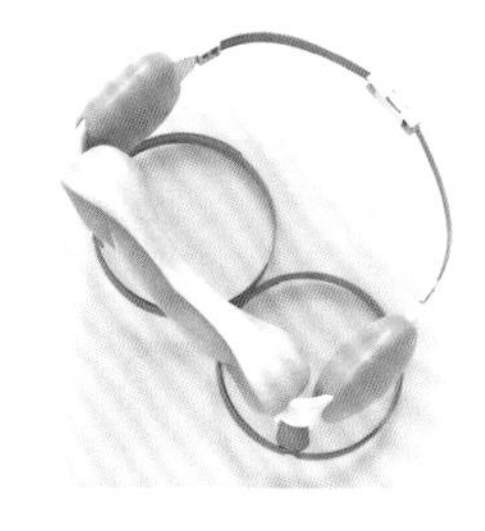

● Human body model aided measurement of human-machine dimensions

图8.13 孕妇专用游泳浮带－方案渲染效果图，设计者：李唯一

第二层面，产品应匹配身体姿势、肌力和身体动作需要。第一，在使用产品时，需要满足使用者交替转换姿态的需要；第二，如果操作某产品必须施用较大的肌力，则应通过采取合适的身体姿态或者提供适当的身体支撑进行缓解；第三，操作产品时应避免因某种身体姿势造成长时间静态肌紧张所导致的疲劳。

此外，在使用或操控产品时，对用户的身体动作的设计应注意以下几点：第一，身体各个动作间应保持良好的平衡感，为了能够长时间维持稳定，最好能在操控过程中灵活变换动作；第二，动作的幅度、强度、速度和节拍应相互协调；第三，对高精度要求的操作动作，不应要求使用很大的肌力。

第三层面，产品信号、显示器等操控系统设计规范。一个好的产品设计应协调人机环境之间的相互作用，在人机交互中所设定的标准为：第一，产品与人体的尺寸、形状及用力是否配合；第二，产品是否顺手或好用；第三，能否防止使用者操作时意外受伤和错用时产生危险；第四，产品的信息显示和语义符号在设置上能否使其意义毫无疑问地被辨认；第五，产品是否便于清洗、保养及修理。

# 8.5 Users－系统的使用者

Users（用户）是指研究课题中的利益相关者。除了研究的主要对象，设计师还要关注一下其他相关人员，他们的影响可能是正面的，也可能是负面的。用户对于人机交互系统起到主导作用，他们具体的行为动作，是为达到一定目的而进行的一系列动作的联合。产品使用者的活动可分为体力作业、技能作业和脑力作业。体力作业研究人的能耗、作业强度、作业效率、疲劳、恢复等问题；技能作业研究人的反射、学习和技能的形成；脑力作业研究人脑对信息的接收和处理。

本节案例是对孕妇的人机尺寸测量，通过观察她们的日常生活和行为习惯，完成为她们设计产品的各项尺寸参数的采集工作（图 8.14 至图 8.17）。

**状态分析**

**腕关节**：屈曲（掌屈）50°~60°，伸展（背伸）30°~60°，尺侧偏30°~40°，侧偏25°~30°
**肩关节**：上臂离开躯体侧方向外抬举，正常范围0°~180°
**内收**：上臂经躯体前向对侧肢体靠拢，正常范围0°~45°
**前屈**：上臂向躯体前方伸出并抬举，正常范围0°~180°
**后伸**：上臂向躯体后方伸出并抬举，正常范围0°~60°
**中立位旋转**：上臂下垂置于躯体侧方，屈肘做内、外旋转运动，正常范围内旋0°~75°，外旋0°~90°
**环转**：以肩胛骨关节盂为轴，上臂做圆周运动，全臂运动面呈圆锥形，正常运动范围0°~360°

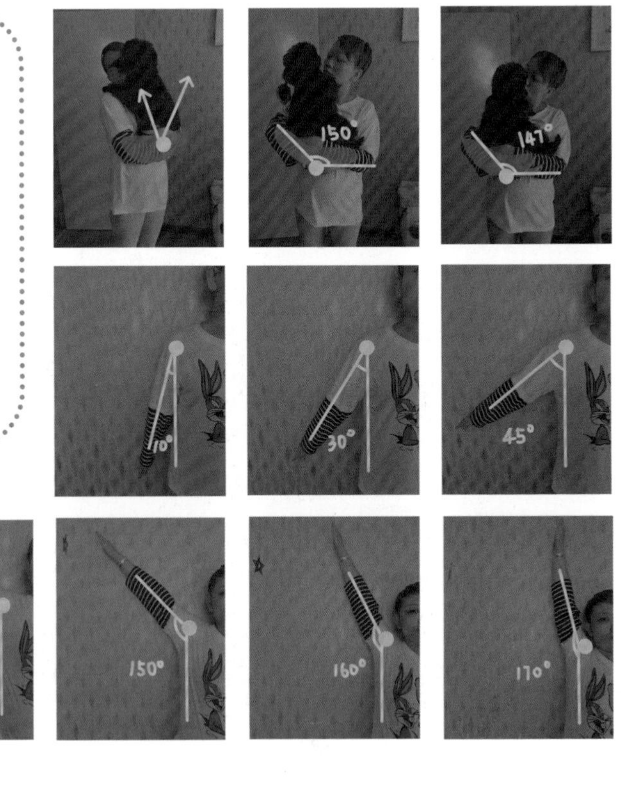

图 8.14　孕妇的人机尺寸测量（1），设计者：李唯一

● 穿鞋、弯腰、高处取物、下蹲取物模拟

图 8.15　孕妇的人机尺寸测量（2），设计者：李唯一

● 模拟结论

通过模拟孕妇弯腰、下蹲、触摸高处、穿鞋等活动，得出以下结论：

▶ 弯腰

弯角角度最大为45°，此活动对腹部有一定压迫

▶ 下蹲

下蹲难度极大，需叉开双腿，侧身将重心放于一条腿上，单膝跪地才可勉强完成动作

▶ 触摸高处

够高处时腰部必须有支撑，踮脚够东西时上身前倾且腹部过重易因重心不稳而跌倒

▶ 穿鞋

因下蹲困难且弯腰角度受限，孕妇自己穿鞋难度极大，同时因腹部过大而难以将单脚架在另一条腿上

【图 8.15】

● 卧姿模拟

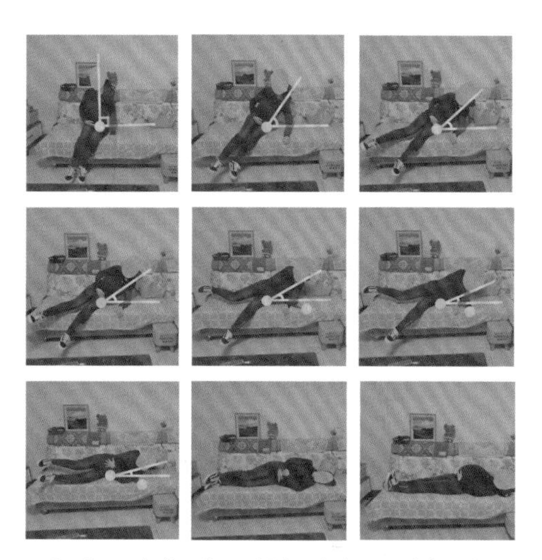

图 8.16　孕妇的人机尺寸测量（3），设计者：李唯一

● 坐姿模拟

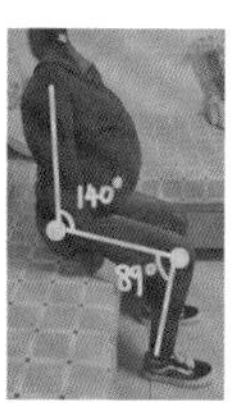
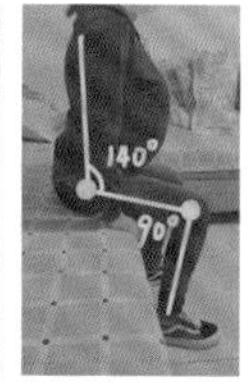

▶ 坐

1. 长久保持坐姿会腰酸背痛，脊柱压力大，需要辅助支撑
2. 起身时一般靠双手支撑，但重心不易集中，做弯腰动作困难，脚部需要稳固支撑

▶ 卧

1. 平躺时有窒息感，需要调整角度缓解脊柱压力和小腿酸肿的状况，如平卧时将脚部垫高，缓解水肿
2. 侧躺时有下坠感，重心不稳
3. 翻身时活动范围受限，脊柱压力大
4. 起身时比较费力，需要辅助支撑

▶ 心得体会

体会到了孕妇在怀孕后期的极度不便

【图 8.16】

● 上坡 下坡 上楼梯模拟

● 下楼梯模拟

•外八字行走

•肚子遮挡视线

•身体后倾步幅小

•上半身后倾

◀ 上楼梯

抬腿高度比普通人要小，上楼梯对腿部、膝盖等压力较大，扶手可起到一定支撑作用

▲ 下楼梯

腹部易遮挡视线看不清下一级阶梯，需稍侧身下楼梯以减轻对腹部的压迫，将上半身后倾，用手扶腰部下楼会更舒适

◀ 上坡

在上楼梯过程中更加费力

根据模拟孕妇的实验，孕妇平均步幅为35cm，小于成人正常平均步幅65cm，叉开双腿**外八字**行走更有利于减轻对腹部的压迫

图 8.17 孕妇的人机尺寸测量（4），设计者：李唯一

通过以上 4 个环节的分析，设计师将意识到，AEIOU 构成的人机工程学研究系统中的各部分都是相互关联、相互作用的。例如，好的使用环境可以为人机交互效率的提高做好基础保障。在人机环境系统中，美国著名心理学家马斯洛和米特尔曼认为，优秀的产品设计人机系统可以保证使用者收获如下体验：第一，有足够的自我安全感；第二，能充分了解自己，并对自己的能力有适度的估计；第三，生活的目标能切合实际；第四，与现实环境保持接触；第五，能保持人格的完整与和谐；第六，善于总结经验和学习；第七，能保持良好的人际关系；第八，能适度地表达情绪和控制情绪；第九，在不违背集体利益的前提下，能有限度地发挥个性；第十，在不违背社会规范的条件下，能恰当地满足个人的基本需要。

## 思考题

（1）人机系统中的行为包含哪些方面？

（2）不同类型的环境因素会对人造成哪些影响？

（3）改善人机交互系统需要关注哪些因素？

（4）如何设计人机交互系统运行的目标载体？

（5）好的用户体验标准有哪些内容？

# 第 9 章 产品设计人机工程学的设计流程

## 本章要点

1. 确立课题的注意事项。
2. 产品设计人机课题的前期调研内容。
3. 产品设计人机课题的设计目标。
4. 产品设计人机课题的原型呈现。
5. 产品设计人机课题的测试与迭代。
6. 产品设计人机课题的评估。

## 本章引言

人机工程学研究在各种类型的产品设计中均有涉及，并从始至终发挥着重要的作用，在课题确定之初，人机工程学可用于明确系统的目标，包括系统的功能和对安全、舒适、经济、效率等方面的要求。在项目前期的背景调研阶段，人机因素可以帮助设计团队调查系统的外部环境，了解系统环境、人机联系、作业方式等设计要求。在市场调研阶段，人机工程学研究可以帮助设计团队分析产品系统构成要素的情况，了解系统要素的设计要求，以及分析构成系统各要素的机能特性及约束条件，以此来优化人机的整体配合关系。在产品的原型输出阶段，人机工程学研究可以帮助设计团队确认人－机－环境各要素。在设计的评估阶段，可以利用人机工程学标准对方案进行评价，包括整体性、可靠性、安全性、高效性、经济性等方面。由此可见，人机工程学对产品的指导价值可以贯穿项目始终，并不断推动设计者实现创新和项目优化。

## 9.1 课题的确立

课题的确立一般分为几种情况：第一，课程给定或限定研究课题，学生按照课题方向（如为视力障碍者设计导盲杖）开展相关的设计研究；第二，课程给定设计方向，学生在一定范围内（如为社会弱势群体的服务设计）去寻找个人的关注点；第三，从某个社会事件或社会热点问题入手（如大数据所带来的个人信息泄露危机）去洞察自己的设计切入点，进而确定课题；第四，学生根据自己的兴趣点选择课题。

结合鲁迅美术学院工业设计学院的“产品设计人机工程学”课程的授课经历，授课教师会给出设计方向并限定范围，让学生自主寻找目标用户，进而为他们做出产品设计。2021—2022 年的课题是：寻找身边需要帮助的人。学生以团队的形式进行实地调研和观察采样，去寻找他们的目标用户，通过分析目标用户的困难，解决问题的价值和影响，现有解决方案的不足等，验证课题的可行性和必要性。接下来，将引用 2021—2022 年“产品设计人机工程学”课程中 3 个优秀课题作业来进行产品设计人机工程学设计流程的相关介绍。

## 9.2 时间任务清单

在确定课题的目标用户后，学生首先会以团队的形式完成目标用户的前期调研，然后根据调研内容寻找自己的具体课题，最后再以个人的方式完成一项面向目标用户的具体设计任务。在设计正式开始之前，教师安排每个团队列出具体的任务清单，并根据 5 周的课程时间细分，以确保各项设计任务能够顺利完成。图 9.1 至图 9.3 分别为 3 个优秀课题作业的时间任务计划。

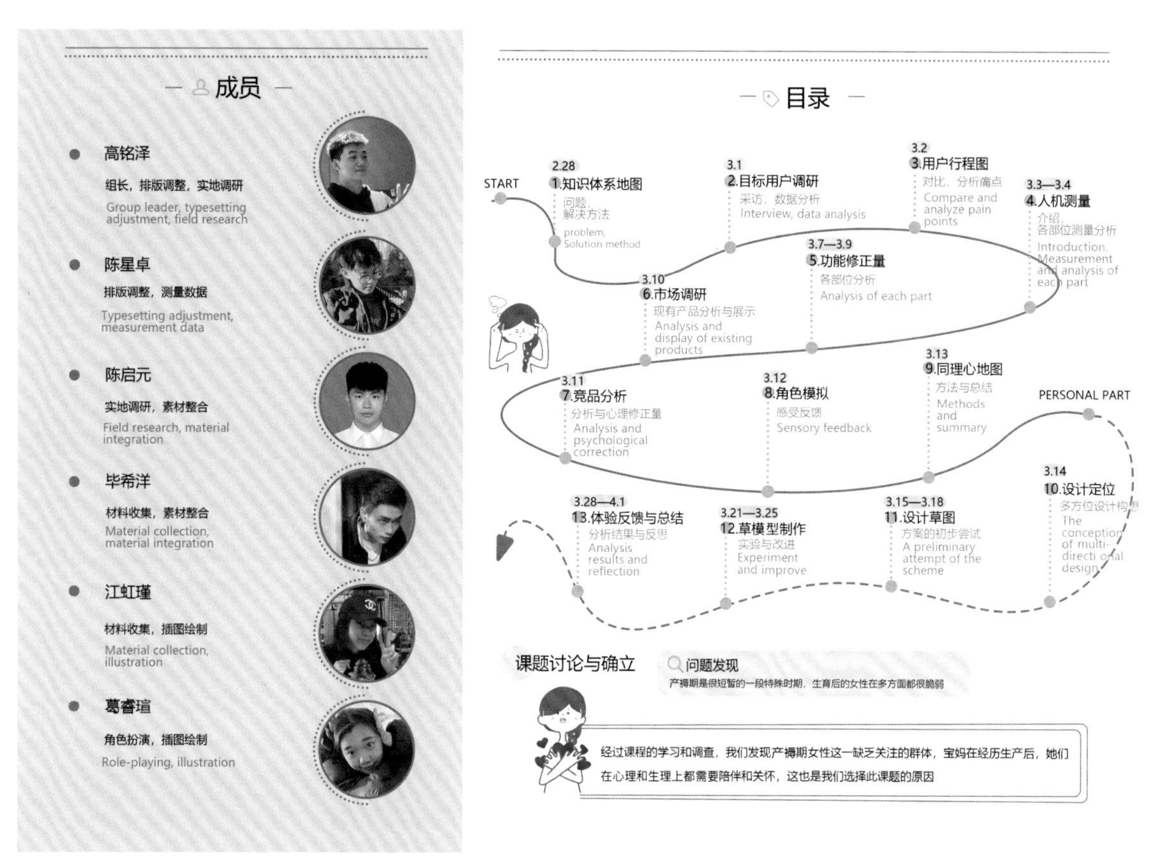


图 9.1　为产褥期女性而设计 - 时间任务计划，设计者：高铭泽

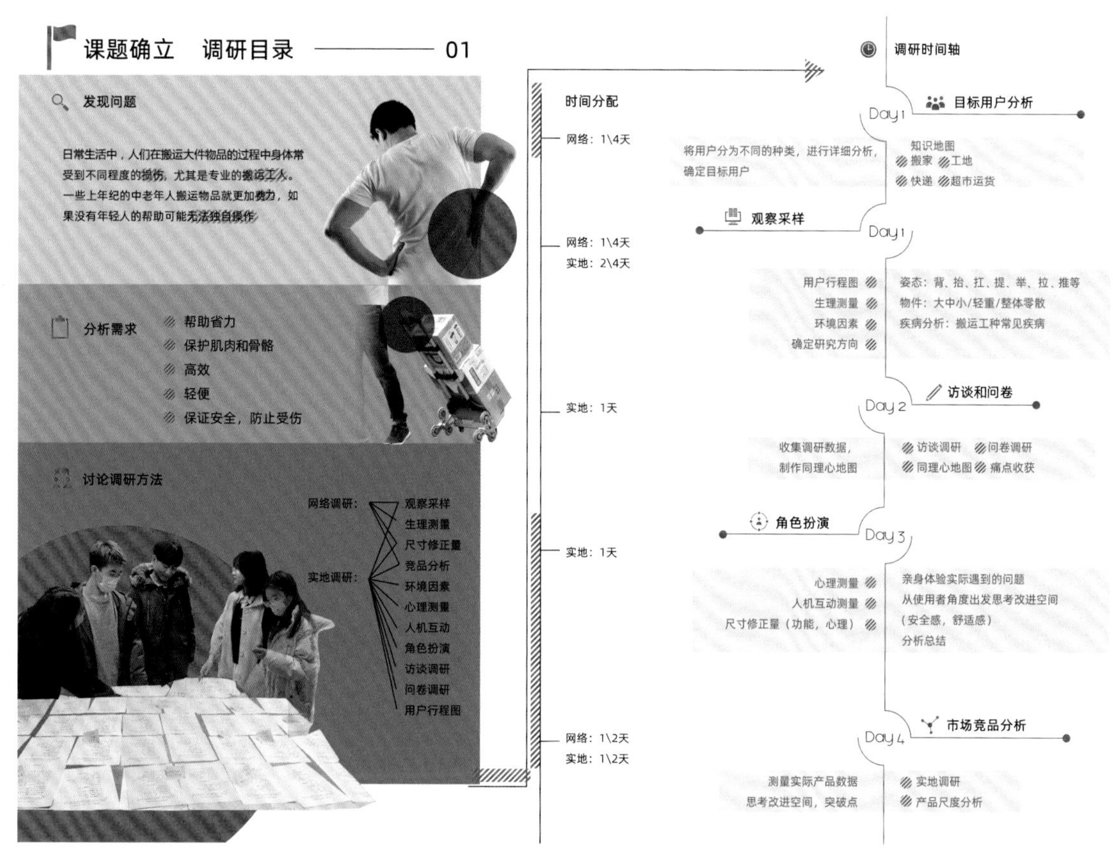


图 9.2　为搬运工人而设计 - 时间任务计划，设计者：孙彬

| 目录与任务进程表

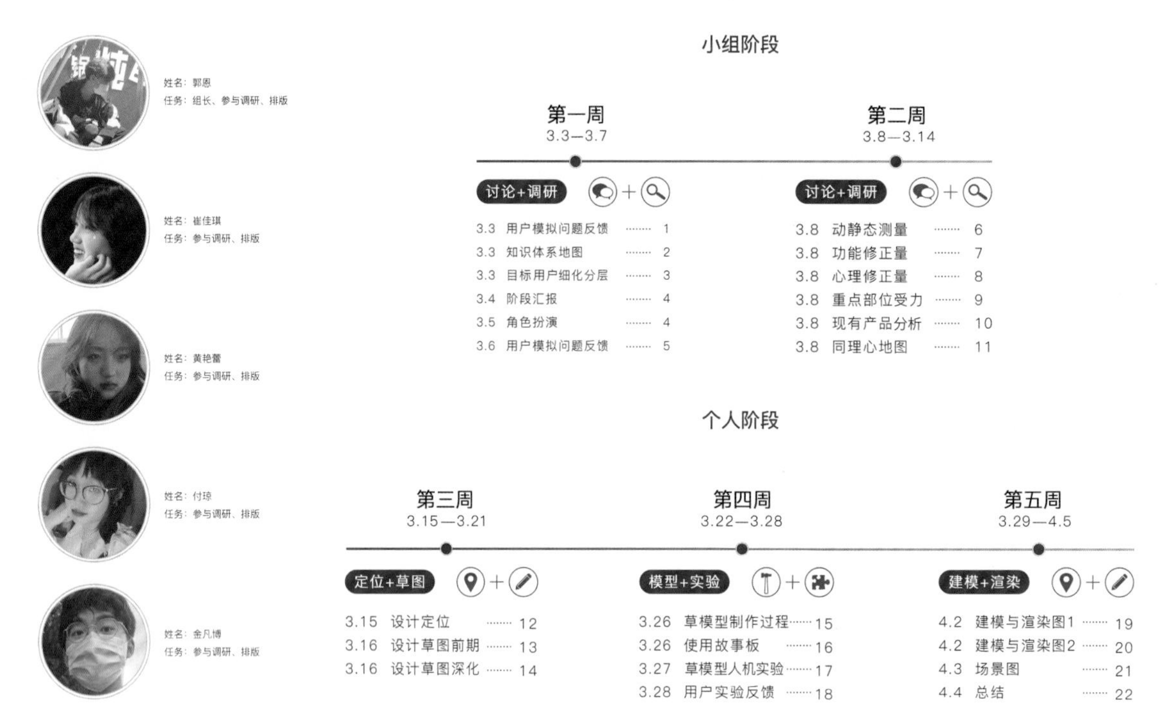

姓名：郭恩
任务：组长、参与调研、排版
姓名：崔佳琪
任务：参与调研、排版
姓名：黄艳蕾
任务：参与调研、排版
姓名：付琼
任务：参与调研、排版
姓名：金凡博
任务：参与调研、排版
小组阶段
第一周
3.3—3.7
讨论+调研
3.3 用户模拟问题反馈 …… 1
3.3 知识体系地图 …… 2
3.3 目标用户细化分层 …… 3
3.4 阶段汇报 …… 4
3.5 角色扮演 …… 4
3.6 用户模拟问题反馈 …… 5
第二周
3.8—3.14
讨论+调研
3.8 动静态测量 …… 6
3.8 功能修正量 …… 7
3.8 心理修正量 …… 8
3.8 重点部位受力 …… 9
3.8 现有产品分析 …… 10
3.8 同理心地图 …… 11
个人阶段
第三周
3.15—3.21
定位+草图
3.15 设计定位 …… 12
3.16 设计草图前期 …… 13
3.16 设计草图深化 …… 14
第四周
3.22—3.28
模型+实验
3.26 草模型制作过程 …… 15
3.26 使用故事板 …… 16
3.27 草模型人机实验 …… 17
3.28 用户实验反馈 …… 18
第五周
3.29—4.5
建模+渲染
4.2 建模与渲染图1 …… 19
4.2 建模与渲染图2 …… 20
4.3 场景图 …… 21
4.4 总结 …… 22


图 9.3　为帕金森病患者而设计 – 时间任务计划，设计者：金凡博

# 9.3　知识体系地图

以目标用户角度切入的设计课题可以给设计团队清晰的研究目标，在明确设计的各项任务后，团队就进入了设计的前期研究阶段，为了拉近设计者与目标用户的距离，让团队对目标用户有更全面、深入的了解，首先，团队将为目标用户建立知识体系地图，它是一种揭示事件之间关系的语义网络。在设计中，设计团队需要先收集相关信息，然后根据逻辑关系建立信息之间的联系，形成发散的知识体系。在此过程中，设计师的重要价值在于尽可能地对知识体系地图进行可视化设计，以生动地展示各项信息，进而帮助设计团队寻找设计切入点。图 9.4 至图 9.6 分别为 3 个优秀课题作业的知识体系地图。

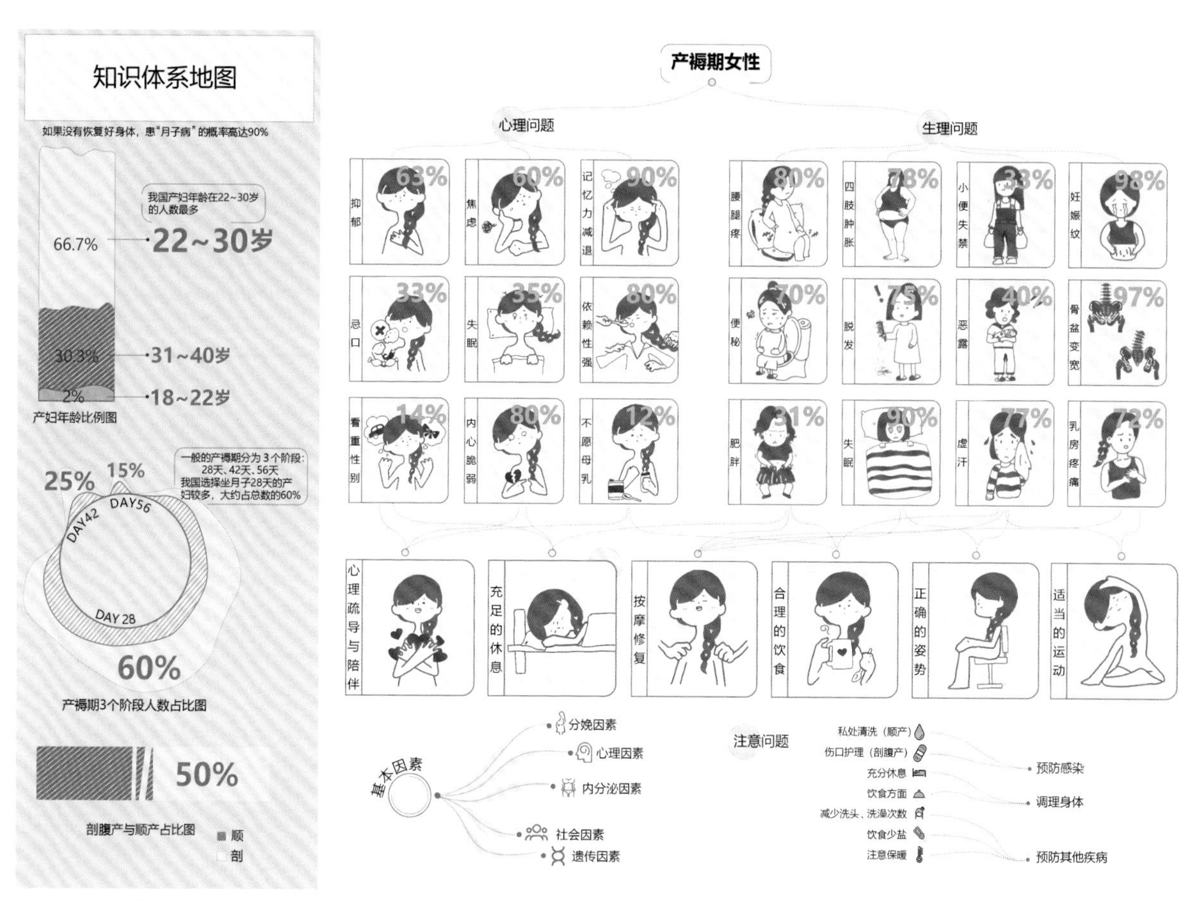


图 9.4　为产褥期女性而设计 – 知识体系地图，设计者：高铭泽

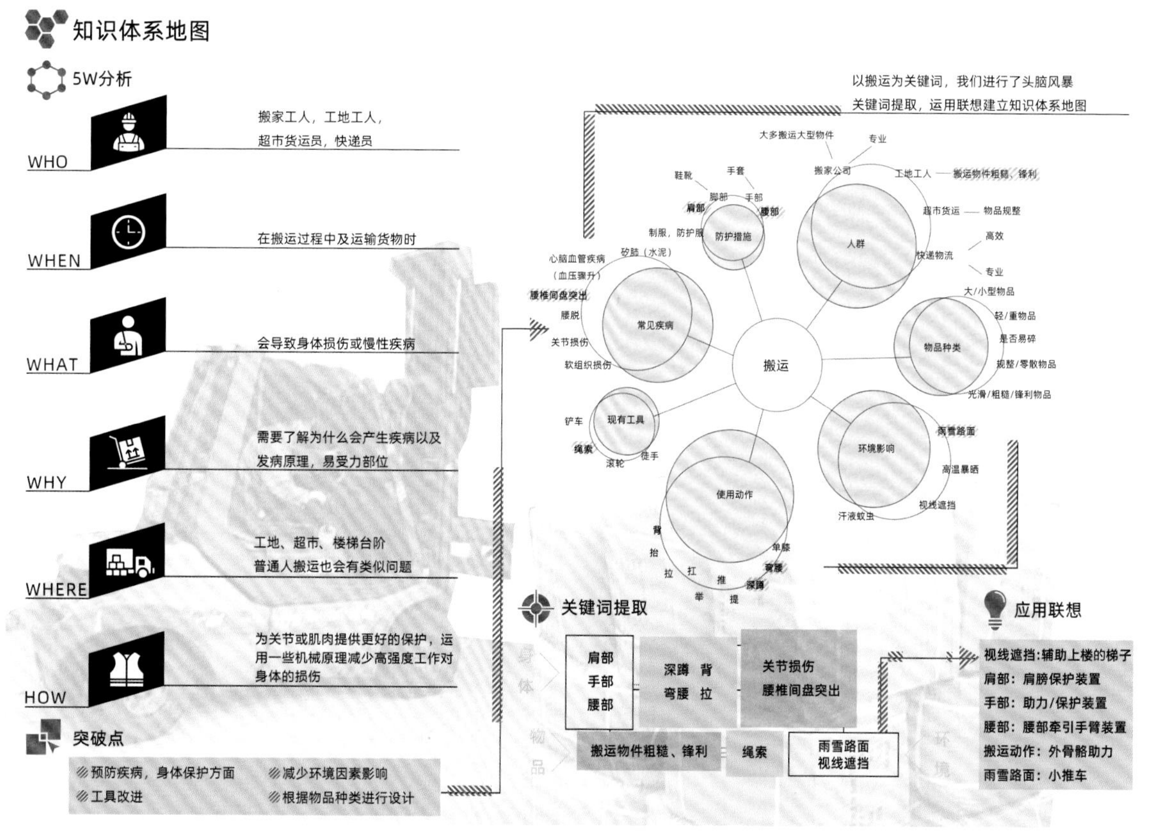


图 9.5　为搬运工人而设计 – 知识体系地图，设计者：孙彬

## 知识体系地图

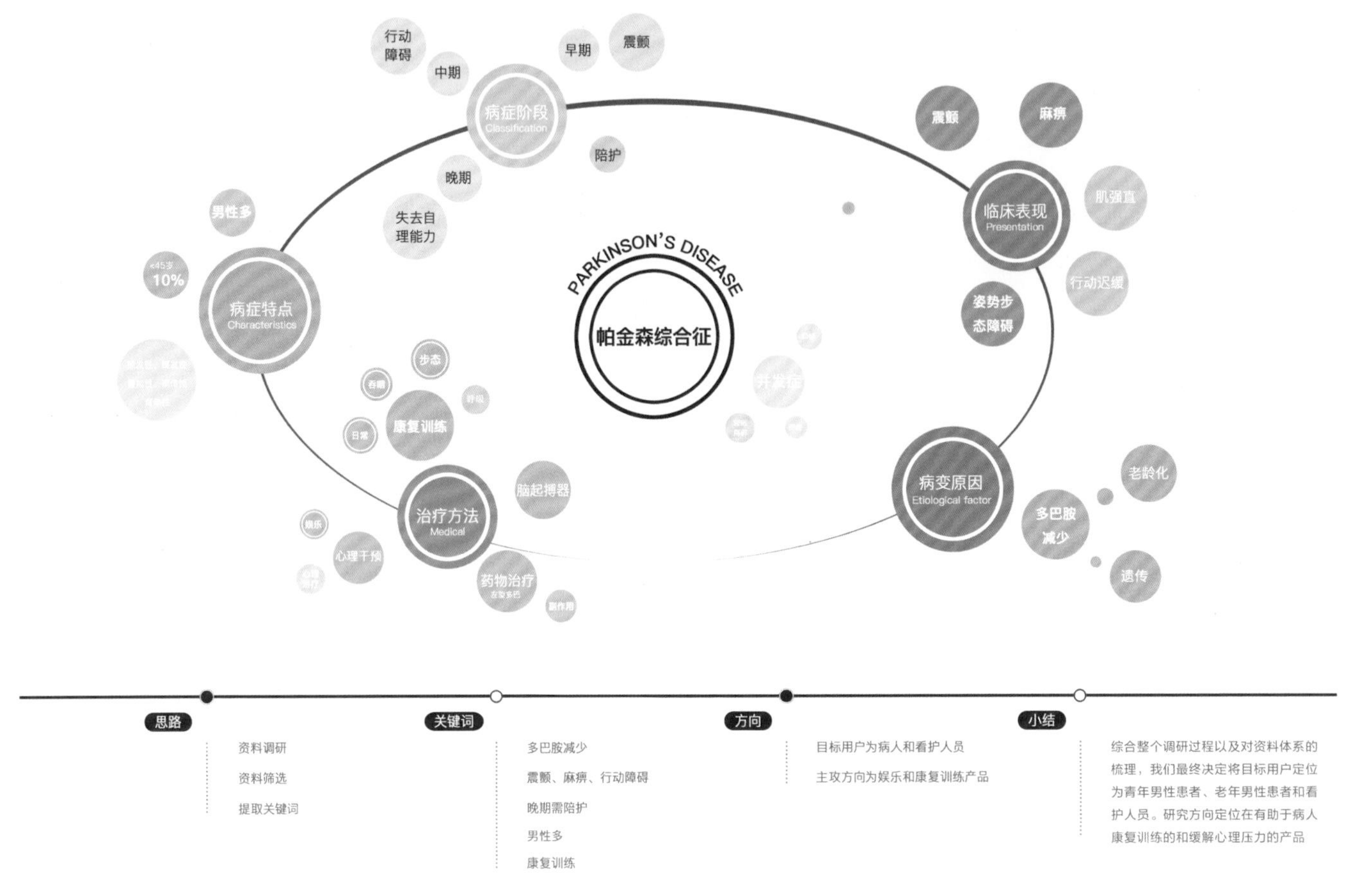


图 9.6　为帕金森病患者而设计 - 知识体系地图，设计者：金凡博

# 9.4　目标用户实地观察

围绕目标用户展开的调研，除了对目标用户的实地观察，还要对他们生活、工作的人机环境系统进行分析，了解其在不同情境下，会如何使用产品完成工作或解决生活中的各种问题。目标用户实地观察需要设计团队采用两种观察模式：第一种是参与式观察，在正式观察中，首先对所有观察者进行培训，使其明白每一种行为的定义和范围，避免出现模棱两可的行为；另一种是开放式观察，带有一定的随机性，可以获得目标用户真实的行为，但后期整理、筛选有用信息耗时较多。通过目标用户实地观察可以收集到大量资料，包括丰富的照片、视频、录音、图画等，记录的文字也常以描述性的为主。图 9.7 至图 9.9 分别为 3 个优秀课题作业的目标用户行程图、目标用户工作情景观察和目标用户病症观察。

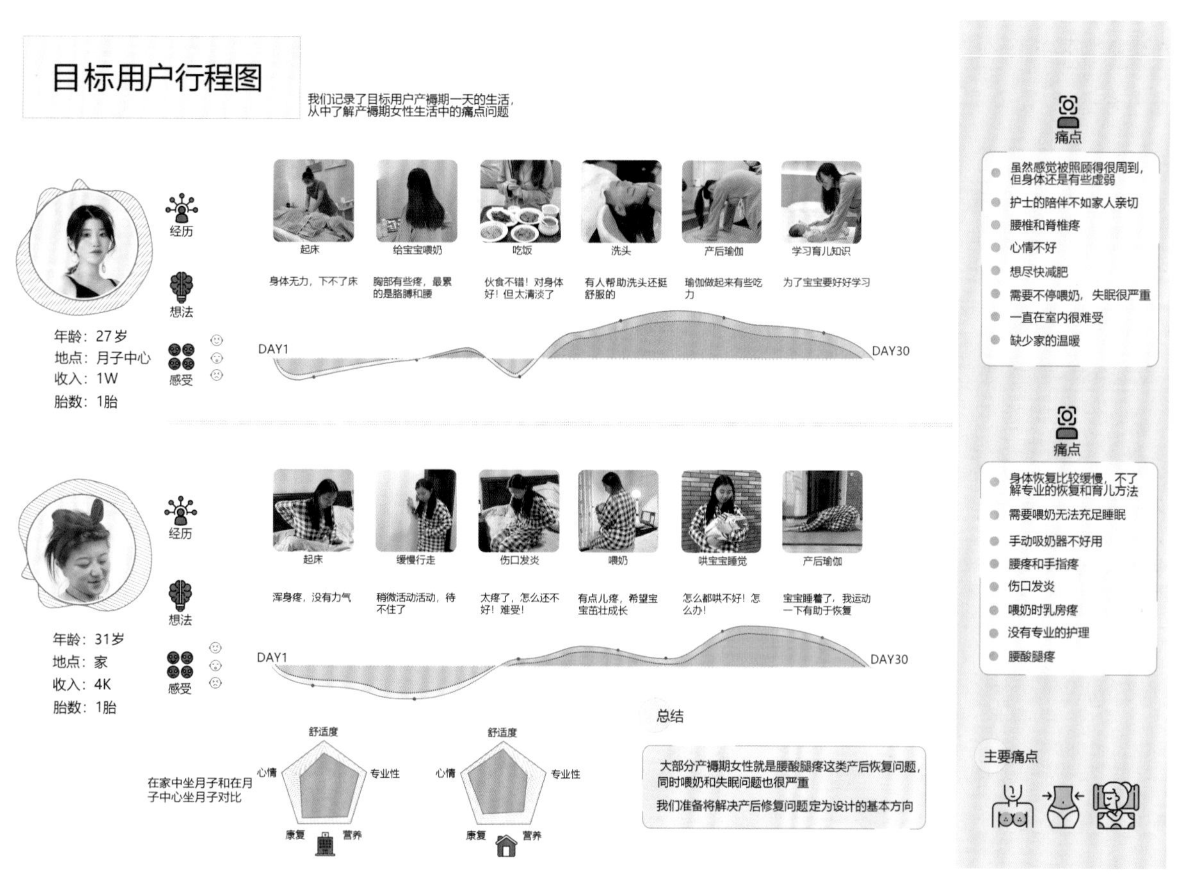


图 9.7　为产褥期女性而设计－目标用户行程图，设计者：高铭泽

图 9.8　为搬运工人而设计－目标用户工作情景观察，设计者：孙彬

重点部分受力分析

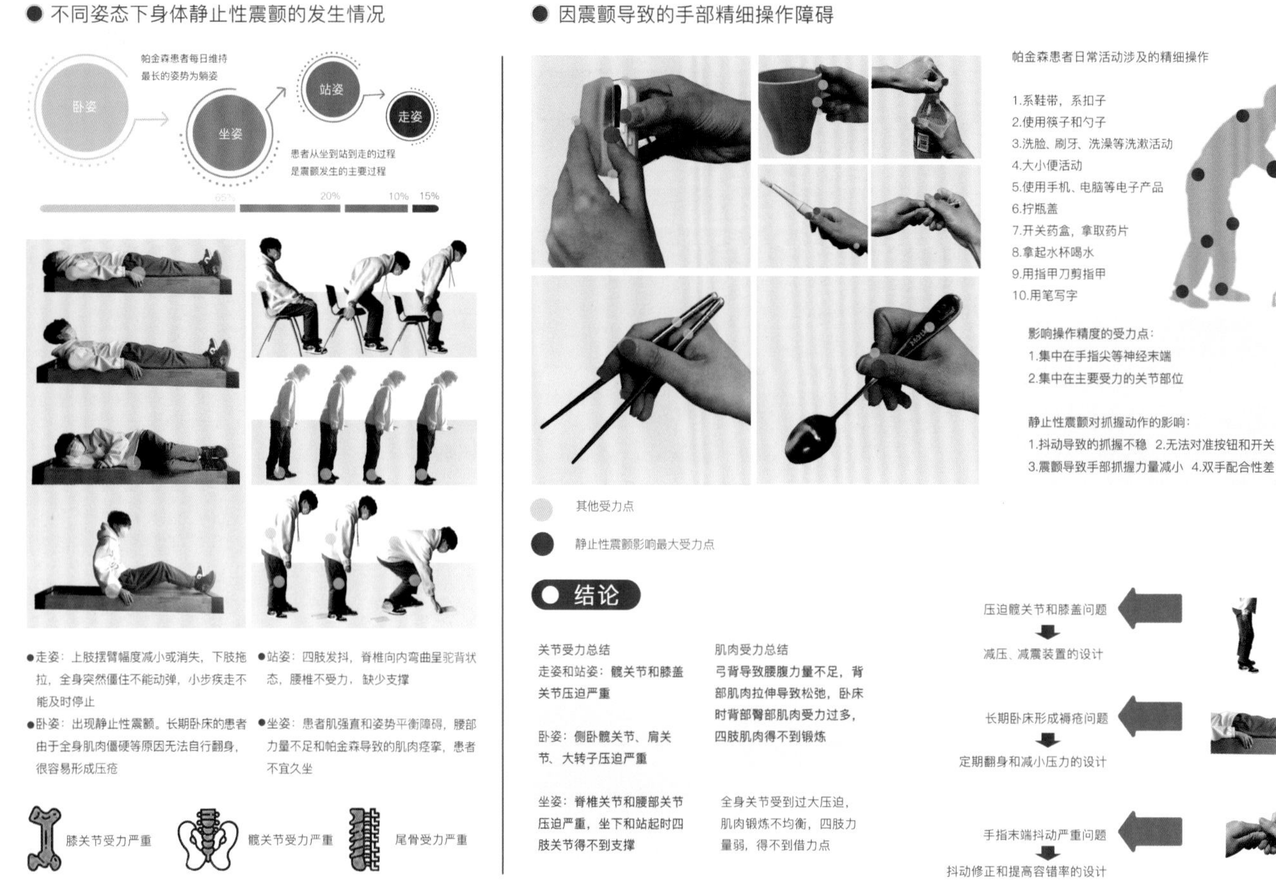


图 9.9　为帕金森病患者而设计－目标用户病症观察，设计者：金凡博

# 9.5　目标用户画像

根据知识体系地图和对目标用户的实地观察，设计团队对目标用户的类型分类、行为特征、工作内容、日常生活习惯、生活中的困难、经常使用的产品等都有了深入的了解，但是这些信息大多数来源于网络调研，属于二手调研资料，想要了解目标用户的真实现状，教师应推荐学生进行实地的目标用户调研。运用实地观察、用户访谈、调查问卷等方式，将目标用户细化分层为有代表性的类型，并建立目标用户画像，以获得目标用户生活和工作的真实状态，以寻求目标用户的需求和期望。图 9.10 至图 9.12 分别为 3 个优秀课题作业的目标用户调研、目标用户分析和目标用户细化分层。

## 目标用户调研

选择4位不同年龄阶段、不同生产方式、不同胎数、不同地点的产褥期女性进行了采访，并根据采访结果进行了总结

小组讨论

制定采访问卷

锁定目标人物

### 目标用户采访

姓名：姜悦
年龄：31岁
职业：教师
生产方式：顺产

地点：咨询月嫂在家里度过产褥期
体重变化：怀孕时胖了20~30斤，坐月子期间瘦了20斤左右
心理状况：无
生理问题：**腰疼、手指疼。**从怀孕九个月开始就不能弯曲，血液不循环
辅助产品：束腹带
注意事项：**清淡饮食 不能受风** 减少看手机的时间
运动：轻微的瑜伽运动 月子操

姓名：王晓瑜
年龄：27岁
职业：婚礼设计
生产方式：顺产

地点：月子中心
体重变化：产前144斤，月子期间120斤，逐渐减轻
心理问题：想尽快投入工作，但**身体状况较差**
生理问题：走路时间长会出汗且感疲惫
运动：瑜伽
饮食：月子餐
需求：哄娃神器
辅助用品：美德乐吸奶器

姓名：韩笑
年龄：40岁
职业：教师
生产方式：剖腹产

地点：咨询月嫂在家里度过产褥期
心理问题：一胎时**紧张害怕**，二胎时就平缓很多
生理问题 · 腿部肿胀
· 一胎时身体虚弱，二胎时情况加重，有时需要吸氧
· 一周之内**伤口会疼**
· 身体整体比较虚弱
· 只能侧身躺，**腰椎脊椎疼**
困扰：**妊娠纹**，形体变化

姓名：孟晓雯
年龄：42岁
职业：自由职业者
生产方式：剖腹产

地点：月子中心
心理问题：没有太明显的情绪问题
生理问题 · **腿脚和手部肿胀**
· 产后一两天一直在呕吐
· **伤口会疼**
· **涨奶**胸部很疼
· 身体虚弱
困扰：**没有太多力气**去照顾孩子

### 数据分析总结

**数据对比**

| | | 心理状态 | 生理状态 | 恢复速度 |
|---|---|---|---|---|
| 胎数 | 一胎 | 紧张、害怕 | 虚弱 | ◷◷ |
| | 二胎 | 比一胎要平缓 | 比一胎身体状况差 | ◷ |
| 生产方式 | 顺产 | 紧张、害怕 | 骨盆恢复，疼痛比剖腹产少 | ◷◷ |
| | 剖腹产 | | 有术后并发症的风险以及伤口痛 | ◷ |
| 地点 | 月子中心 | 专人照顾，在身体恢复和育儿方面无压力 | 身体恢复仪器全面 | ◷ |
| | 家里 | 行动自主，育儿方面没有月子中心轻松 | 经验不足易有困扰的问题 | ◷ |

**产后护理**

**产后生理问题**

**对现有产品的反馈**

吸奶器续航时间不足，手动的吸奶器不好用

托肚子的产品会压迫颈椎

**心理问题**

大多数心理上的负担来源于产后身体形体发生了改变的困扰。当今社会女性的工作需求以及身体暂时十分虚弱的无力感

总结：

**要根据产妇不同的生产方式等因素考虑不同用户的需求差别，兼顾女性特殊时期的心理状况，针对痛点进行设计**

图 9.10 为产褥期女性而设计－目标用户调研，设计者：高铭泽

## 目标用户分析

根据实地调研，我们发现涉及搬运工作的主要人群为搬家工人、快递员、工地工人和超市货运员，我们选择了不同年龄段且出现一些身体状况的搬运工人

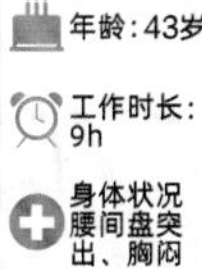

职业：搬家工人
年龄：43岁
工作时长：9h
身体状况 腰间盘突出、胸闷

搬家工人在工作时，需要搬运抬举床、衣柜等超重物站立或行走，腰部会受到很重的负载。长年累月的过度负载劳动，容易导致肢体肌肉韧带关节的慢性损伤

**痛点**

风险相对最高，但几乎没有安全防护，极易出现安全事故且患职业病概率大

职业：超市货运员
年龄：27岁
工作时长：8h
身体状况 关节疼痛

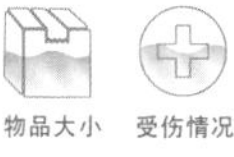
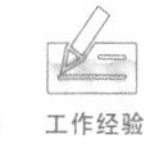

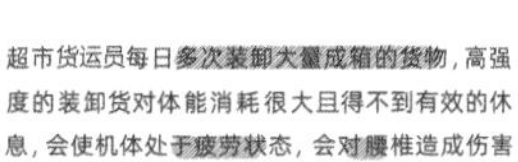

超市货运员每日多次装卸大量成箱的货物，高强度的装卸货对体能消耗很大且得不到有效的休息，会使机体处于疲劳状态，会对腰椎造成伤害

**痛点**

风险相对较高，有安全防护但不完善，极易患职业病，腰椎一般不好

职业：快递员
年龄：24岁
工作时长：12h
身体状况 偶尔腰酸

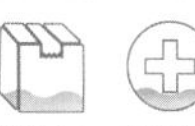

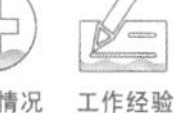

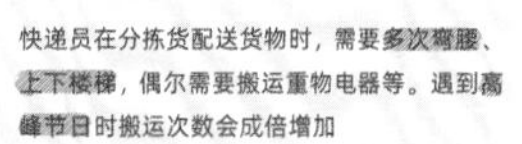

快递员在分拣货配送货物时，需要多次弯腰、上下楼梯，偶尔需要搬运重物电器等。遇到高峰节日时搬运次数会成倍增加

**痛点**

风险相对较低，但会出现高峰期。高峰期易出现危险，体力透支极大

职业：工地工人
年龄：37岁
工作时长：8h
身体状况 腰肌劳损 咳嗽

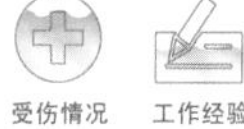
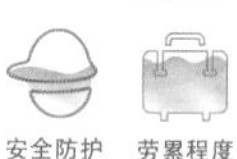

工人在搬运混凝土砖、瓦时，大量的粉尘会对呼吸道造成损害，长期吸入粉尘，会刺激肺部和气管。另外长期从事重体力劳动，会对腰椎颈椎有损伤

**痛点**

风险相对较高，虽然有安全防护，但由于粉尘较多，所以患心肺疾病概率大

**用户共同点：搬运姿势**

经过分析，我们发现目标用户常用的搬运姿势是相同的，分别是以下7种。后续我们会围绕这些姿势进行研究

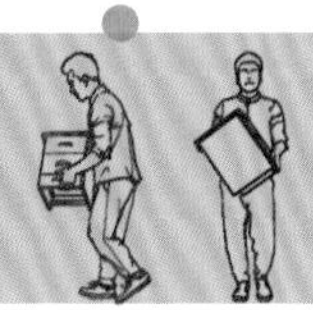

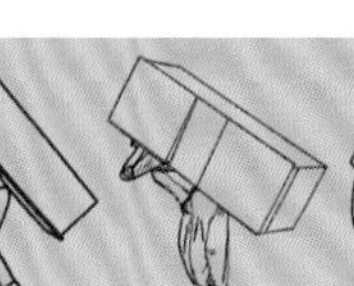

图 9.11 为搬运工人而设计－目标用户分析，设计者：孙彬

**| 目标用户细化分层**

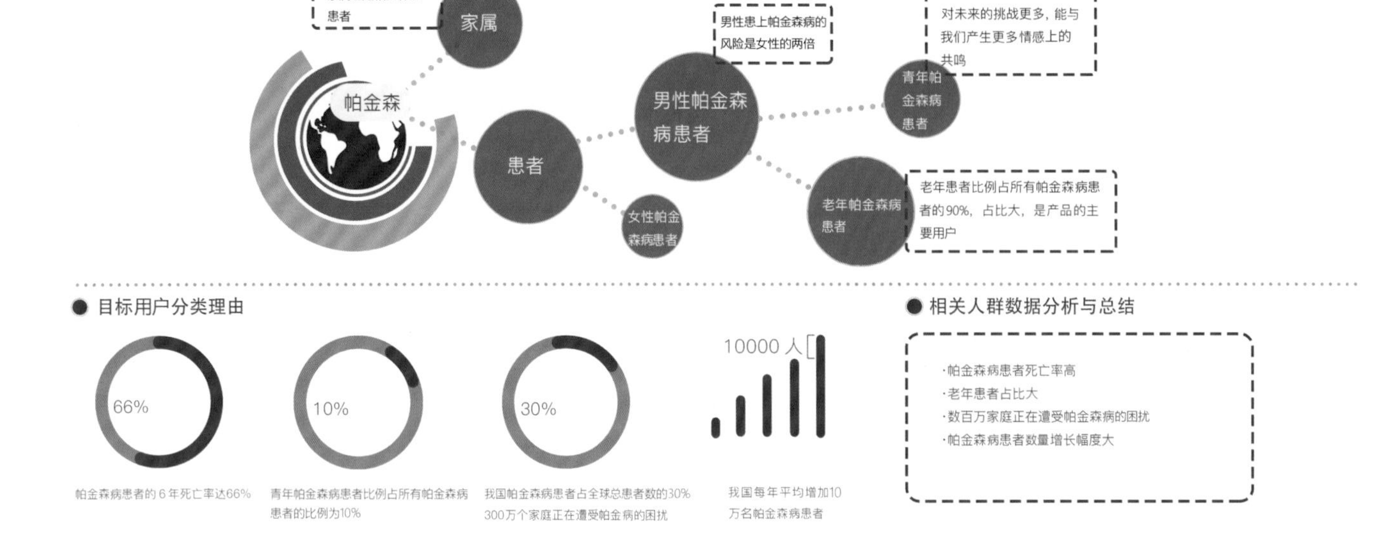


● 人物设定

王大妈
性别：女
年龄：54岁
帕金森病患者的妻子，每天搀扶丈夫起床和上厕所，肩膀常年酸痛，总是担心老伴在家里摔倒。看着老伴吃饭走路都会颤抖

李爷爷
性别：男
年龄：65岁
病症：帕金森病晚期，头脑清醒，长期卧床
患有帕金森病的退休工人，瘫痪在床，生活不能自理，需要有人24小时陪护和照料

小吴
性别：男
年龄：22岁
病症：四肢颤抖，勉强可以自理
患有帕金森病，乐观向上的在校大学生，勇于和病魔作斗争的积极青年，积极锻炼身体，始终怀抱希望，相信未来会更好

图 9.12 为帕金森病患者而设计 – 目标用户细化分层，设计者：金凡博

# 9.6 目标用户静态尺度测量

根据目标用户画像，设计团队可以进一步缩小目标用户的范围。例如，在最初阶段，团队的目标用户是孕期女性，随着用户细分，研究目标可能会细化为孕早期或孕晚期的女性，这样接下来的设计针对性会更强，也容易生成具体设计方案，同时，也可以节省后期调研的时间和精力。设计团队可以锁定目标用户不断加深研究。用户的静态尺度又称人体结构尺度，是根据人体固定状态下的标准而测定。例如，站姿、坐姿、跪姿和卧姿 4 种基本姿势，均为常见的人体结构尺度的测量姿势。结合具体设计目标的人体静态尺度测量，不必对身体的各项尺度都进行测量，只需选择对设计有价值的重点部分进行测量，能够为产品设计提供基础的数据依据即可。图 9.13 至图 9.15 分别为 3 个优秀课题作业的目标用户静态尺度测量。

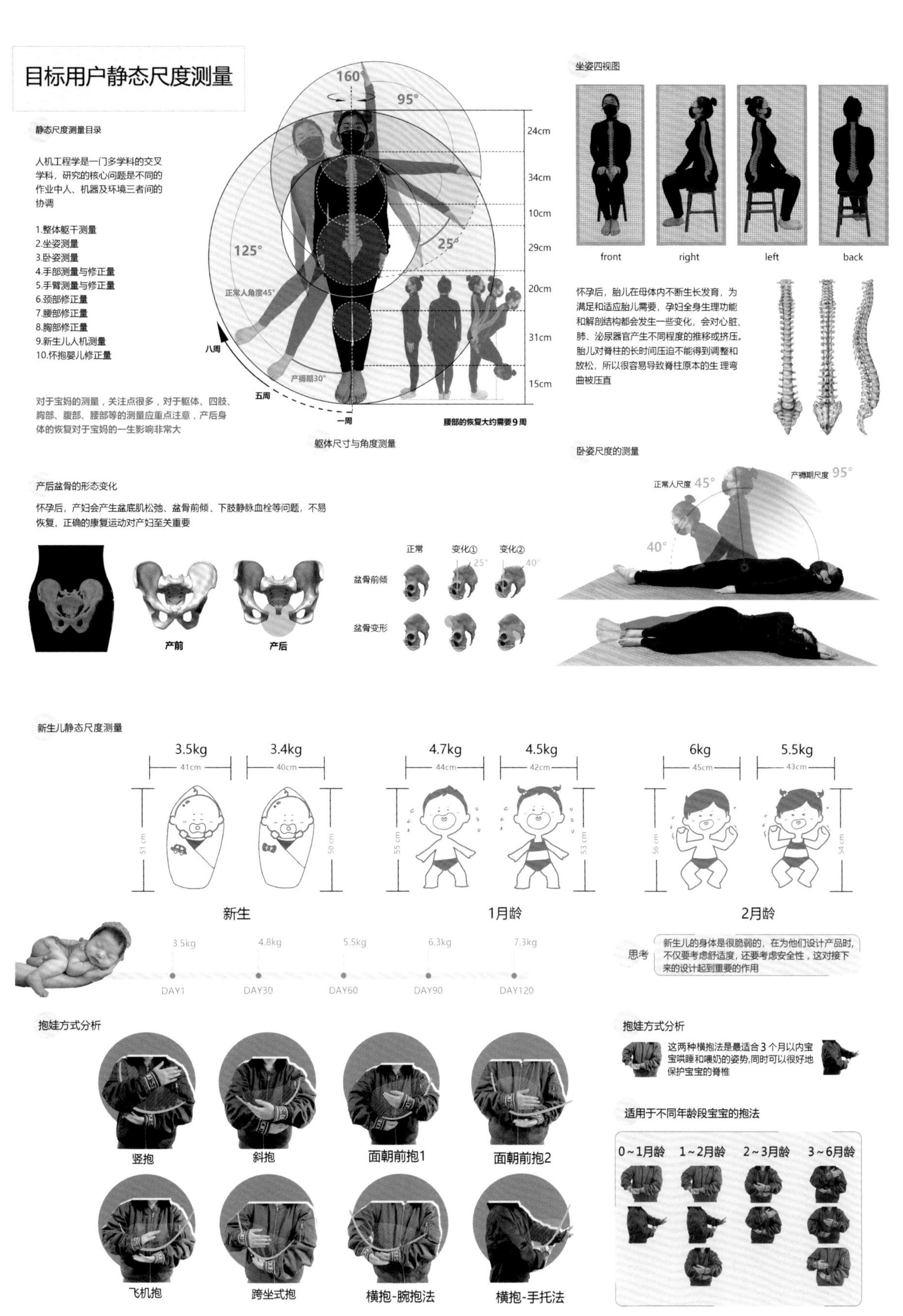


图 9.13 为产褥期女性而设计－目标用户静态尺度测量，设计者：高铭泽

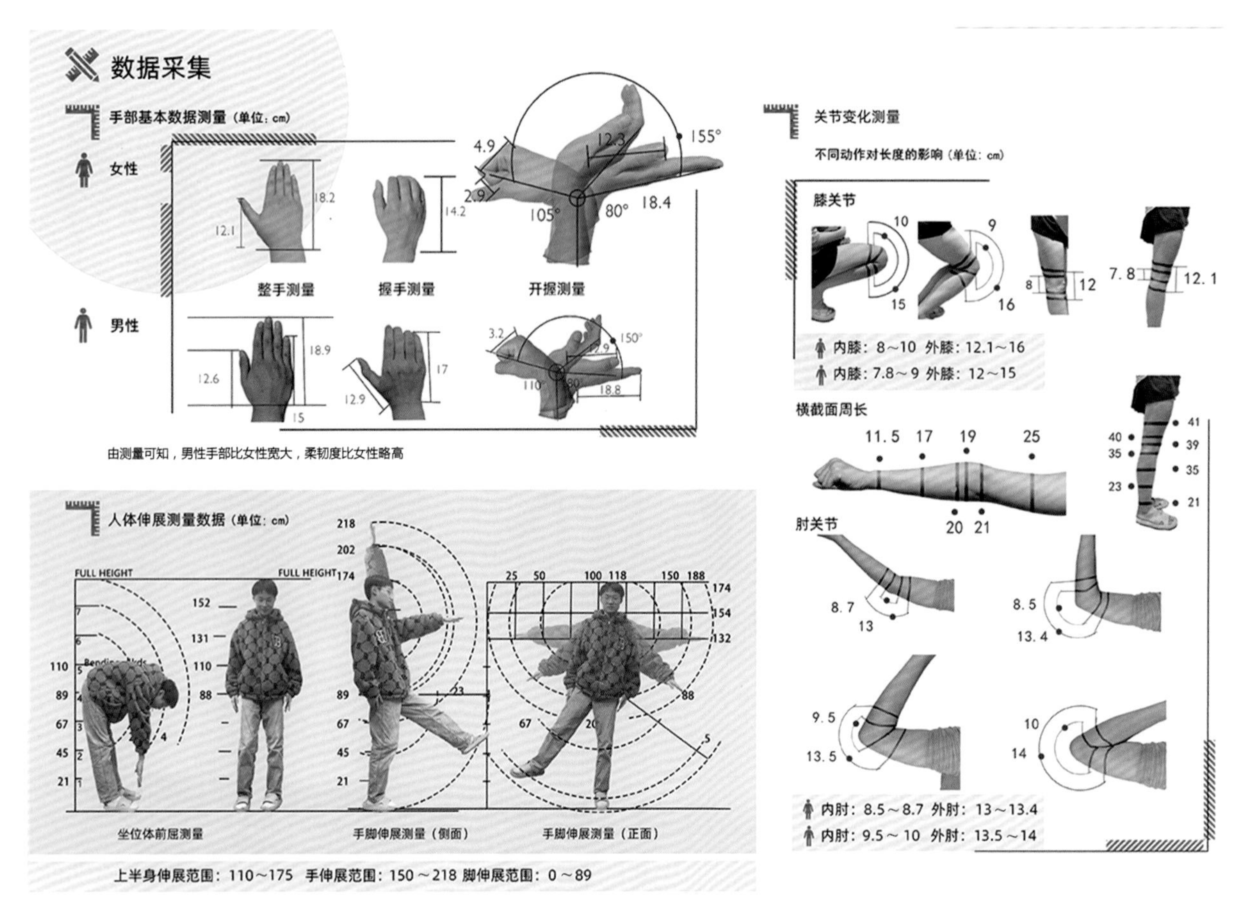


图 9.14 为搬运工人而设计 - 目标用户静态尺度测量，设计者：孙彬

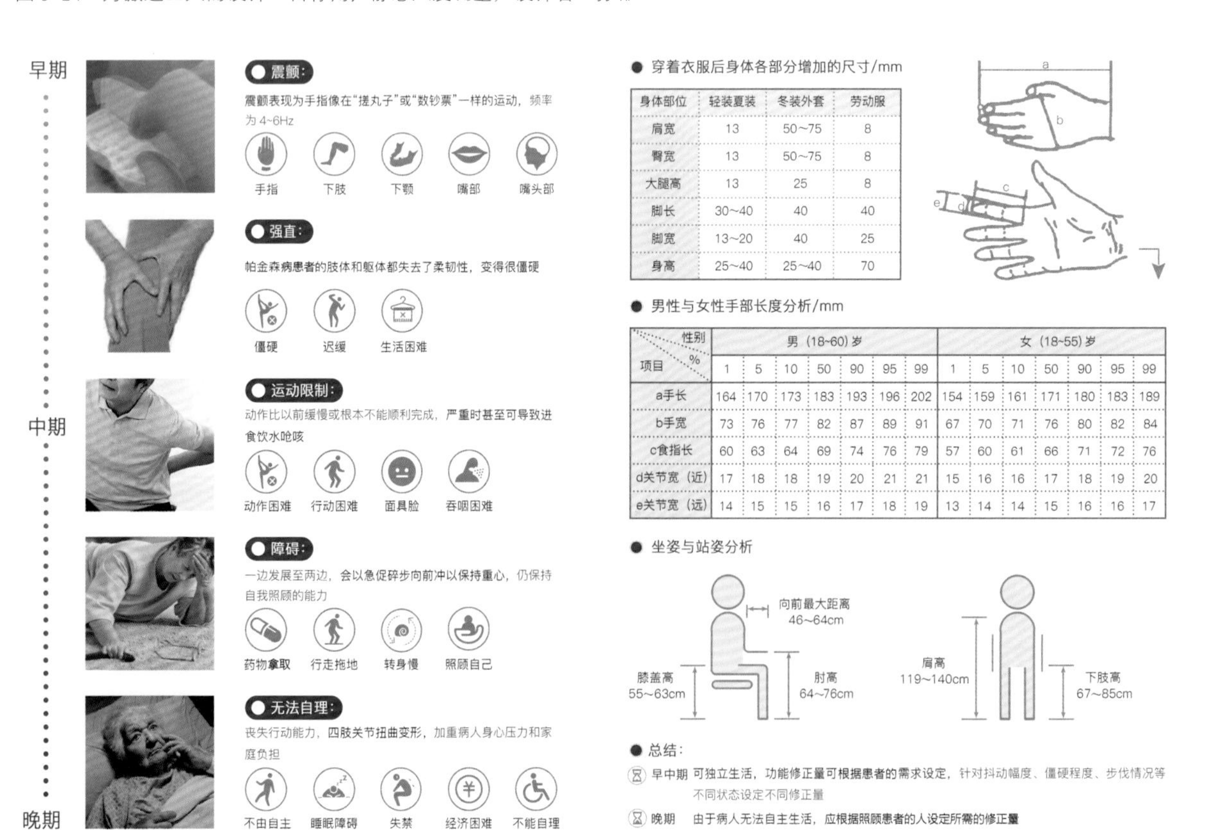


● 穿着衣服后身体各部分增加的尺寸/mm

| 身体部位 | 轻装夏装 | 冬装外套 | 劳动服 |
|---|---|---|---|
| 肩宽 | 13 | 50~75 | 8 |
| 臀宽 | 13 | 50~75 | 8 |
| 大腿高 | 13 | 25 | 8 |
| 脚长 | 30~40 | 40 | 40 |
| 脚宽 | 13~20 | 40 | 25 |
| 身高 | 25~40 | 25~40 | 70 |

● 男性与女性手部长度分析/mm

| 项目 \ 性别 % | 男（18~60）岁 | | | | | | | 女（18~55）岁 | | | | | | |
|---|---|---|---|---|---|---|---|---|---|---|---|---|---|---|
| | 1 | 5 | 10 | 50 | 90 | 95 | 99 | 1 | 5 | 10 | 50 | 90 | 95 | 99 |
| a手长 | 164 | 170 | 173 | 183 | 193 | 196 | 202 | 154 | 159 | 161 | 171 | 180 | 183 | 189 |
| b手宽 | 73 | 76 | 77 | 82 | 87 | 89 | 91 | 67 | 70 | 71 | 76 | 80 | 82 | 84 |
| c食指长 | 60 | 63 | 64 | 69 | 74 | 76 | 79 | 57 | 60 | 61 | 66 | 71 | 72 | 76 |
| d关节宽（近） | 17 | 18 | 18 | 19 | 20 | 21 | 21 | 15 | 16 | 16 | 17 | 18 | 19 | 20 |
| e关节宽（远） | 14 | 15 | 15 | 16 | 17 | 18 | 19 | 13 | 14 | 14 | 15 | 16 | 16 | 17 |

● 坐姿与站姿分析



● 总结：

早中期 可独立生活，功能修正量可根据患者的需求设定，针对抖动幅度、僵硬程度、步伐情况等不同状态设定不同修正量

晚期 由于病人无法自主生活，应根据照顾患者的人设定所需的修正量

图 9.15 为帕金森病患者而设计 - 目标用户静态尺度测量，设计者：金凡博

# 9.7　目标用户动态尺度测量

人体动态尺度又称人体功能尺度，经常在用户调研过程中配合静态尺度一起测量。动态尺度是人在进行某种功能活动时肢体所能达到的空间范围，是被测者处于动作状态下所进行的人体尺度测量。在现实生活中，人体的运动往往通过水平或垂直等两种以上的复合动作来达到作业目标，从而形成了动态的“立体作业范围”。图 9.16 至图 9.18 分别为 3 个优秀课题作业的目标用户动态尺度测量及用户模拟角色扮演。

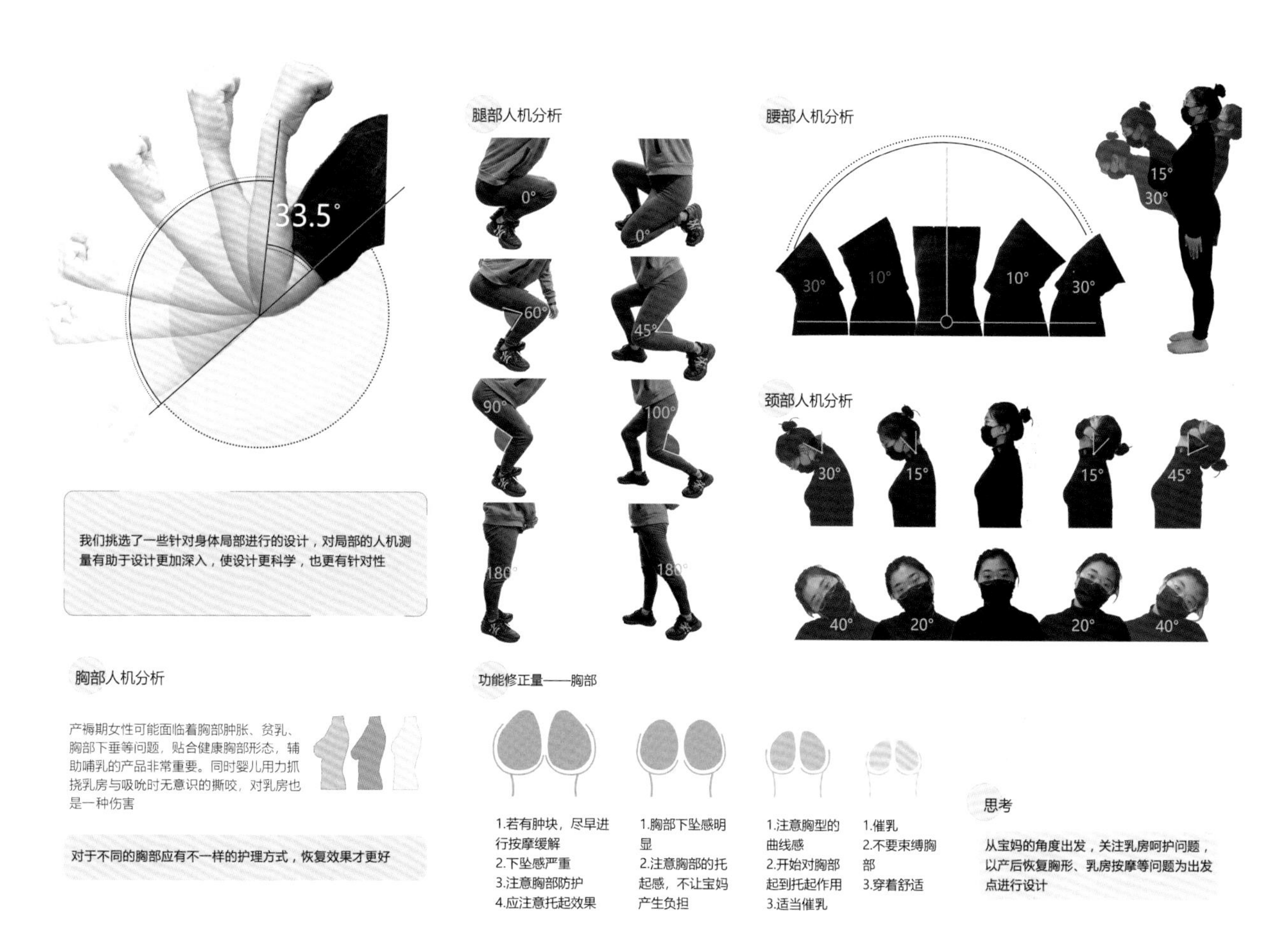


图 9.16　为产褥期女性而设计 – 目标用户动态尺度测量，设计者：高铭泽

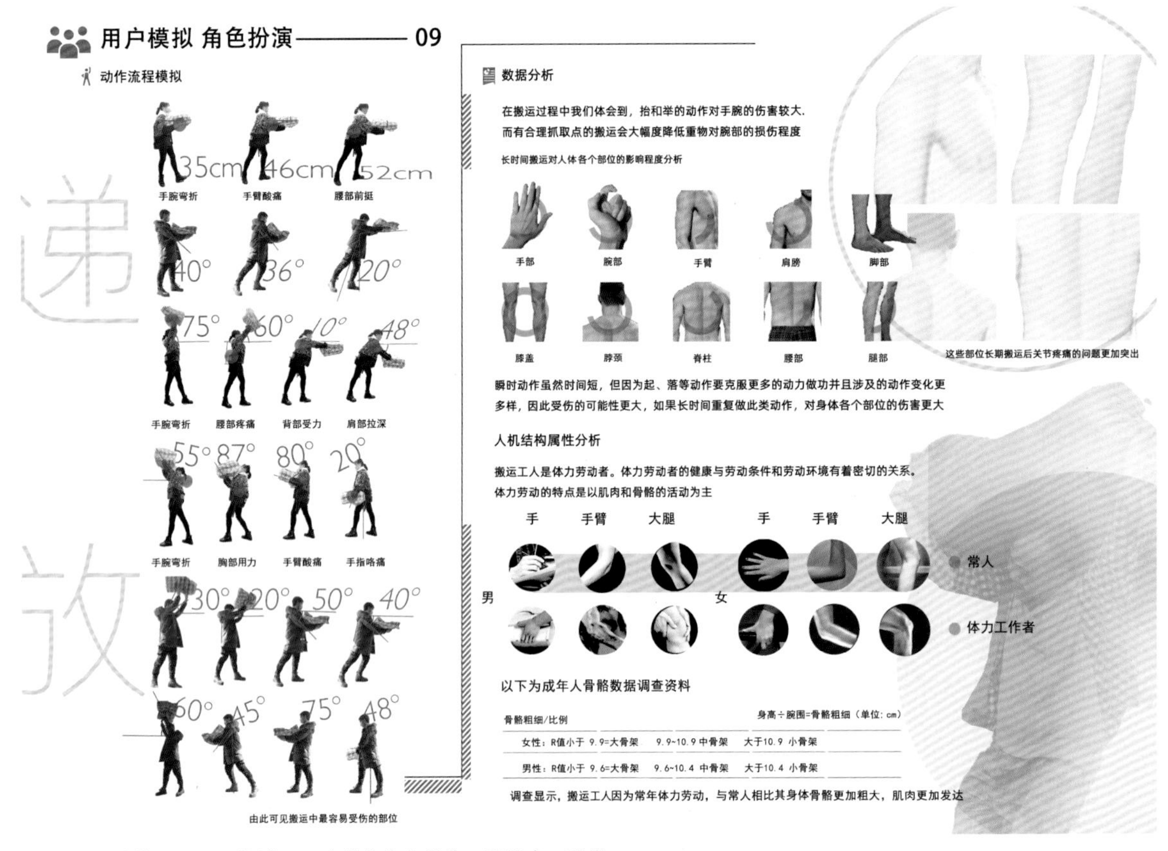


图 9.17 为搬运工人而设计－用户模拟角色扮演，设计者：孙彬

【图 9.18】

## 目标用户动态尺度测量

选择以蹲姿、卧姿、坐姿捡东西，以及局部手臂和肘关节为基础展开的动作进行尺度测量

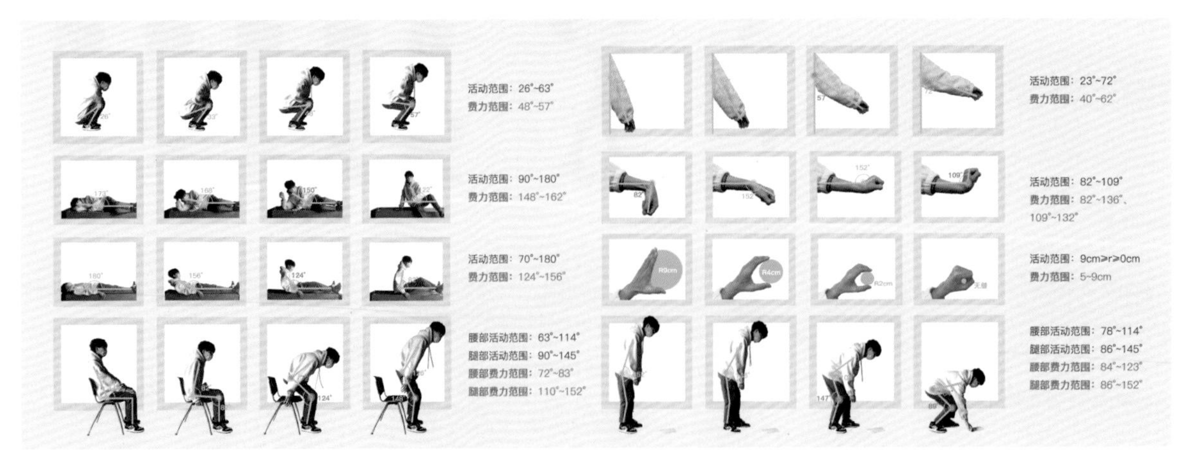


图 9.18 为帕金森病患者而设计－目标用户动态尺度测量，设计者：金凡博

## 9.8　市场竞品分析

在产品设计的调研体系中，虽然目标用户调研占有重要地位，但关于产品的研究和分析也非常关键。在项目的目标用户已经确定的同时，目标用户在生活和工作中的主要困难和问题也随着研究的深入逐渐浮出水面，对于这些问题的产品市场现状、未来趋势、市场机遇等，可以通过人机分析获得相关信息。市场竞品调研常采用实地调研与桌面调研相结合的方式收集信息，再进行团队分析。图 9.19 至图 9.21 分别为 3 个优秀课题作业的市场竞品分析。

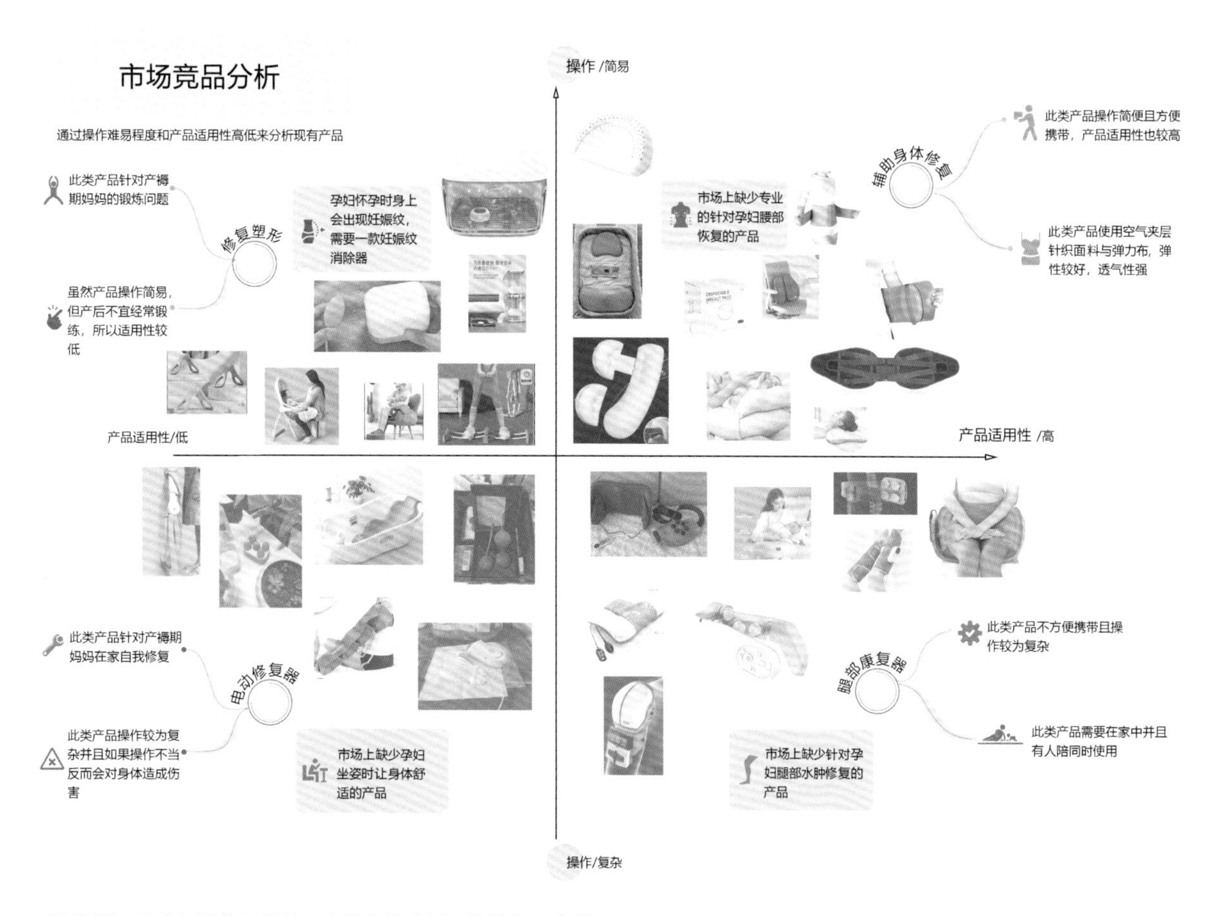


图 9.19　为产妇群体而设计－市场竞品分析，设计者：高铭泽

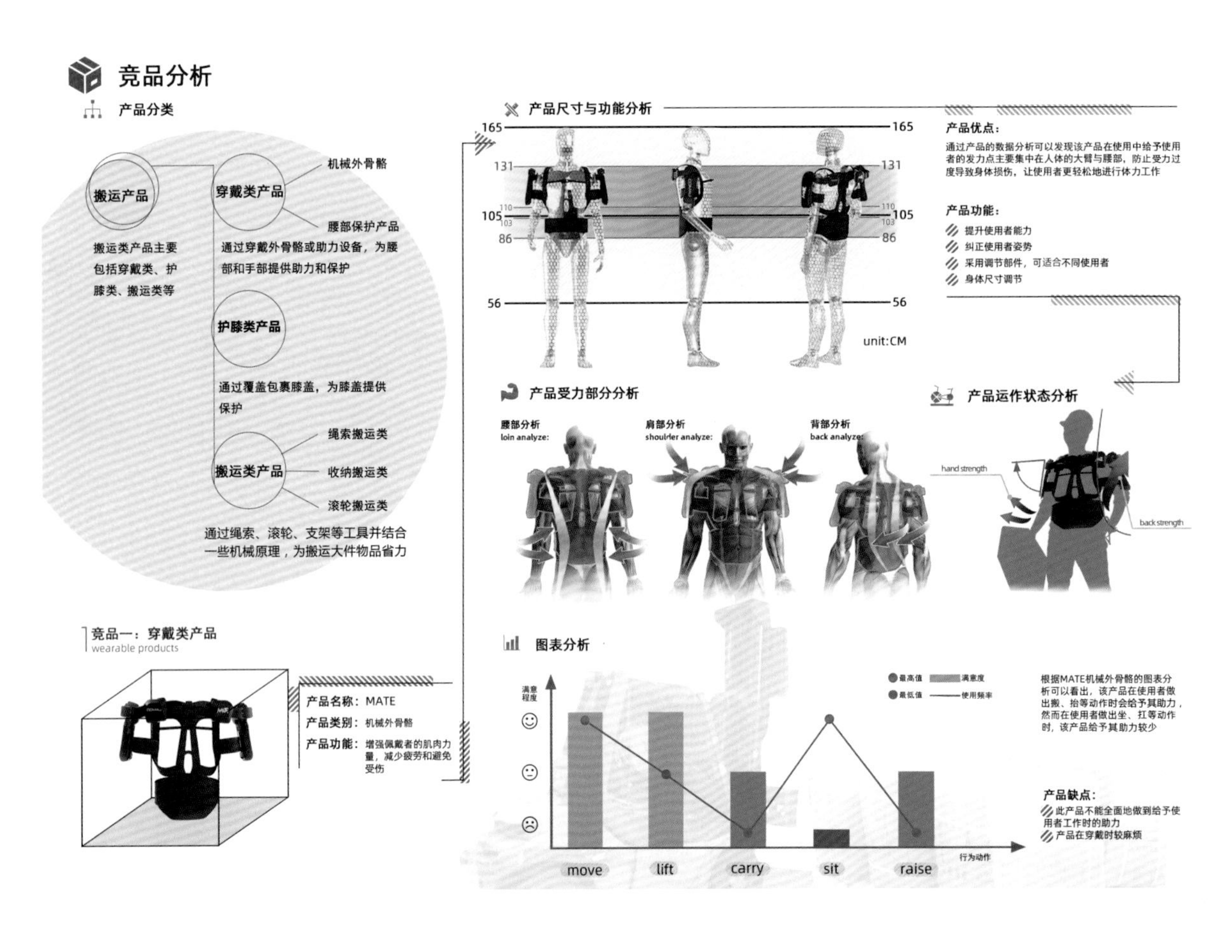


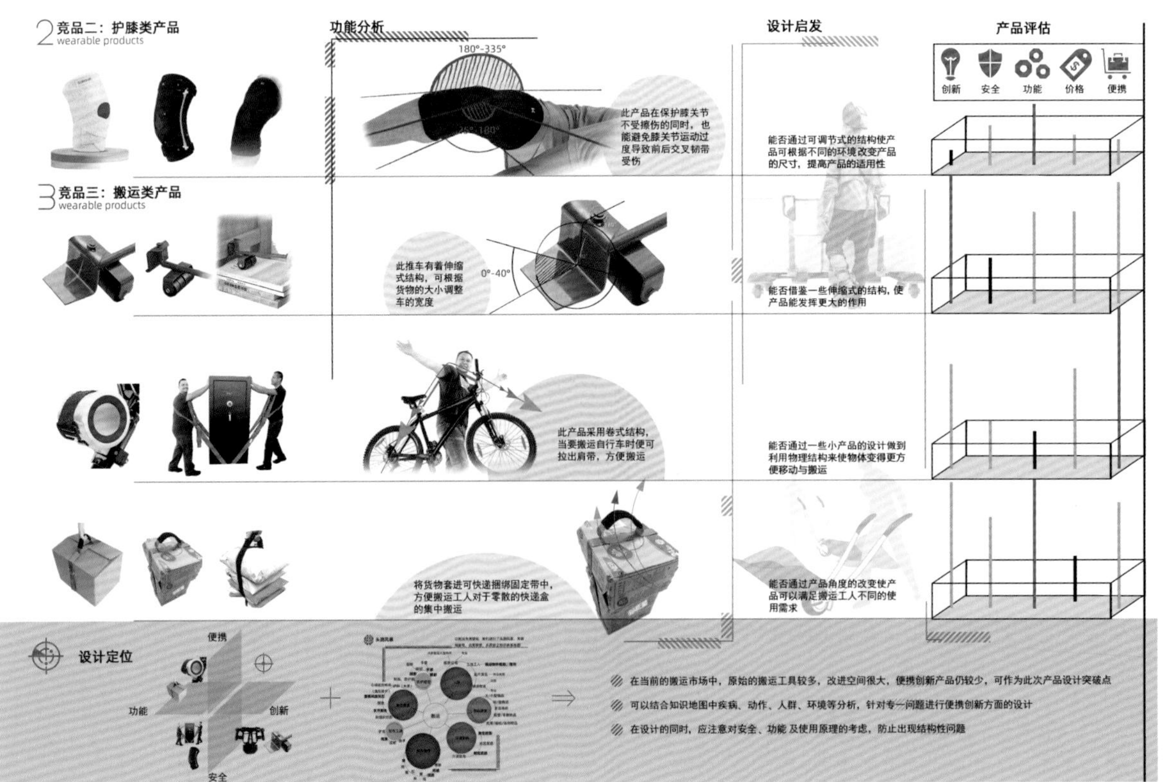


图 9.20　为搬运工人而设计－市场竞品分析，设计者：孙彬

## 竞品分析

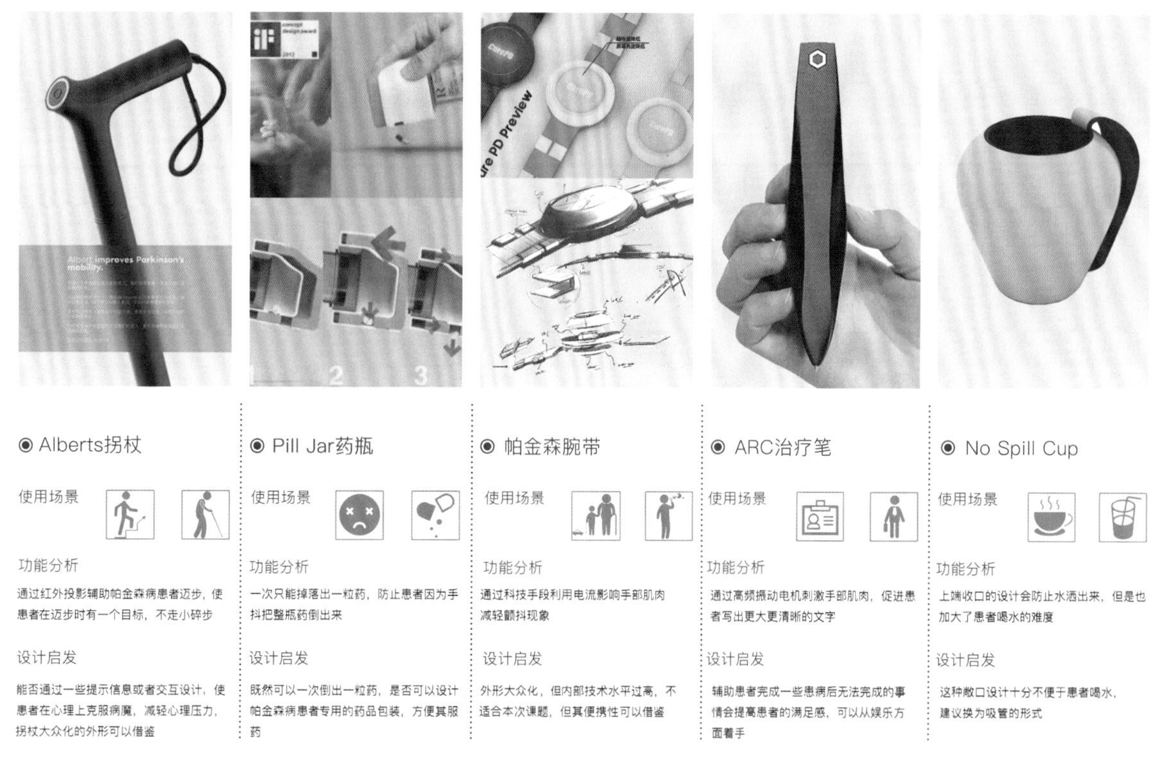

Albert improves Parkinson's mobility.
Alberts拐杖
使用场景
功能分析
通过红外投影辅助帕金森病患者迈步，使患者在迈步时有一个目标，不走小碎步
设计启发
能否通过一些提示信息或者交互设计，使患者在心理上克服病魔，减轻心理压力，拐杖大众化的外形可以借鉴
Pill Jar药瓶
使用场景
功能分析
一次只能掉落出一粒药，防止患者因为手抖把整瓶药倒出来
设计启发
既然可以一次倒出一粒药，是否可以设计帕金森病患者专用的药品包装，方便其服药
帕金森腕带
使用场景
功能分析
通过科技手段利用电流影响手部肌肉减轻颤抖现象
设计启发
外形大众化，但内部技术水平过高，不适合本次课题，但其便携性可以借鉴
ARC治疗笔
使用场景
功能分析
通过高频振动电机刺激手部肌肉，促进患者写出更大更清晰的文字
设计启发
辅助患者完成一些患病后无法完成的事情会提高患者的满足感，可以从娱乐方面着手
No Spill Cup
使用场景
功能分析
上端收口的设计会防止水洒出来，但是也加大了患者喝水的难度
设计启发
这种敞口设计十分不便于患者喝水，建议换为吸管的形式

图 9.21　为帕金森病患者而设计－市场竞品分析，设计者：金凡博

# 9.9　产品功能尺度

设计团队可以通过对现有产品的采样，选择其中的优秀设计案例、最受用户欢迎的产品、销量最高的产品进行重点分析，从人机工程学的角度评估这些产品在人机交互使用过程中的功能尺度，其中着重分析产品与人体操控部分的互动原理、尺度和角度范围、施力与受力、使用时的静态疲劳和动态疲劳、产品的生理修正量和心理修正量等。图 9.22 至图 9.24 是为产褥期女性而设计这个课题中，与产品交互的重点身体尺度分析和部分目标产品功能尺度分析。

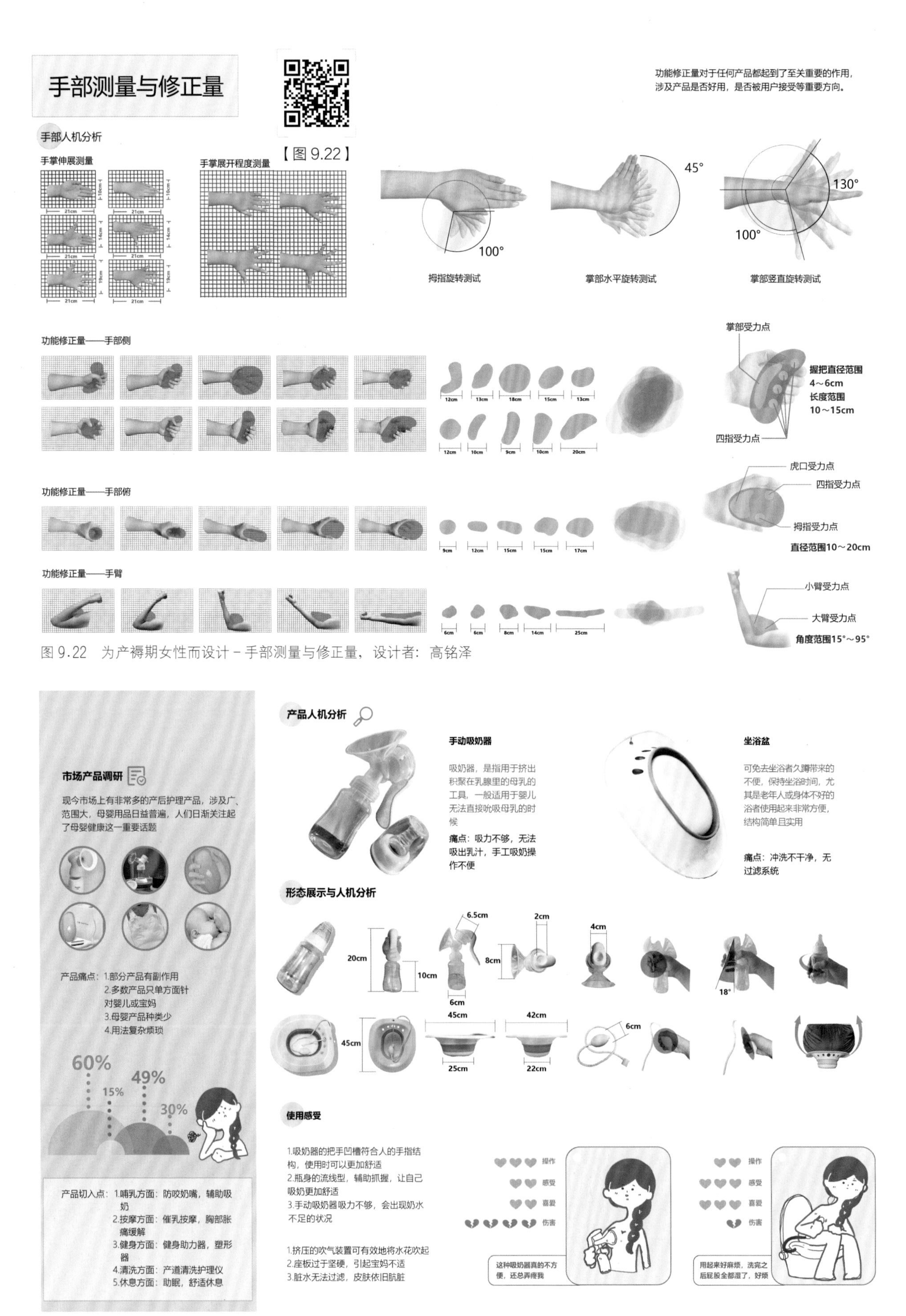

图 9.22 为产褥期女性而设计－手部测量与修正量，设计者：高铭泽


图 9.23 为产褥期女性而设计－产品功能尺度分析(1)，设计者：高铭泽

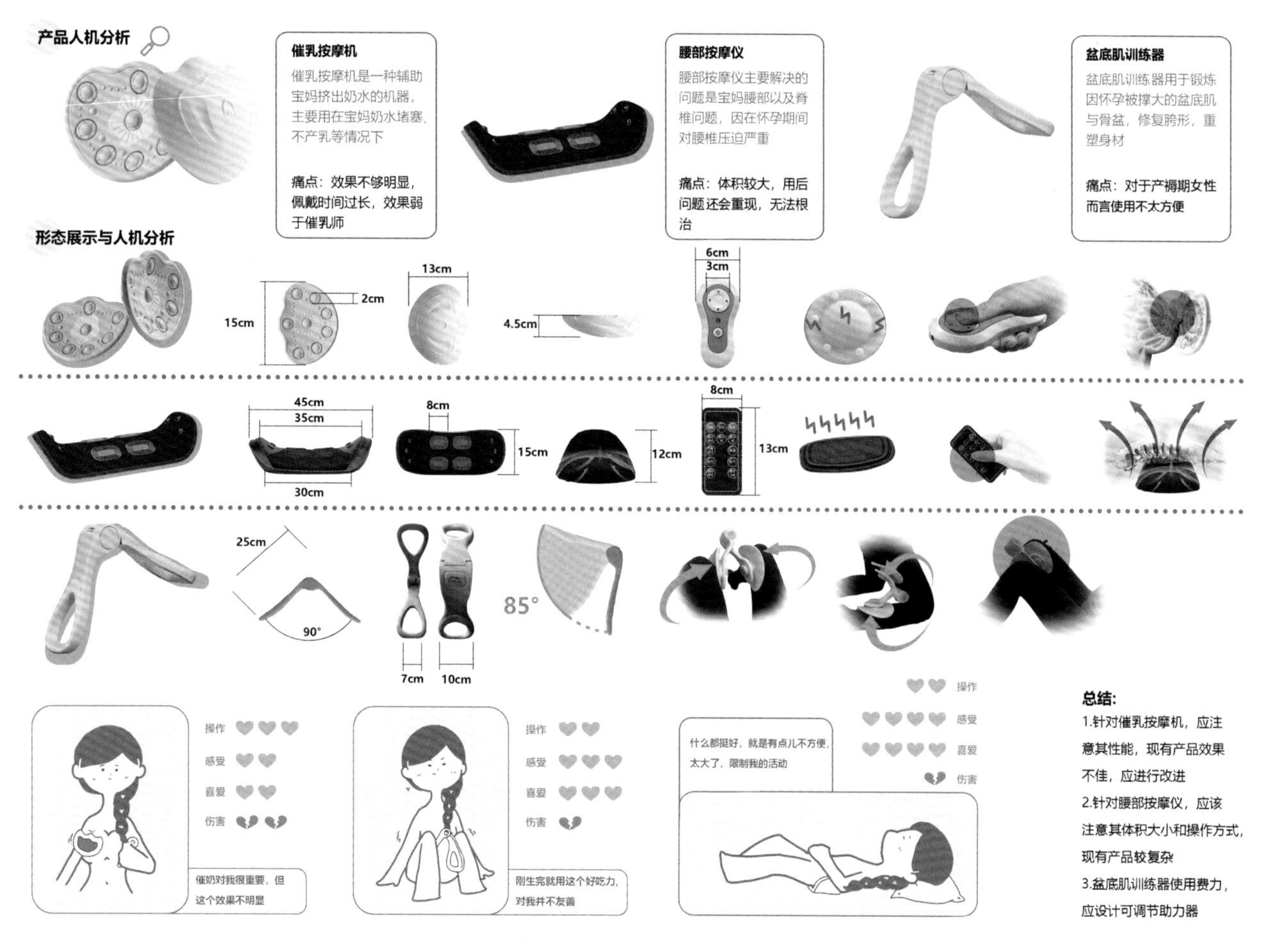


图 9.24　为产褥期女性而设计 - 产品功能尺度分析 (2)，设计者：高铭泽

## 9.10　产品使用行程图

除了对产品的功能尺度分析，设计师还可以对目标用户使用产品的过程进行观察和记录，将其生成产品使用行程图，在图中将使用任务和用户行为、接触到的载体分别进行详细记录，再用情感地图记录整个流程中使用者的情绪变化，找到使用过程中的痛点，根据这些问题尝试提出解决思路和措施，以改进现有产品或创造新的设计。图 9.25 是为搬运工人而设计这个课题作业的产品使用行程图。

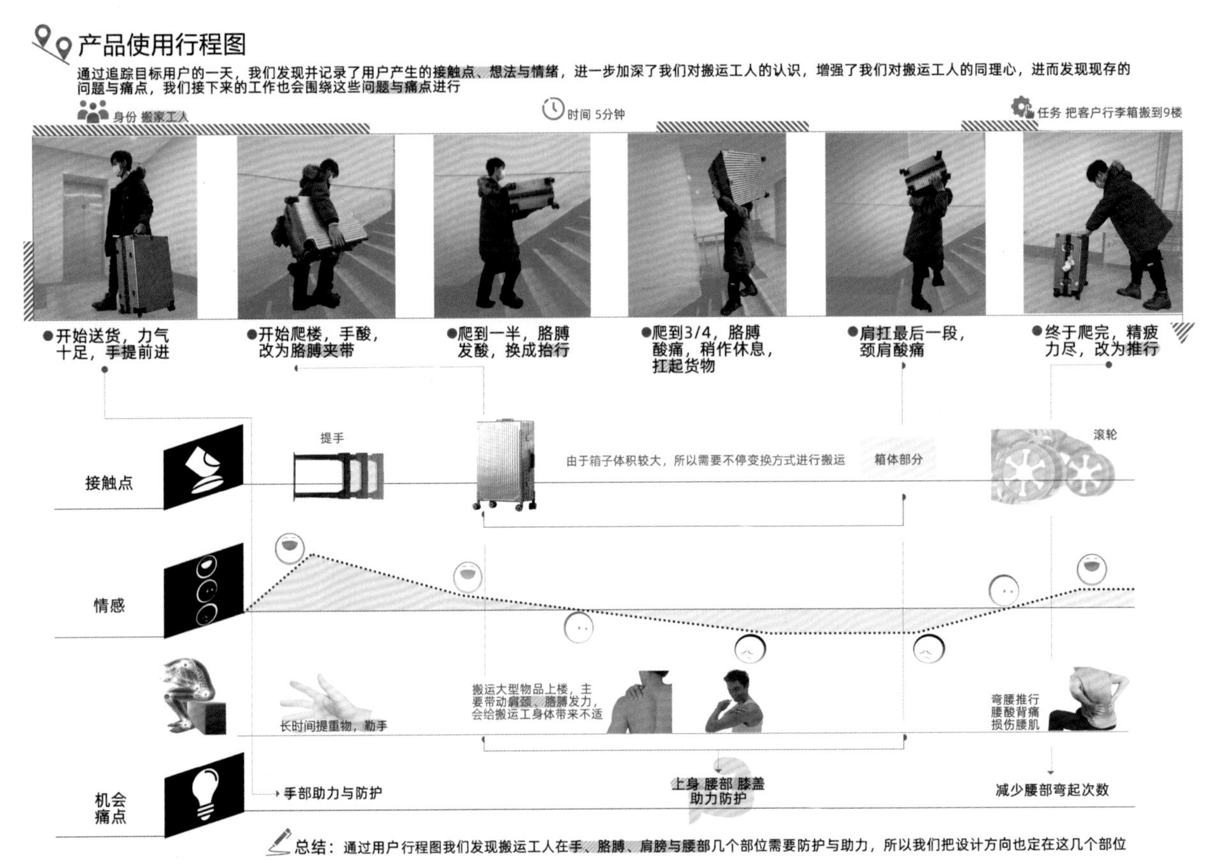


图 9.25 为搬运工人而设计－产品使用行程图，设计者：孙彬

## 9.11 角色扮演

一般情况下，通过观察法、访谈法和问卷法可以获取想要的用户信息，但是想要真实了解目标用户在某些情况下对产品的使用体验，或者有的时候，设计团队很难找到目标用户去进行产品的使用测试。那么，设计师可以利用角色扮演法去亲身经历目标用户的生活和工作，通过真实体验获得的感受和反馈，可以拉近目标用户和设计师的距离，并对接下来的设计具有更加客观、准确的指导作用。此外，设计师通过角色扮演，往往能获得经常被目标用户忽略的使用细节，且这些细节往往是设计突破的重点。图 9.26 至图 9.31 分别为 3 个优秀课题作业的角色扮演流程记录。

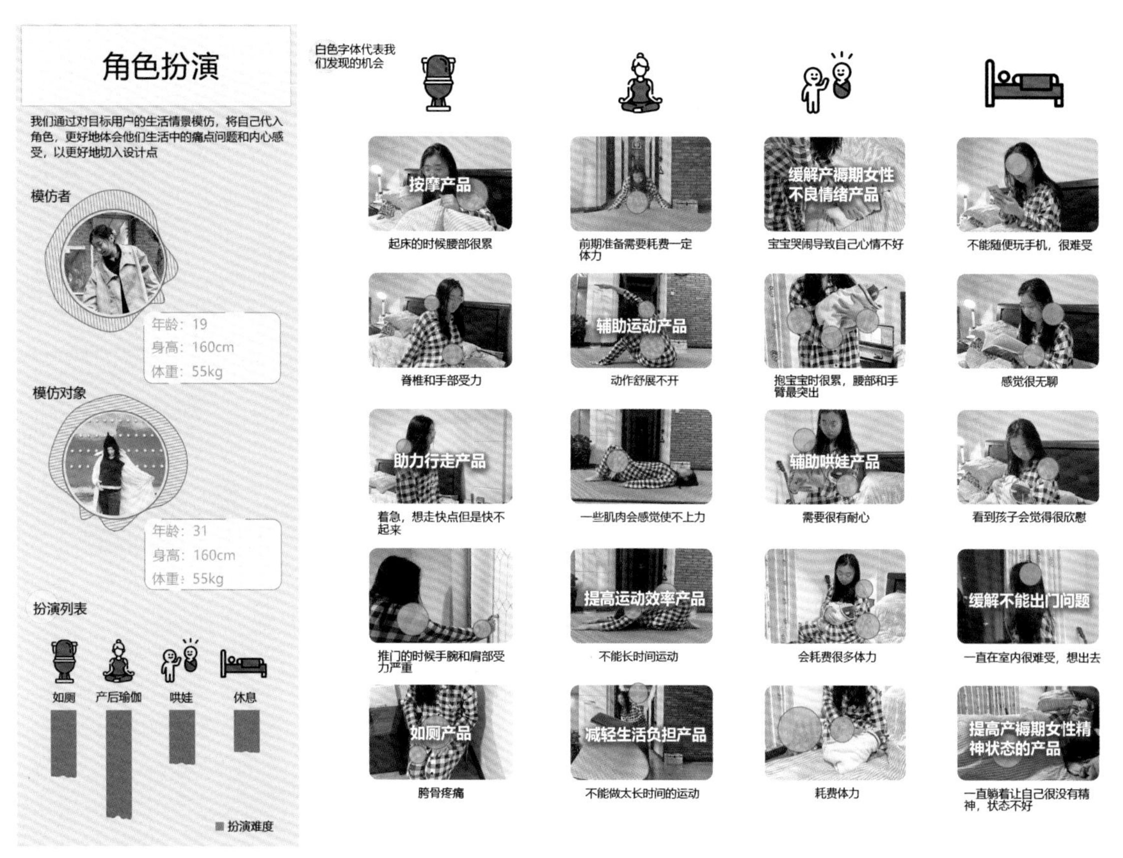


图 9.26　为产褥期女性而设计 - 角色扮演，设计者：高铭泽

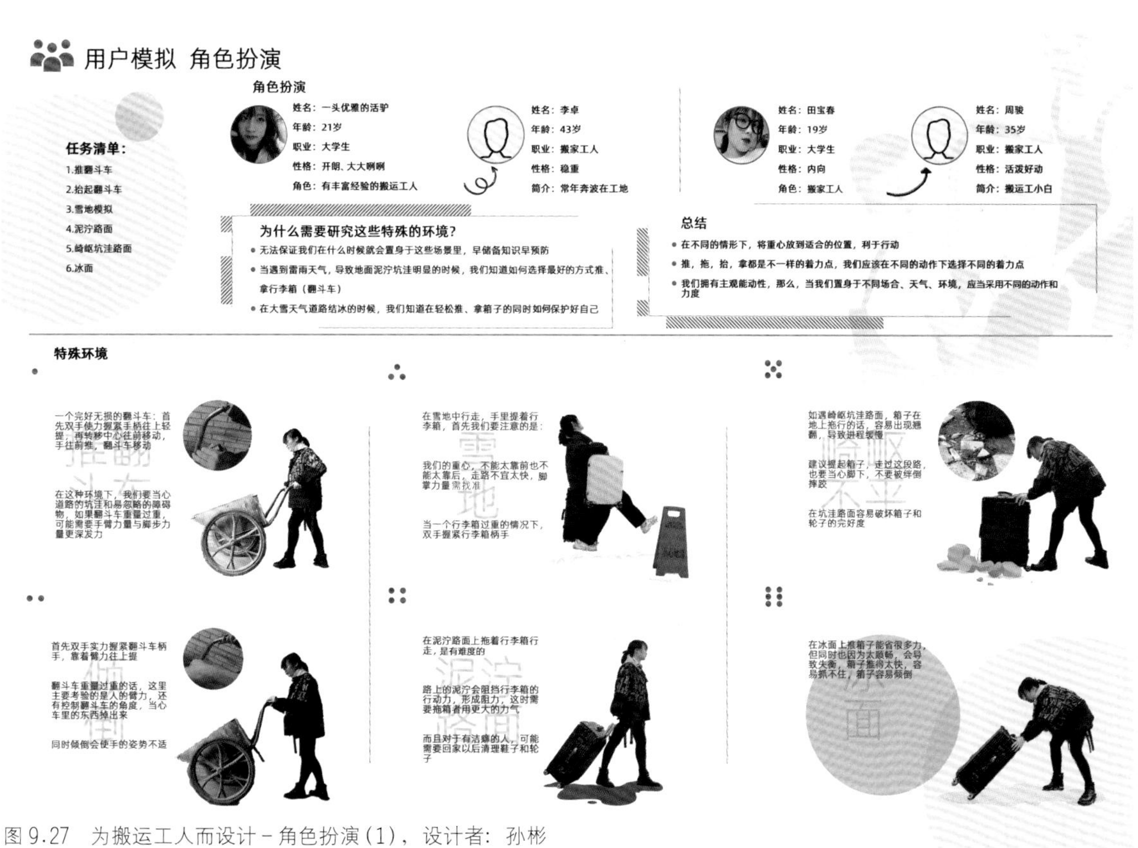


图 9.27　为搬运工人而设计 - 角色扮演（1），设计者：孙彬

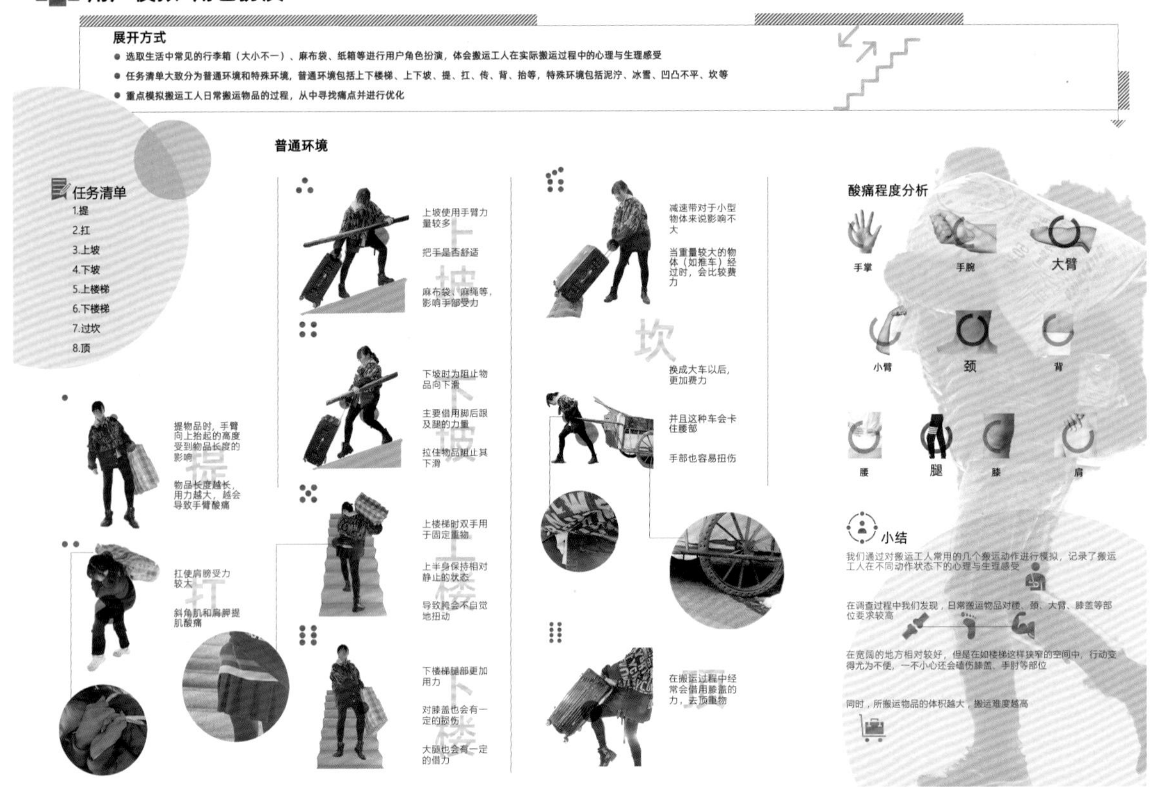

图 9.28 为搬运工人而设计 - 角色扮演 (2)，设计者：孙彬

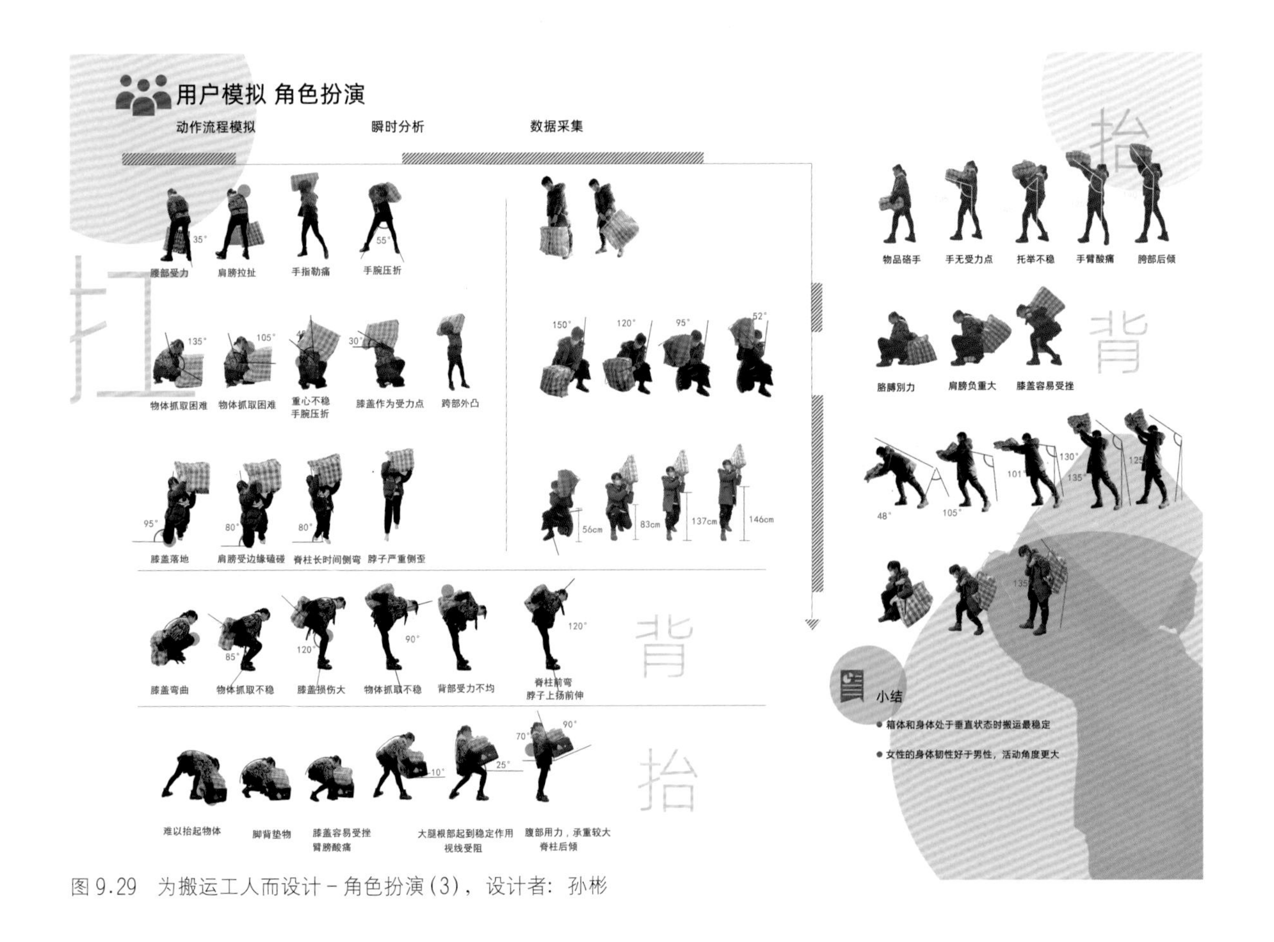

图 9.29 为搬运工人而设计 - 角色扮演 (3)，设计者：孙彬

## 角色扮演

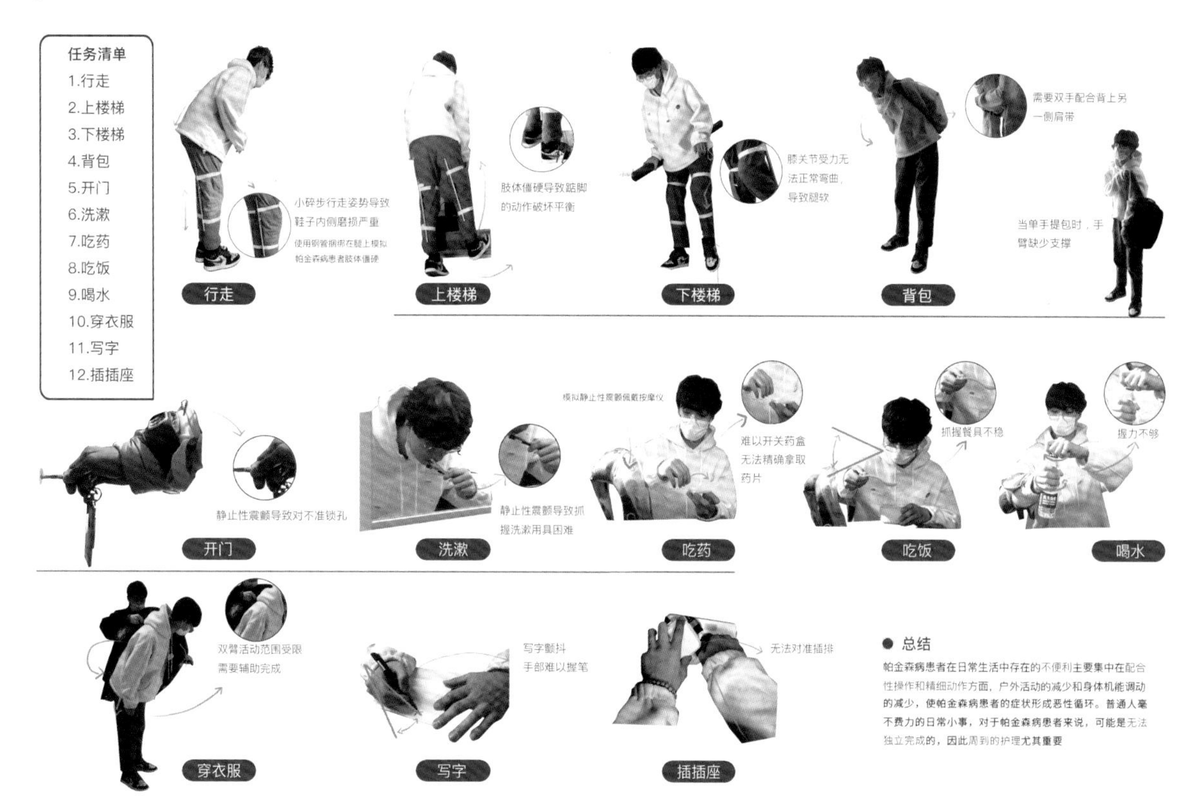


图 9.30　为帕金森病患者而设计－角色扮演(1)，设计者：金凡博

## 用户模拟问题反馈

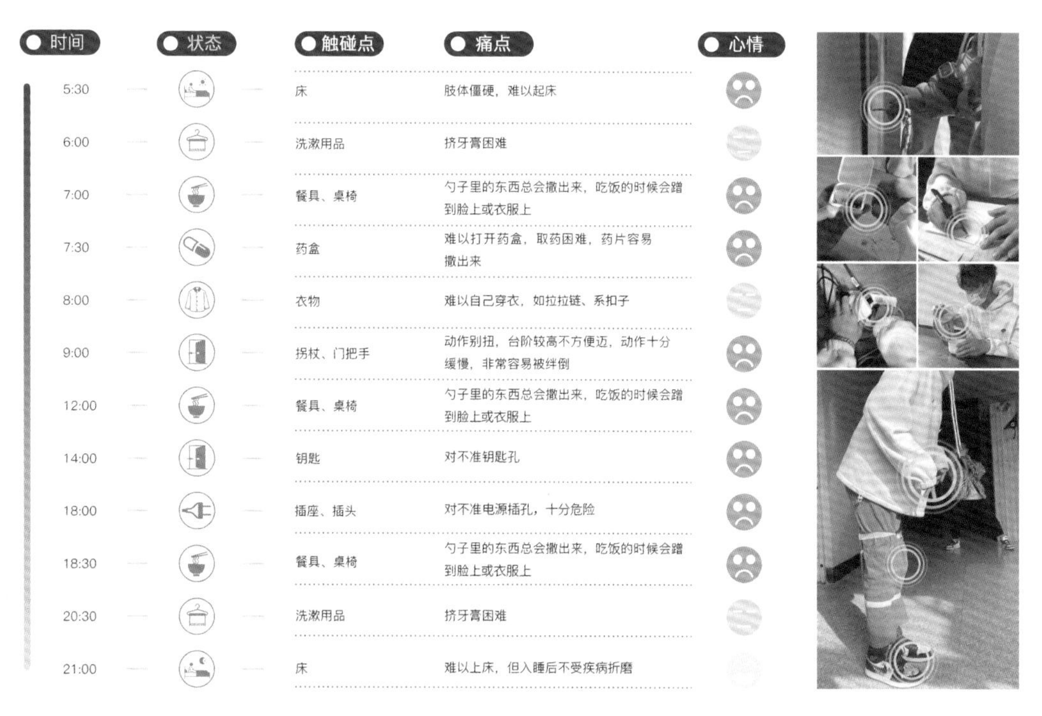

| 时间 | 状态 | 触碰点 | 痛点 | 心情 |
|---|---|---|---|---|
| 5:30 | | 床 | 肢体僵硬，难以起床 | |
| 6:00 | | 洗漱用品 | 挤牙膏困难 | |
| 7:00 | | 餐具、桌椅 | 勺子里的东西总会撒出来，吃饭的时候会蹭到脸上或衣服上 | |
| 7:30 | | 药盒 | 难以打开药盒，取药困难，药片容易撒出来 | |
| 8:00 | | 衣物 | 难以自己穿衣，如拉拉链、系扣子 | |
| 9:00 | | 拐杖、门把手 | 动作别扭，台阶较高不方便迈，动作十分缓慢，非常容易被绊倒 | |
| 12:00 | | 餐具、桌椅 | 勺子里的东西总会撒出来，吃饭的时候会蹭到脸上或衣服上 | |
| 14:00 | | 钥匙 | 对不准钥匙孔 | |
| 18:00 | | 插座、插头 | 对不准电源插孔，十分危险 | |
| 18:30 | | 餐具、桌椅 | 勺子里的东西总会撒出来，吃饭的时候会蹭到脸上或衣服上 | |
| 20:30 | | 洗漱用品 | 挤牙膏困难 | |
| 21:00 | | 床 | 难以上床，但入睡后不受疾病折磨 | |

图 9.31　为帕金森病患者而设计－角色扮演(2)，设计者：金凡博

# 9.12 同理心地图

在团队设计调研的最后环节，每个团队都要对设计的目标用户建立同理心地图，地图中的用户所思、所看、所说、所听均来自上述设计调研所做的工作总结。同理心地图中最重要的两个部分是目标用户的痛点和收获，根据实地调研和桌面调研对这两点进行分析总结，并为接下来团队每个成员的设计方向找到确切的切入点。图 9.32 至图 9.34 分别为 3 个优秀课题作业的同理心地图。

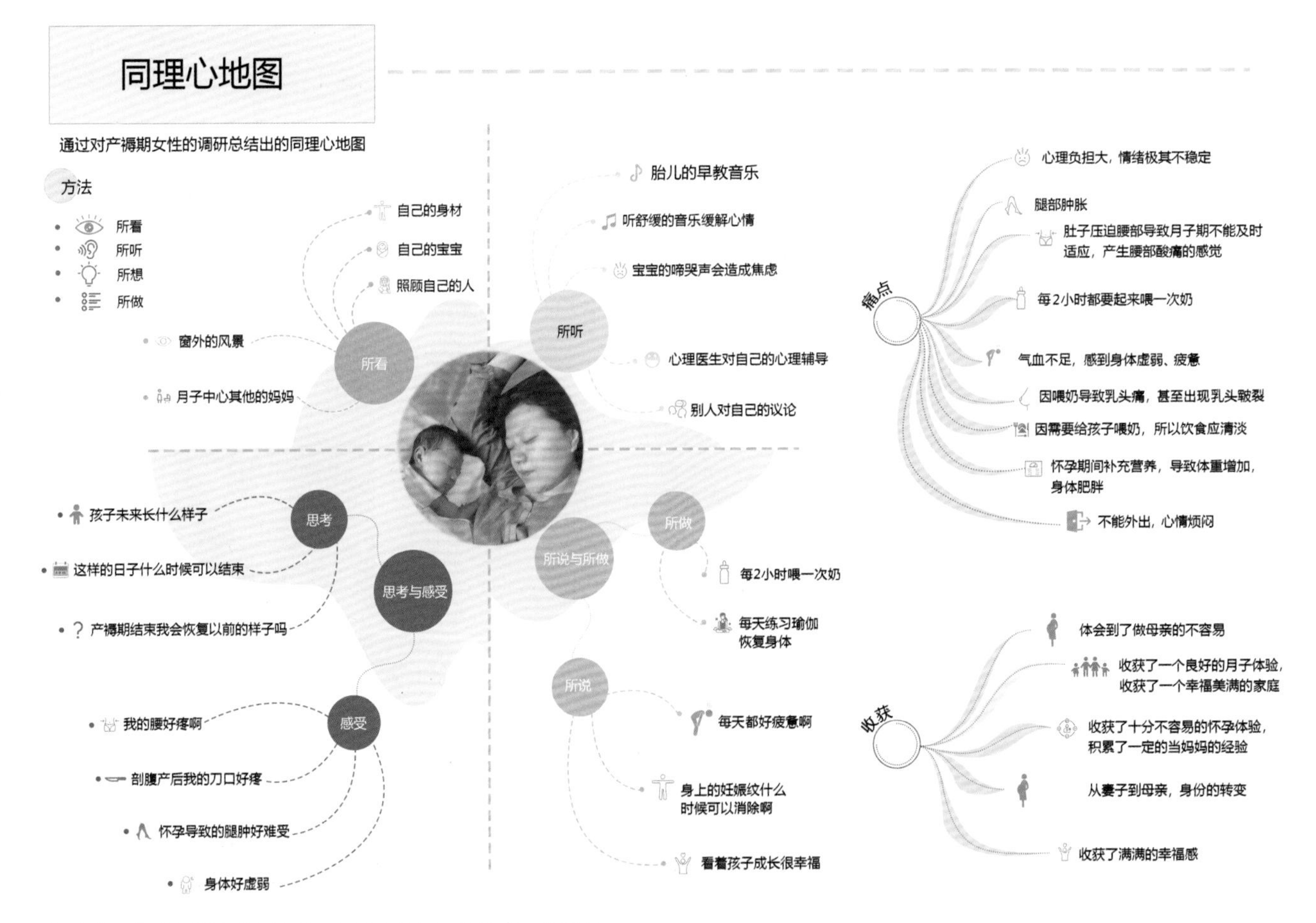


图 9.32 为产褥期女性而设计－同理心地图，设计者：高铭泽

图 9.33　为搬运工人而设计 - 同理心地图，设计者：孙彬

## 同理心地图

图 9.34　为帕金森病患者而设计 - 同理心地图，设计者：金凡博

# 9.13 设计定位

经过一周半的团队设计调研，每个设计成员在调研过程中不断推敲自己的设计思路，建立自己的设计视角，再通过设计定位的方式展示接下来的设计计划。设计定位作为整个设计流程中承上启下的关键环节，需要设计师负责任地对接下来的设计任务做好完备的规划，其中不仅包含产品的描述、设计的创新点和价值，还包括产品的功能系统图、产品的服务蓝图、产品的设计基调分析、CMF分析、设计的挑战与机遇分析、目标服务对象分析等内容。图 9.35 至图 9.37 分别为 3 个优秀课题作业的设计定位。

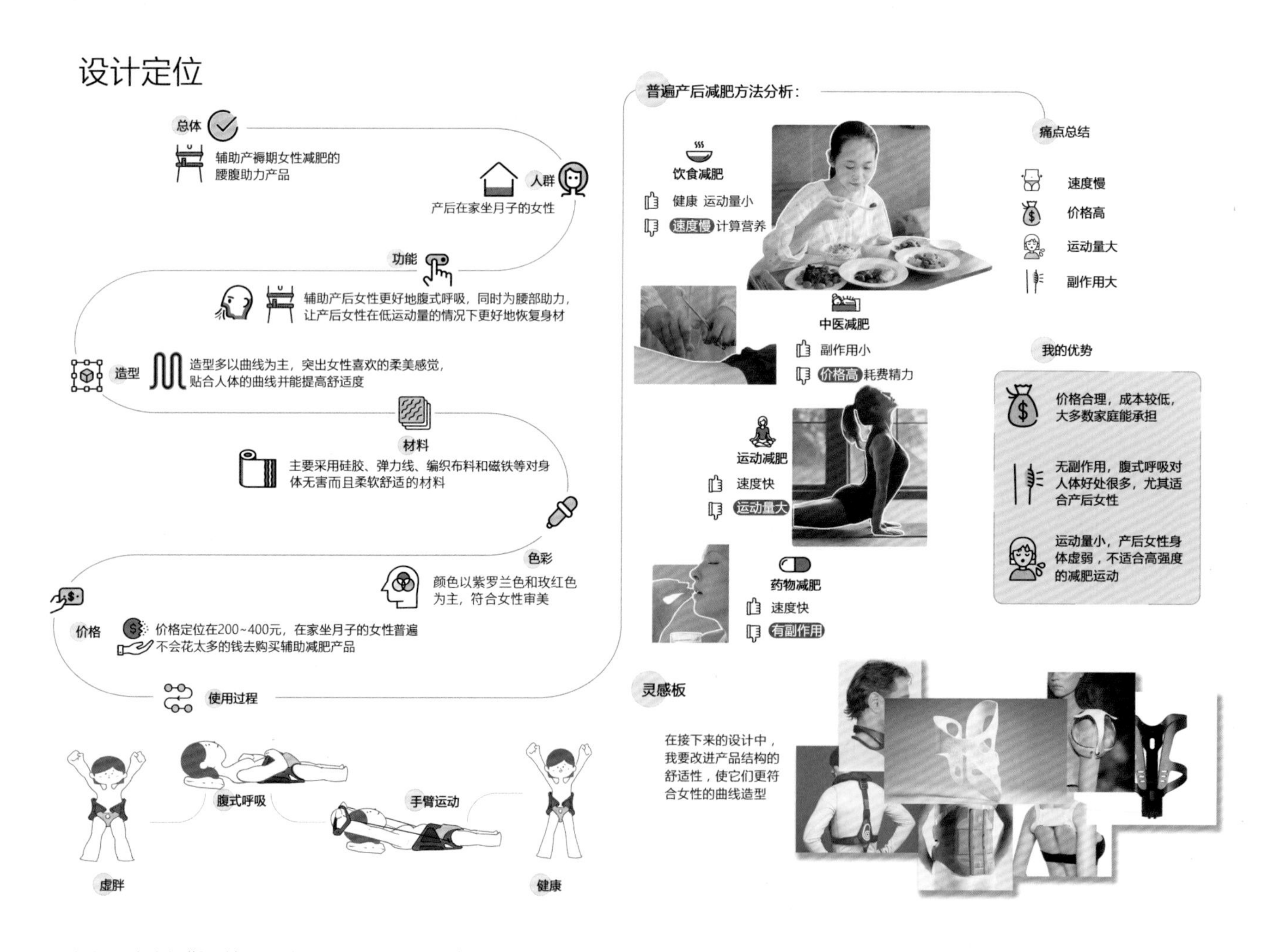


图 9.35 为产褥期女性而设计 - 设计定位，设计者：高铭泽

## 设计定位

● **使用定位**\USE LOCATION

总定位：为搬运工人设计的一款增加力量的外骨骼设计
An exoskeleton designed to increase strength for movers

● **造型定位**\MODELLING OF POSITIONING

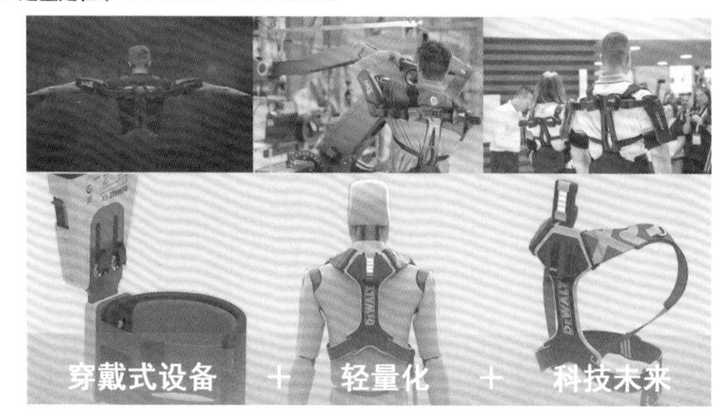


● **功能定位**\FUNCTIONAL LOCALIZATION

1. 在搬运工人做抬的动作与腰部发力时给予辅助力量
2. 用物理化助力方式代替机械化助力方式
3. 预防长期体力劳动导致的身体疾病

● **材料定位**\MATERIAL POSITIONING

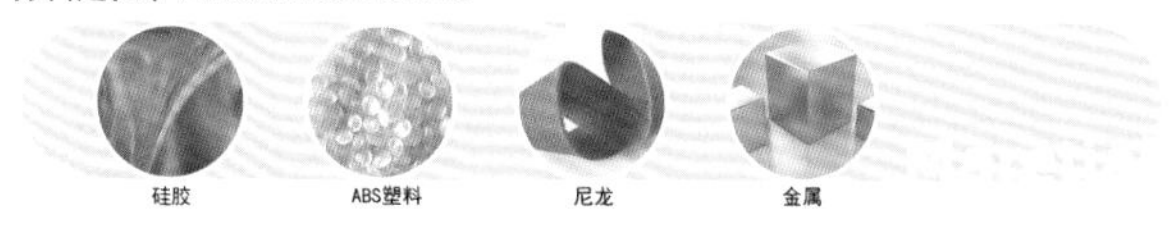


● **改进与借鉴**\IMPROVEMENT AND REFERENCE

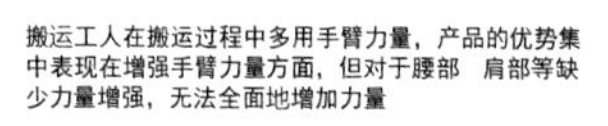

搬运工人在搬运过程中多用手臂力量，产品的优势集中表现在增强手臂力量方面，但对于腰部　肩部等缺少力量增强，无法全面地增加力量

此类产品增加了使用者的腰部力量，但是结构较为复杂，成本较高

图 9.36　为搬运工人而设计 - 设计定位，设计者：孙彬

## 设计定位

● 产品　通过前期调研分析，可做一个指纹门把手，能够有效解决开锁费力等问题

**人&环境：**

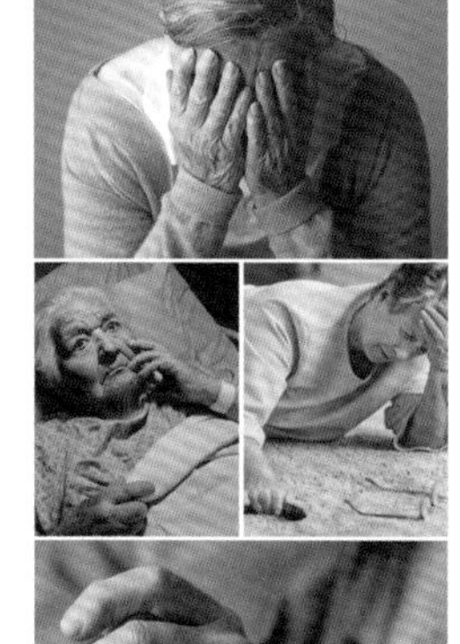

● 人群
帕金森病患者
会独自外出

● 病情
时期：初期
设计针对症状：颤抖

● 针对行为
进出家门时，病人由于手抖无法对准钥匙孔，无法进出家门

● 解决问题
开门便捷，能够不费力地进出家门

● 环境
家中有门的地方

**产品：**

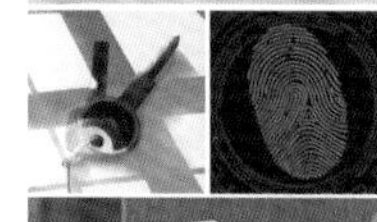
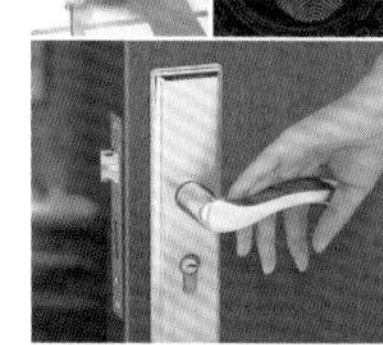

● 名称
门把手
横版、竖版

● 造型
圆润，减少手部受伤的可能性
限位，卡住手指，便于借力
贴合手形，便于借力

● 功能
指纹
钥匙

● 使用方式与受力部位
摁动（手腕）、旋转（手腕）、推（手腕）

● 修正量定位
比普通门把手大2cm左右，与普通门把手区别不大，需符合心理修正量

图 9.37　为帕金森病患者而设计 - 设计定位，设计者：金凡博

# 9.14 设计原型呈现 - 草图

根据设计定位，设计者一般会以草图的形式呈现产品原型。草图原型的优点在于可以快速呈现，通过草图修改设计方案也相对便捷和灵活。在设计初期，教师要求学生尽可能多地设想产品的功能和形式。例如，为产褥期女性恢复身材使用的腹带设计，学生应至少提出 5 种设计方案，每种方案都要包括细节分析图、功能分析图、材质分析图、CAD 尺寸图、使用状态和使用环境分析图等。然后教师带领学生在这些方案中评估并选出可以深化的草图方案。图 9.38 至图 9.40 分别为 3 个优秀课题作业的设计草图。

【图 9.38】

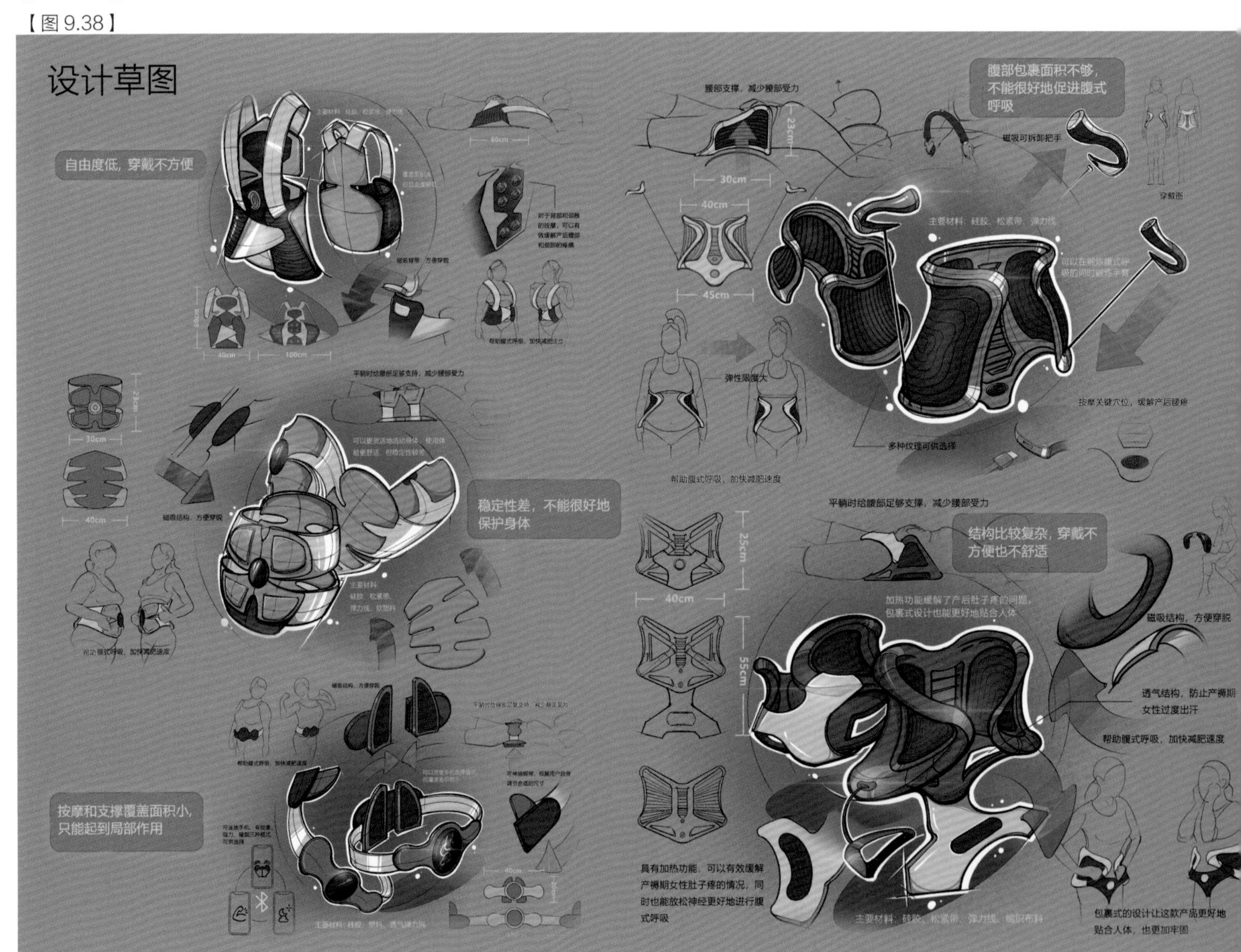


图 9.38 为产褥期女性而设计 - 设计草图，设计者：高铭泽

## 设计草图

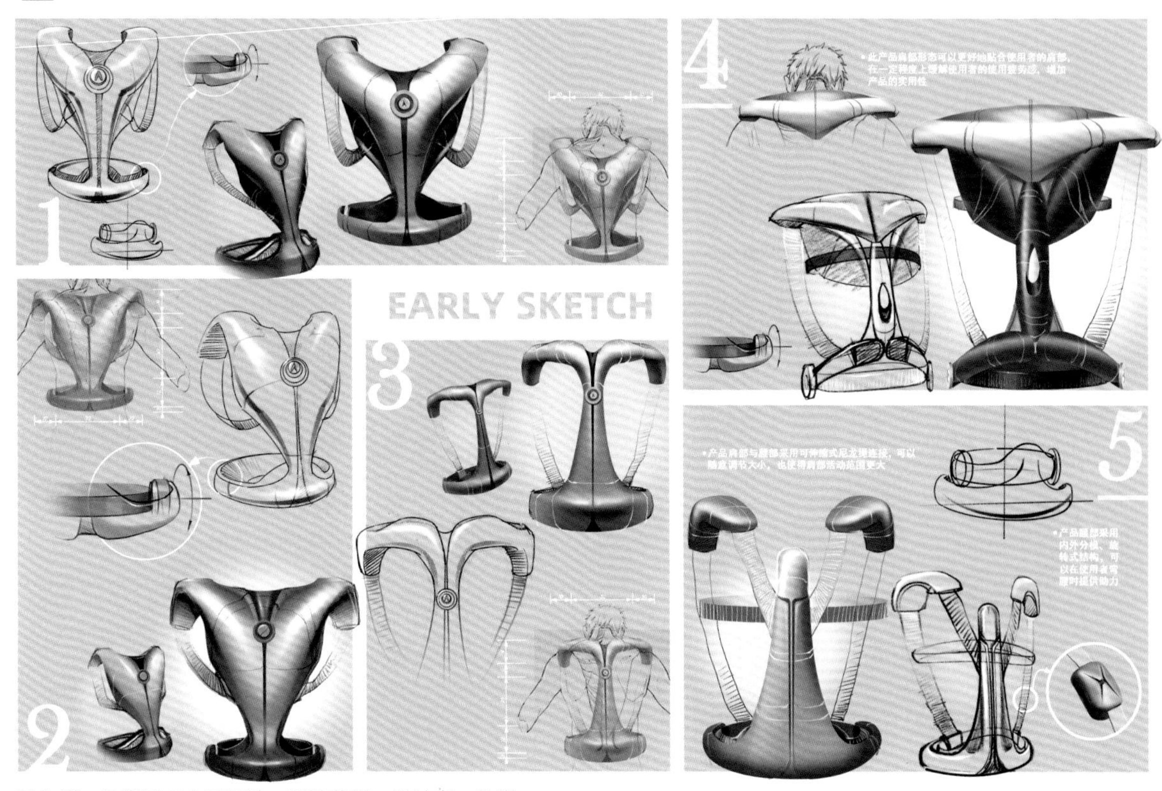


图 9.39　为搬运工人而设计 – 设计草图，设计者：孙彬

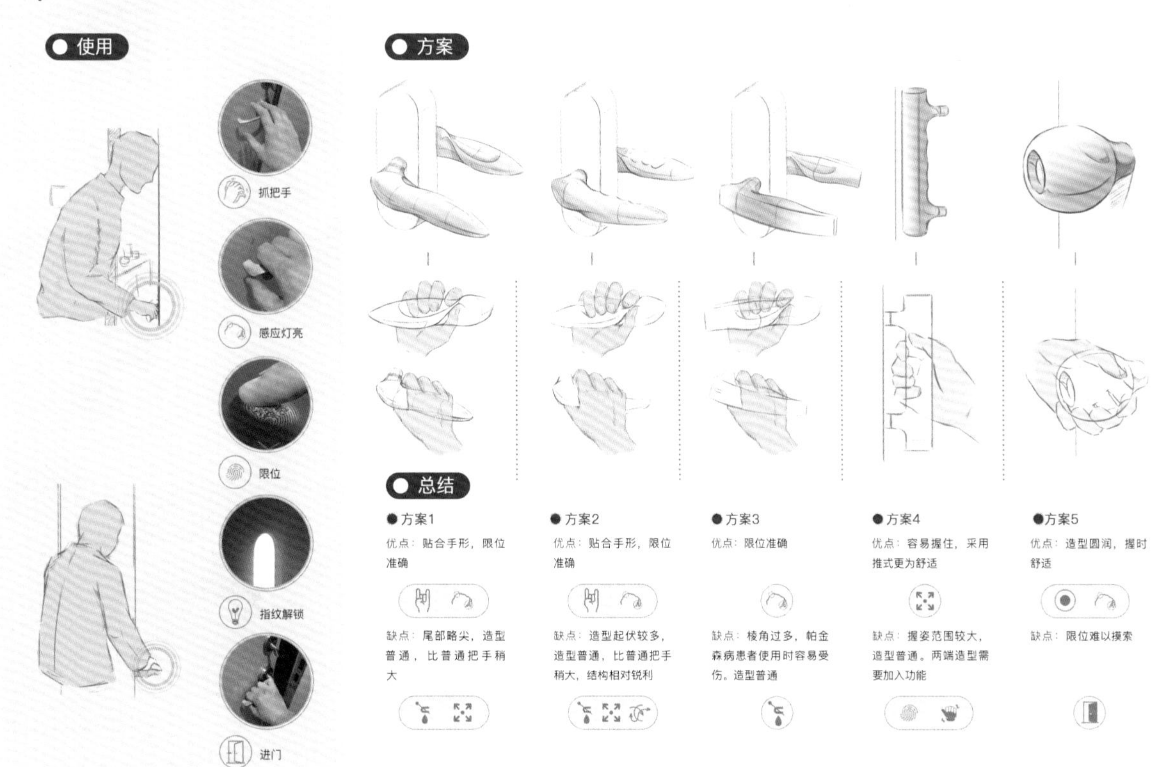


图 9.40　为帕金森病患者而设计 – 设计草图，设计者：金凡博

## 9.15 设计原型呈现 – 草模型

为防止学生陷入纸上谈兵的惯性设计思维，在产品设计人机工程学课程中，教师会鼓励学生多次进行手工模型制作和人机测试，以确保将设计方案与用户需求之间的距离不断拉近。因此，在草图选定后，学生用草模型的方式去深入方案。作为第一轮的模型，学生尽可能快速地用一些现成品或方便加工的材料来制作，用来进行初步的用户测试。同时，教师还会鼓励学生多做几个草模型，同时进行测试，以确保在深入方案阶段，学生可以获得更高质量的设计成果。图 9.41、图 9.42 分别是为产褥期女性而设计课题的草图评估及草模型制作、为帕金森病患者而设计课题的草模型制作过程记录。

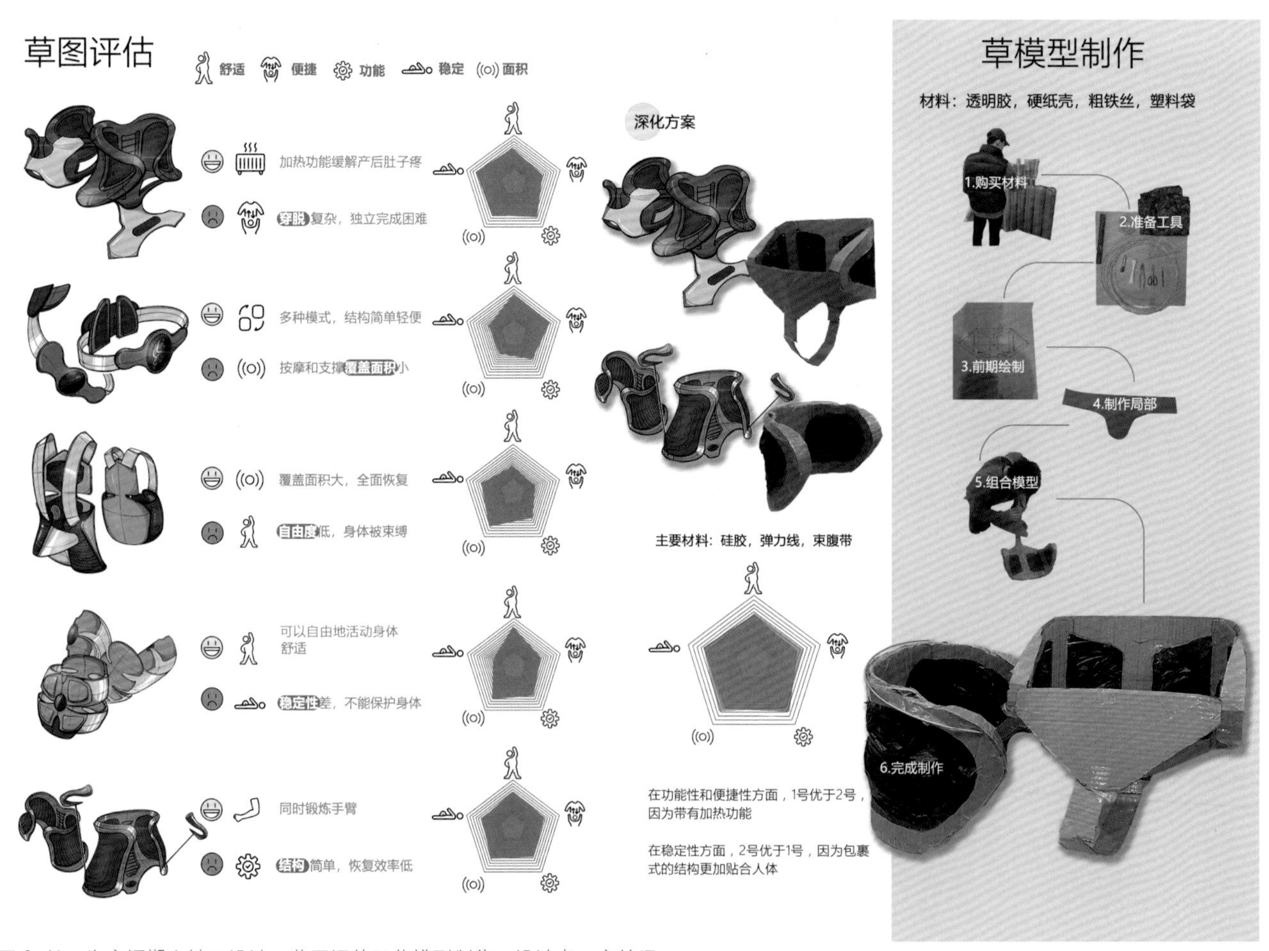


图 9.41 为产褥期女性而设计 – 草图评估及草模型制作，设计者：高铭泽

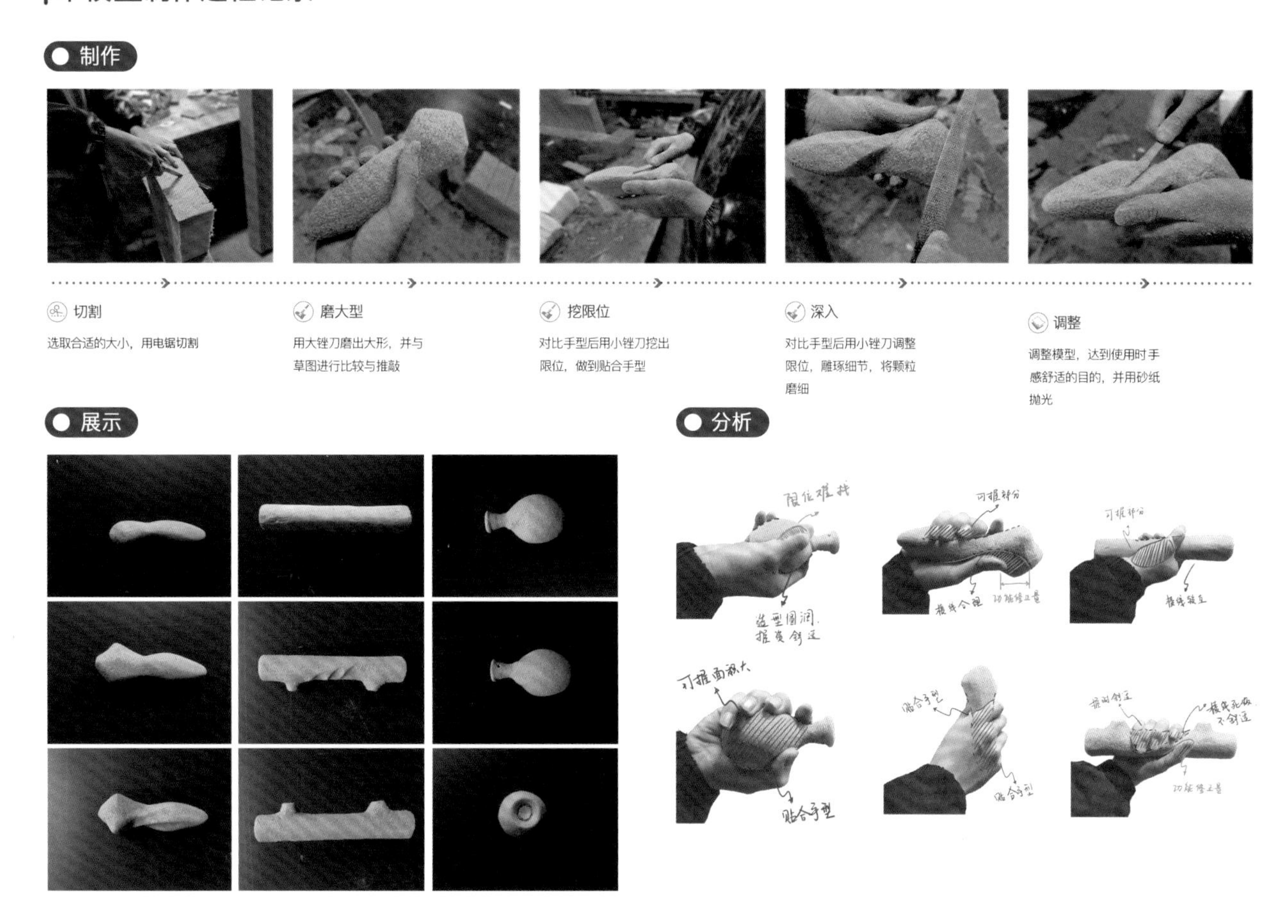
草模型制作过程记录
制作
切割
选取合适的大小，用电锯切割
磨大型
用大锉刀磨出大形，并与草图进行比较与推敲
挖限位
对比手型后用小锉刀挖出限位，做到贴合手型
深入
对比手型后用小锉刀调整限位，雕琢细节，将颗粒磨细
调整
调整模型，达到使用时手感舒适的目的，并用砂纸抛光
展示
分析

图 9.42　为帕金森病患者而设计－草模型制作过程记录，设计者：金凡博

## 9.16　人机测试与反馈

完成系列草模型后，学生将邀请 5 人组成的目标用户团队对每个草模型进行测试实验。整个测试过程分为以下几步。第一，建立模拟使用产品的场景，并在场景中记录使用产品的全过程。第二，受试人员邀请（5 人）。第三，测试过程记录（产品的操作姿态和方式分析；静态劳动和动态劳动状态下人体局部的用力范围、受力分析、耐力、惯性和疲劳机制；产品的功能分析、安全性分析、审美性分析、舒适程度分析）。第四，受试人员填写调查问卷。图 9.43 至图 9.47 分别为 3 个优秀课题作业的人机测试与反馈、模型制作与人机实验。

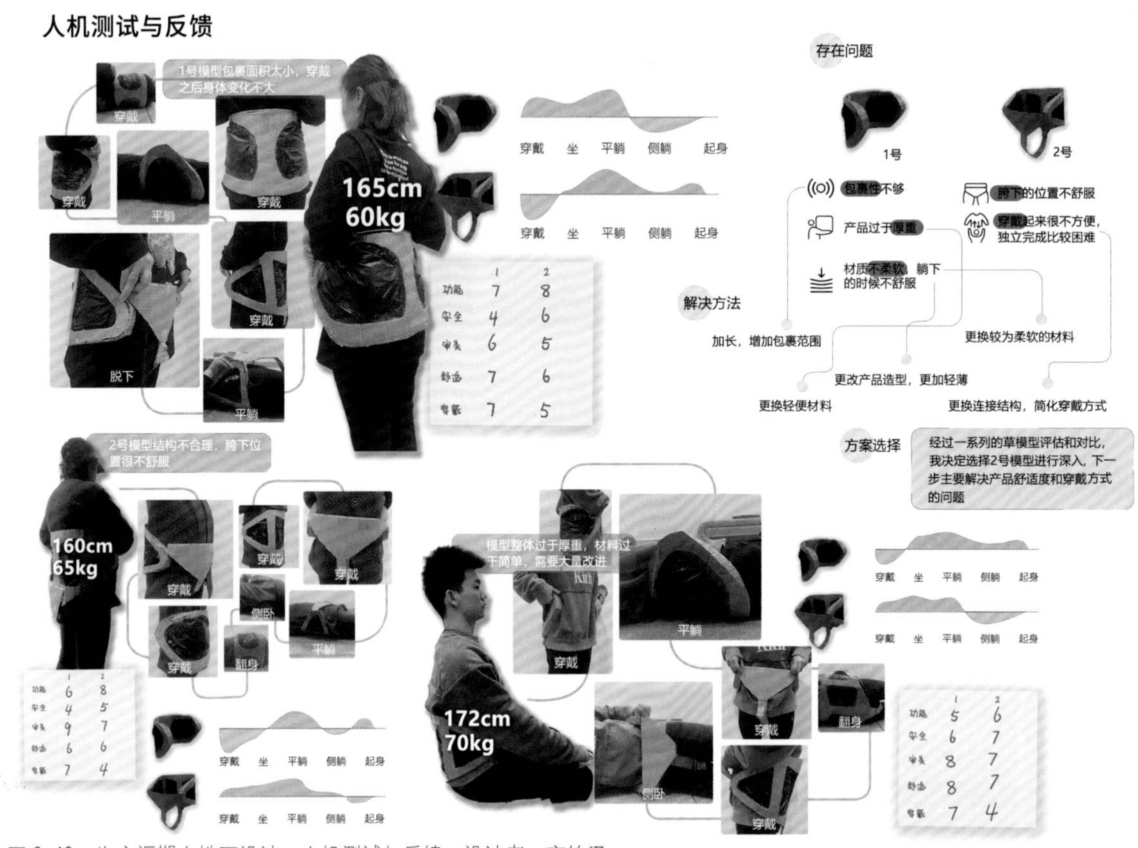


图 9.43　为产褥期女性而设计 - 人机测试与反馈，设计者：高铭泽

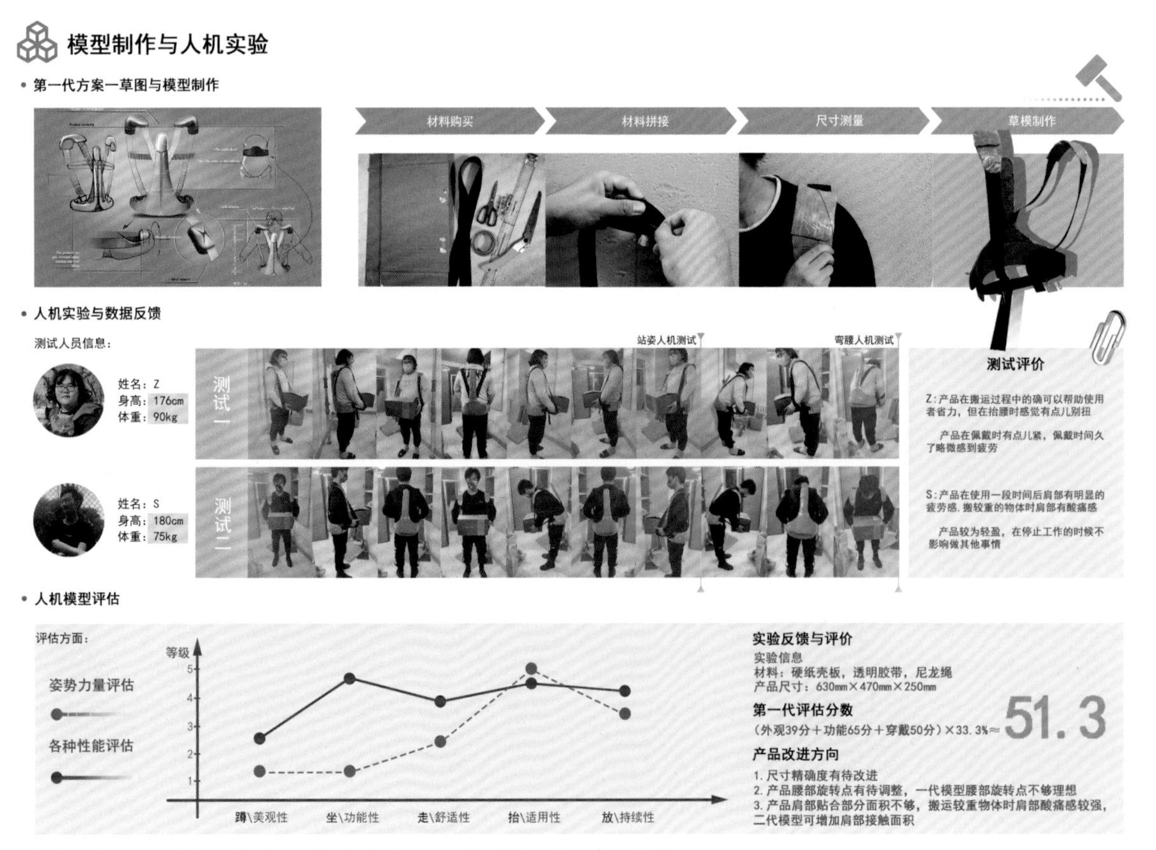


图 9.44　为搬运工人而设计 - 模型制作与人机实验 (1)，设计者：孙彬

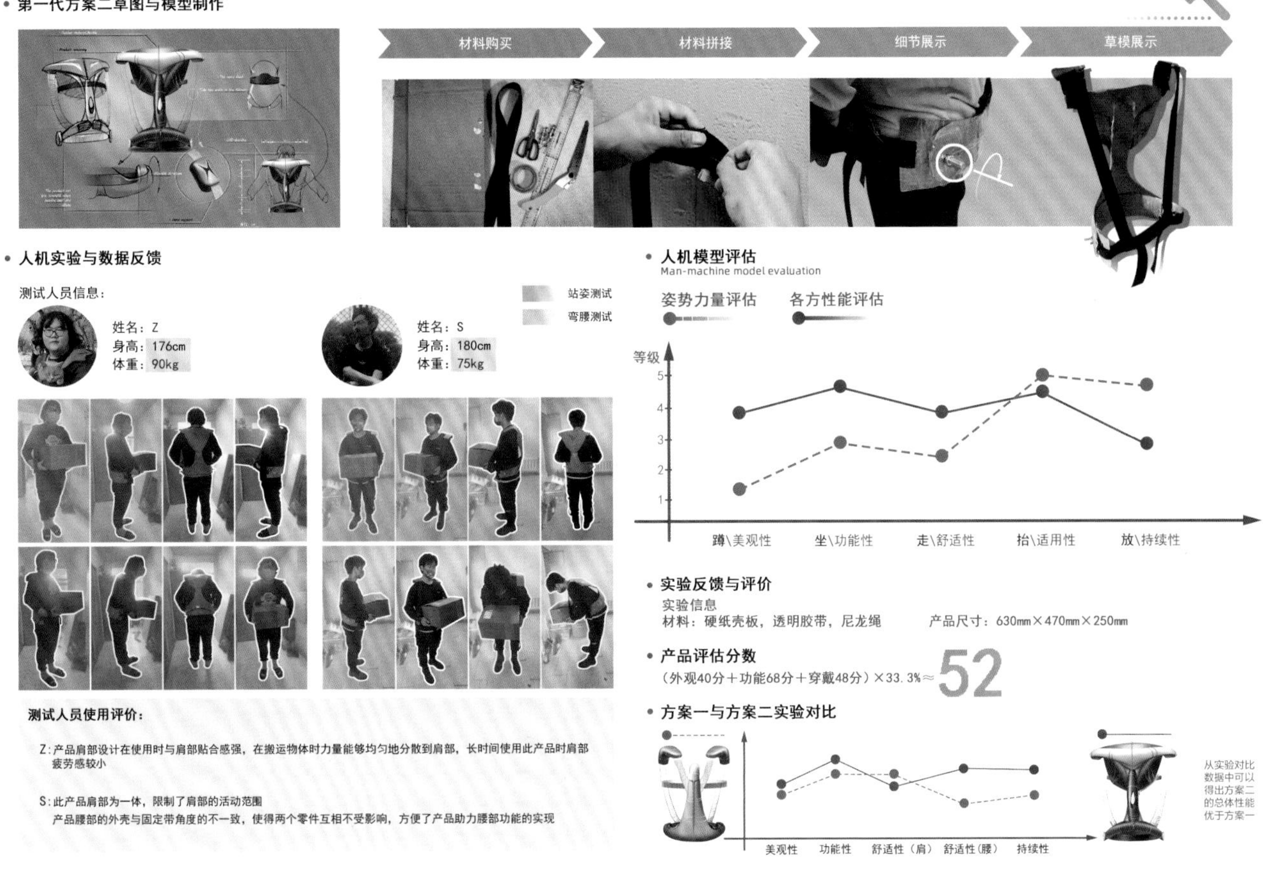


图 9.45　为搬运工人而设计－模型制作与人机实验（2），设计者：孙彬

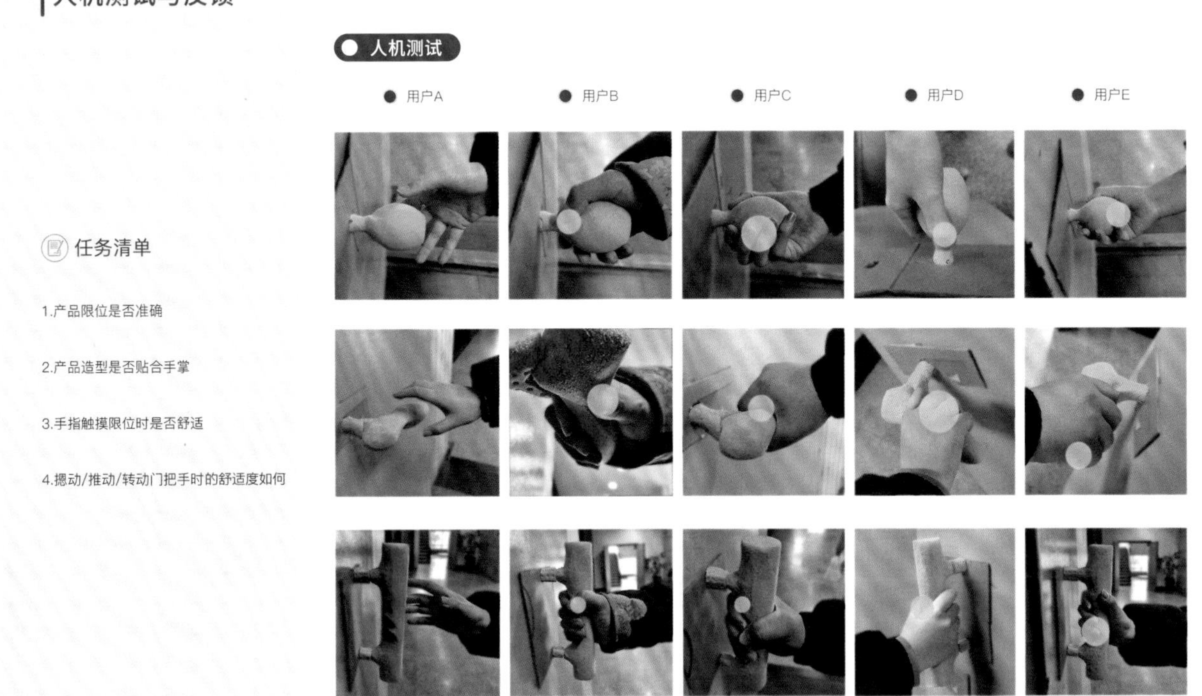


图 9.46　为帕金森病患者而设计－人机测试与反馈（1），设计者：金凡博

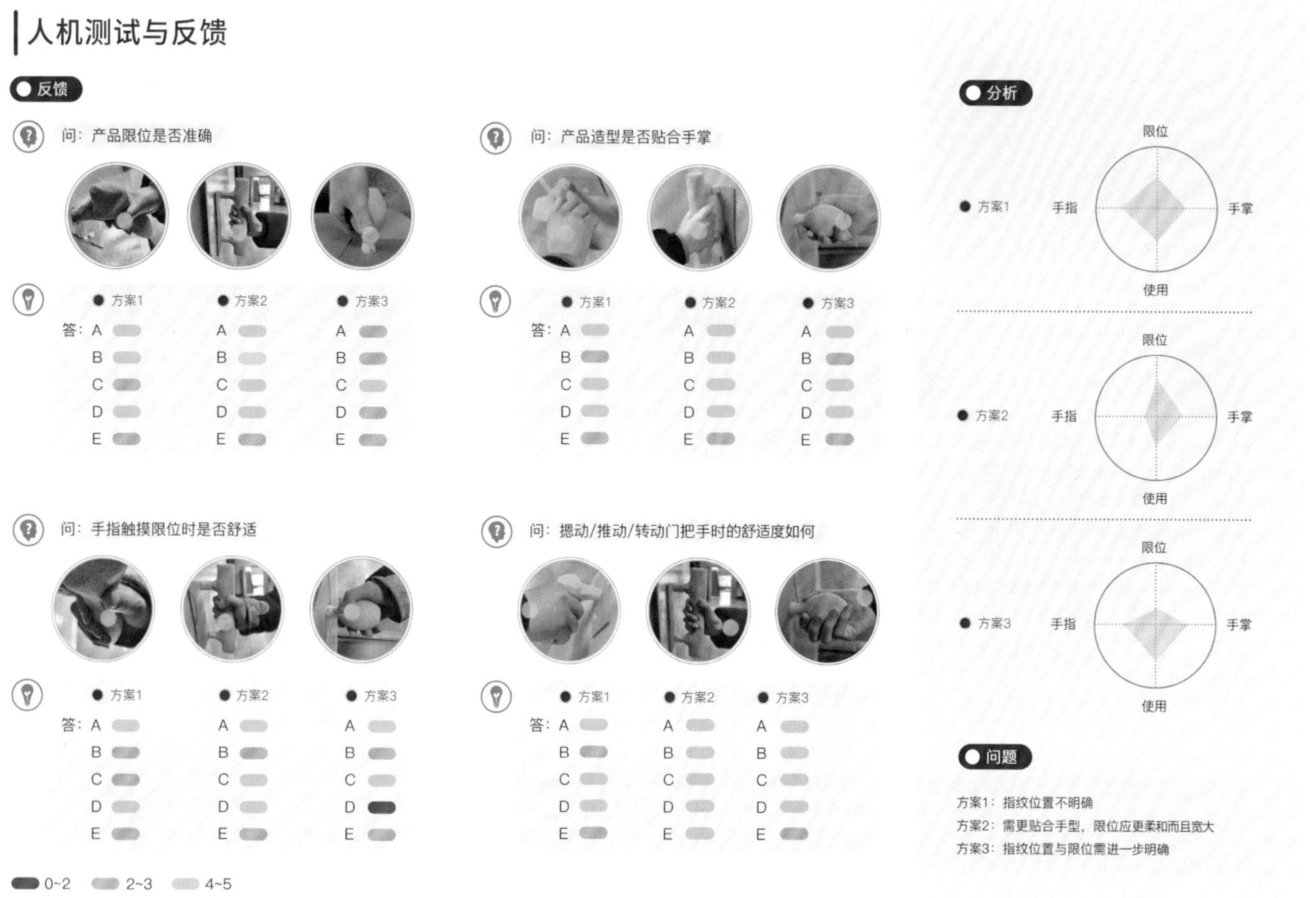

人机测试与反馈

反馈

问：产品限位是否准确

方案1 方案2 方案3

答：A B C D E

问：产品造型是否贴合手掌

方案1 方案2 方案3

答：A B C D E

问：手指触摸限位时是否舒适

方案1 方案2 方案3

答：A B C D E

问：摁动/推动/转动门把手时的舒适度如何

方案1 方案2 方案3

答：A B C D E

0~2 2~3 4~5

分析

方案1 限位 手指 手掌 使用

方案2 限位 手指 手掌 使用

方案3 限位 手指 手掌 使用

问题

方案1：指纹位置不明确

方案2：需更贴合手型，限位应更柔和而且宽大

方案3：指纹位置与限位需进一步明确

图 9.47 为帕金森病患者而设计 - 人机测试与反馈（2），设计者：金凡博

# 9.17 方案改进 - 草图

根据草模型实验，学生会发现产品存在的使用问题，根据用户反馈和自我分析，列出改进设计的计划清单，再进行二代设计草图的绘制。深入的草图方案要求呈现产品的颜色、材质表达完整、人机局部分析和细节分析图、功能分析图、材质分析图、CAD 尺寸图、使用状态和使用环境分析图等，同时还要写出草图方案分析与比较。图 9.48 至图 9.50 分别为 3 个优秀课题作业的深化草图。

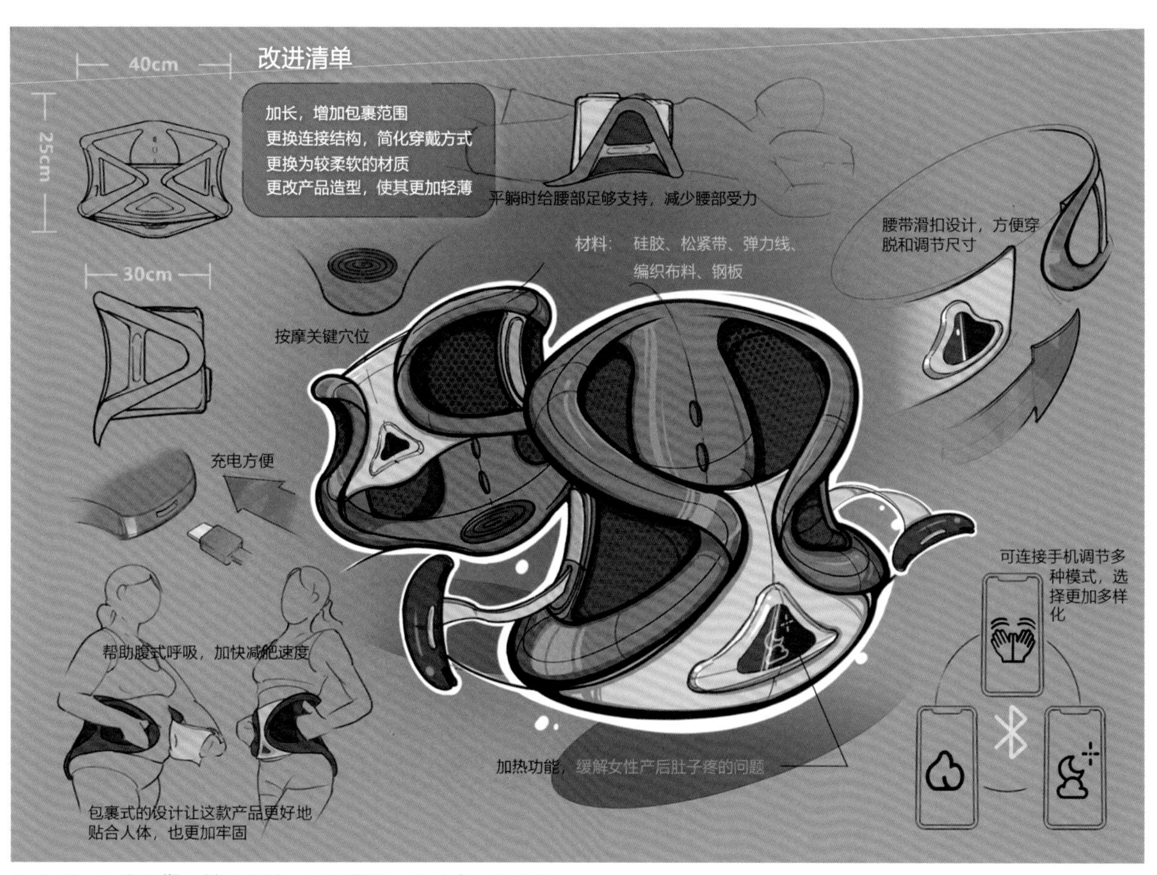

图 9.48　为产褥期女性而设计 - 深化草图，设计者：高铭泽

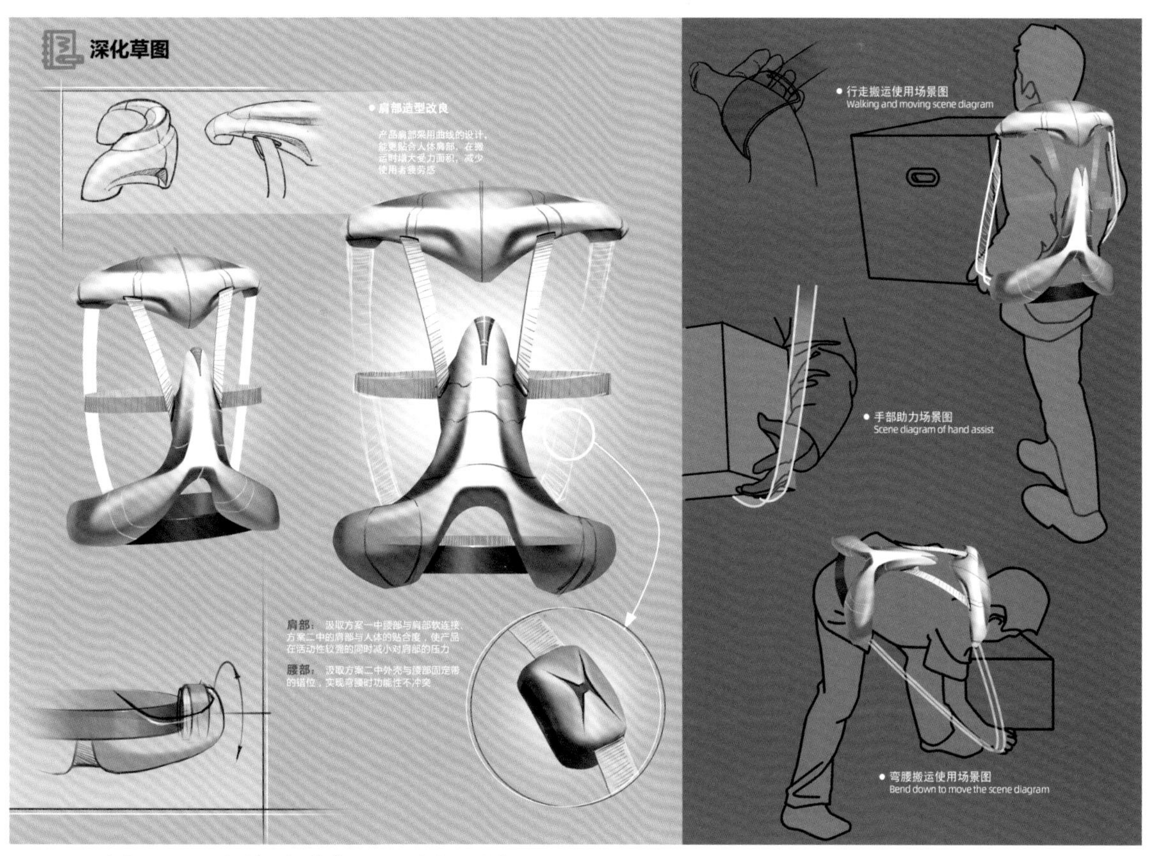

图 9.49　为搬运工人而设计 - 深化草图，设计者：孙彬

## 深化草图

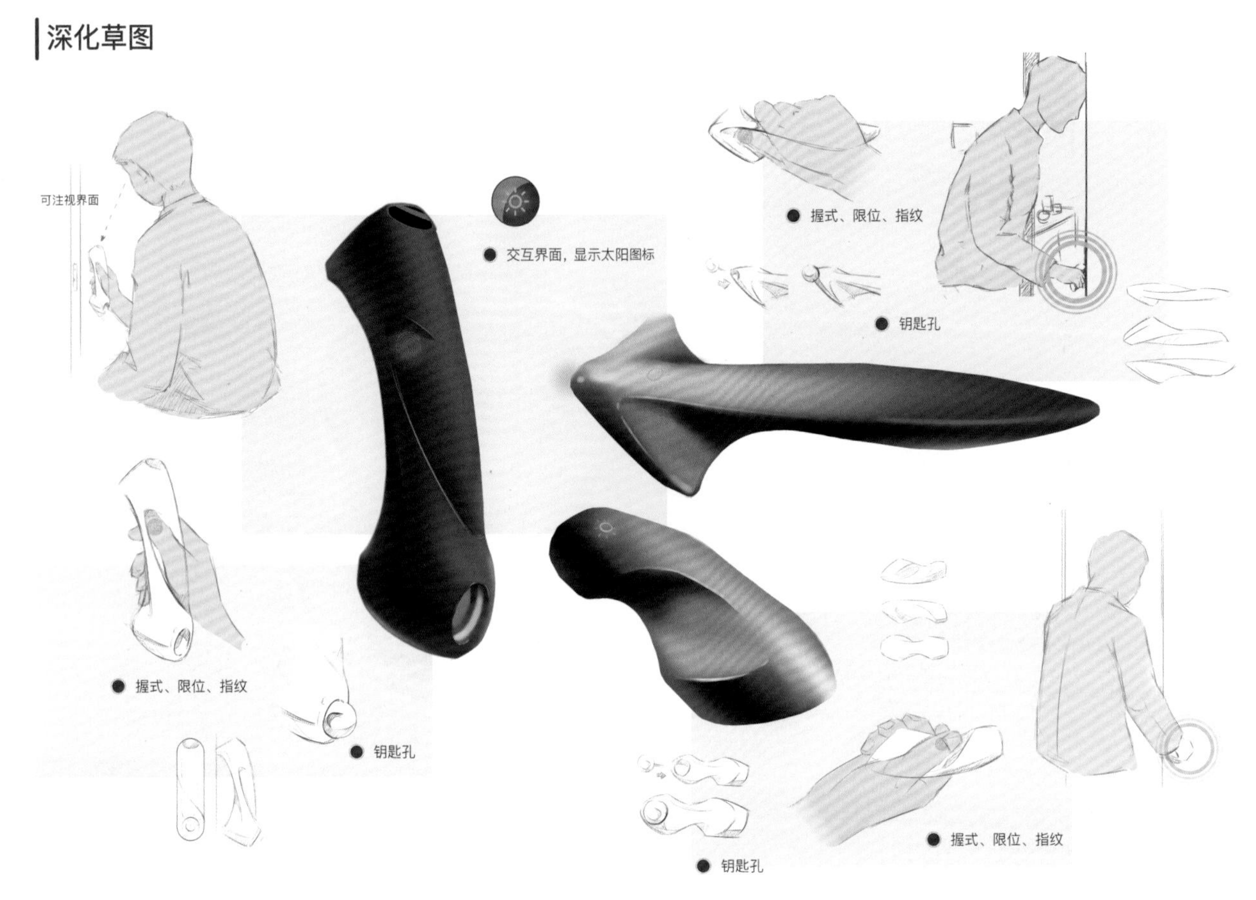


图 9.50　为帕金森病患者而设计 - 深化草图，设计者：金凡博

# 9.18　方案改进 - 样机

依照改进后的设计方案草图，学生开始第二轮的样机制作。与草模型的制作相比，产品的样机制作虽然还是以手工模型为主，但在模型比例、形态、结构、细节精度和材质逼真度等方面都有更高的要求。教师鼓励学生选购一些现有产品，拆下所需部件安装在样机上，来增加模型的保真度。同时，也可以配合使用 3D 打印机，来完善样机的精度。图 9.51 至图 9.55 分别为 3 个优秀课题作业的二代、三代样机制作及人机实验。

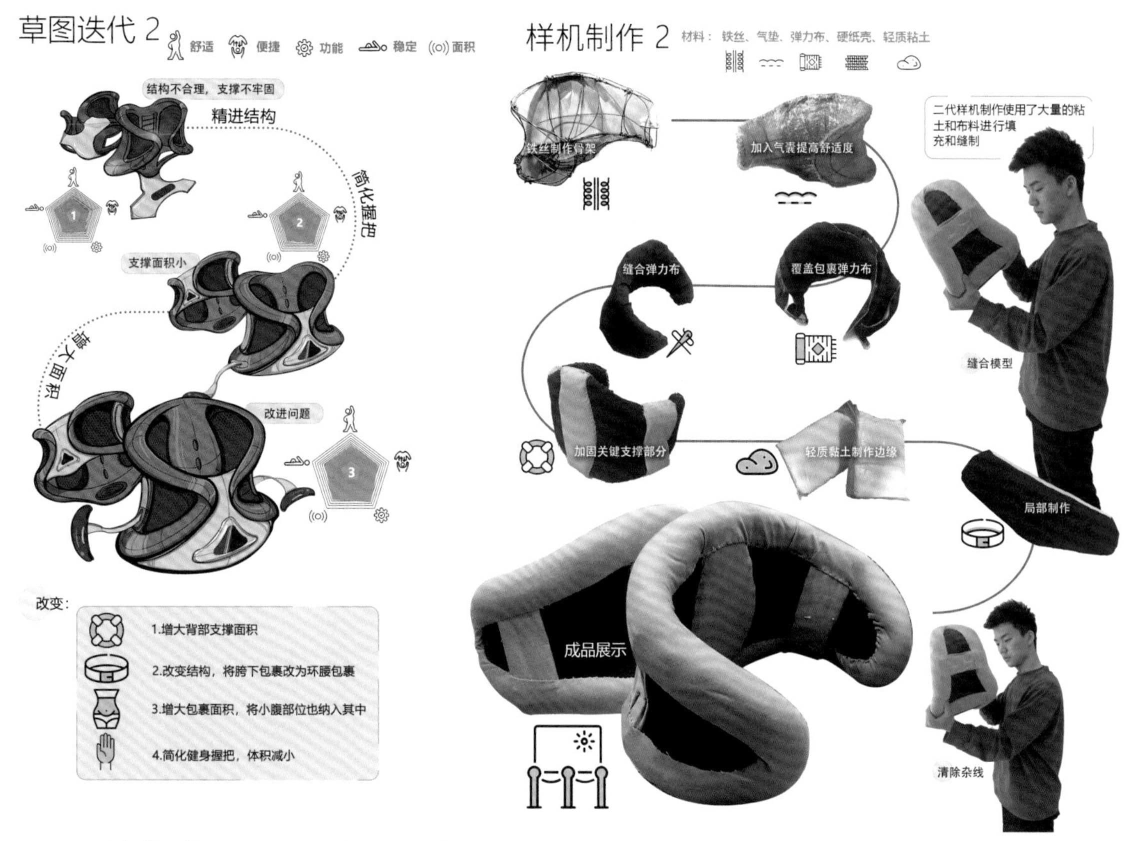


图 9.51　为产褥期女性而设计 - 二代样机，设计者：高铭泽

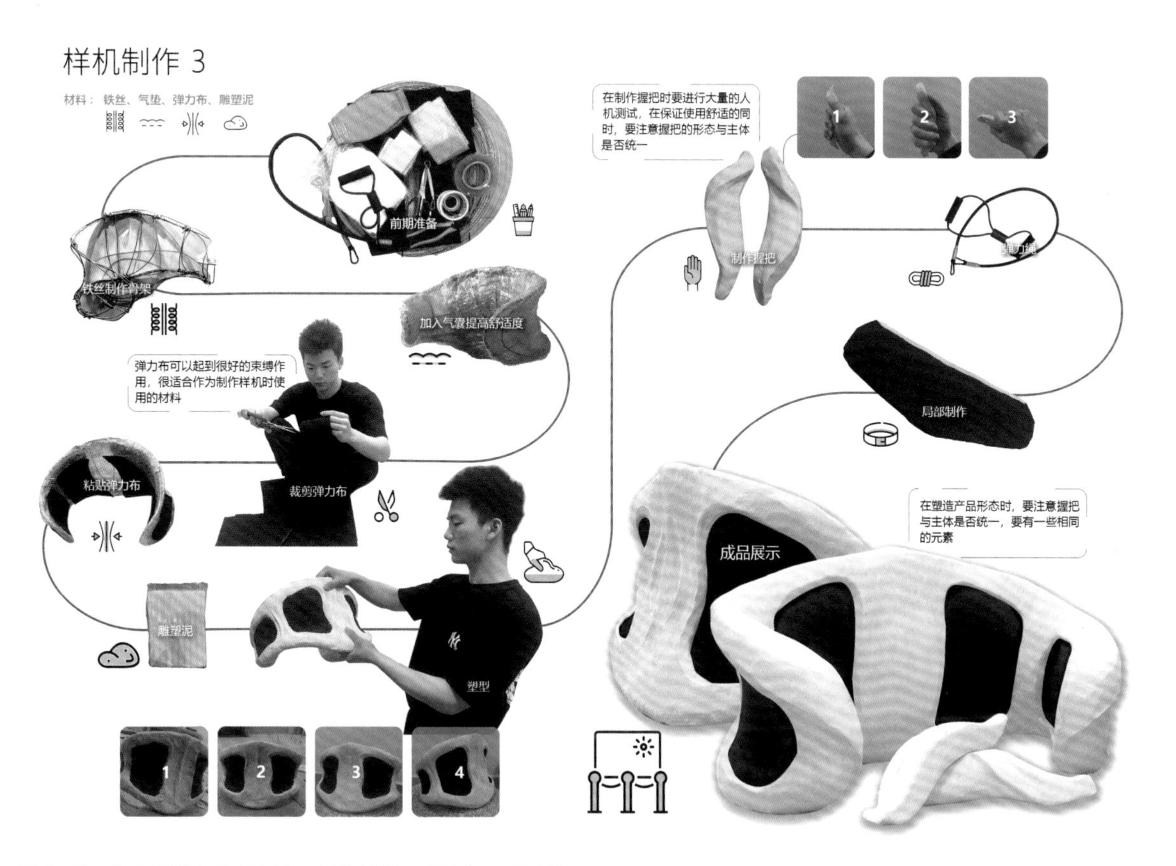


图 9.52　为产褥期女性而设计 - 三代样机，设计者：高铭泽

## 样机制作与人机实验

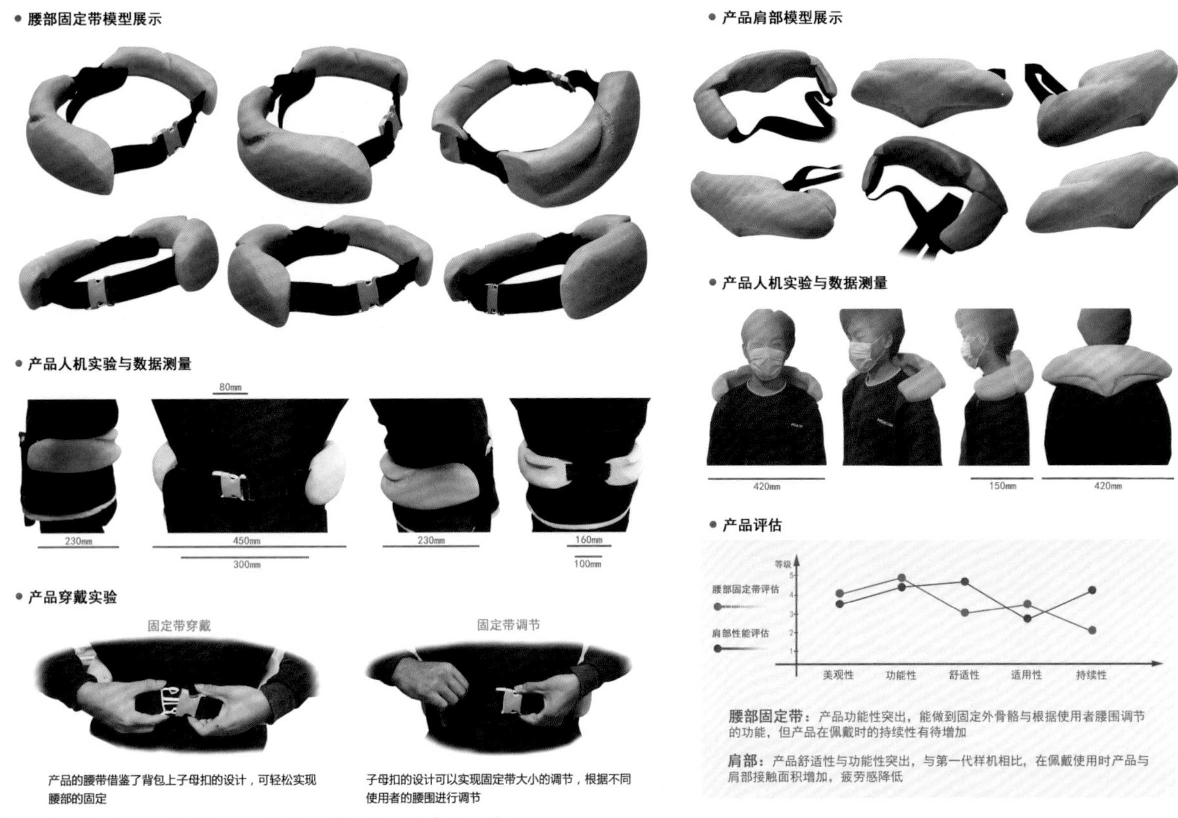

• 腰部固定带模型展示
• 产品肩部模型展示
• 产品人机实验与数据测量
80mm
230mm
450mm
300mm
230mm
160mm
100mm
420mm
150mm
420mm
• 产品穿戴实验
固定带穿戴
固定带调节
产品的腰带借鉴了背包上子母扣的设计，可轻松实现腰部的固定
子母扣的设计可以实现固定带大小的调节，根据不同使用者的腰围进行调节
• 产品评估
等级
腰部固定带评估
肩部性能评估
美观性
功能性
舒适性
适用性
持续性
腰部固定带：产品功能性突出，能做到固定外骨骼与根据使用者腰围调节的功能，但产品在佩戴时的持续性有待增加
肩部：产品舒适性与功能性突出，与第一代样机相比，在佩戴使用时产品与肩部接触面积增加，疲劳感降低


图 9.53 为搬运工人而设计 - 二代样机，设计者：孙彬

## 样机制作过程记录

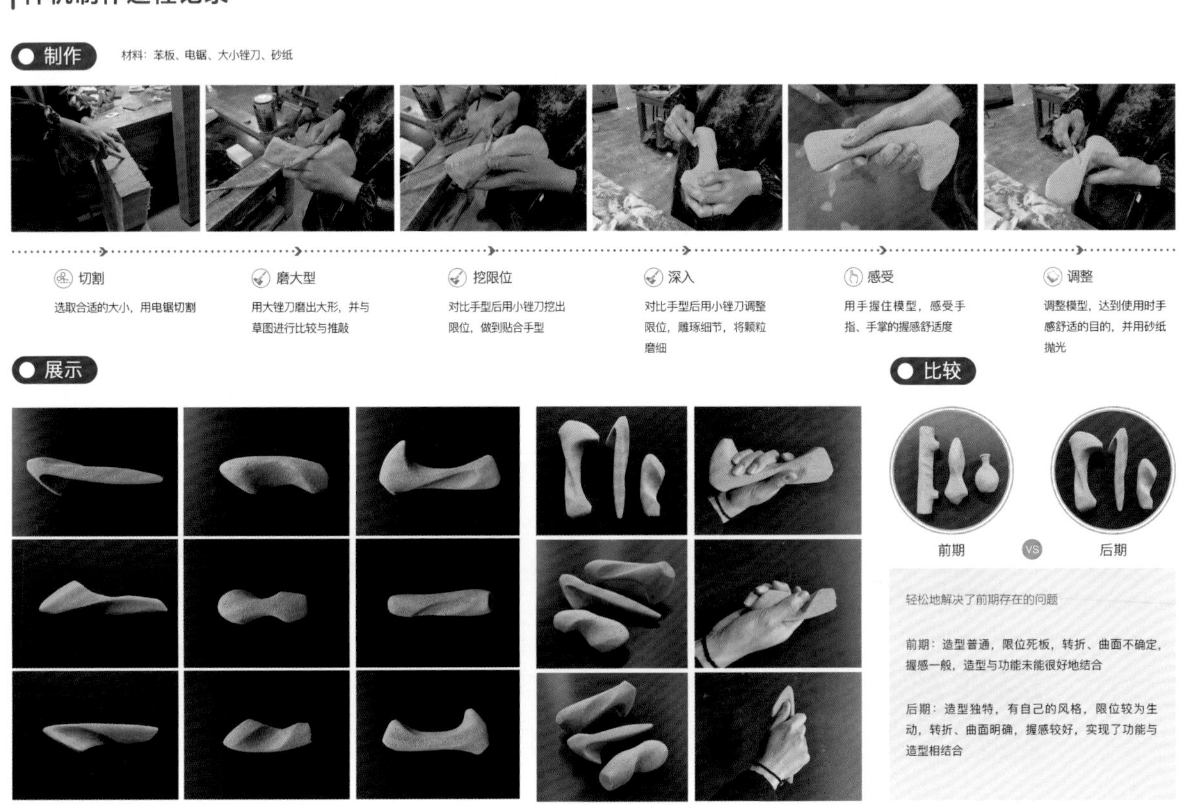

制作
材料：苯板、电锯、大小锉刀、砂纸
切割
选取合适的大小，用电锯切割
磨大型
用大锉刀磨出大形，并与草图进行比较与推敲
挖限位
对比手型后用小锉刀挖出限位，做到贴合手型
深入
对比手型后用小锉刀调整限位，雕琢细节，将颗粒磨细
感受
用手握住模型，感受手指、手掌的握感舒适度
调整
调整模型，达到使用时手感舒适的目的，并用砂纸抛光
展示
比较
前期
VS
后期
轻松地解决了前期存在的问题
前期：造型普通，限位死板，转折、曲面不确定，握感一般，造型与功能未能很好地结合
后期：造型独特，有自己的风格，限位较为生动，转折、曲面明确，握感较好，实现了功能与造型相结合


图 9.54 为帕金森病患者而设计 - 二代样机，设计者：金凡博

## 样机分析

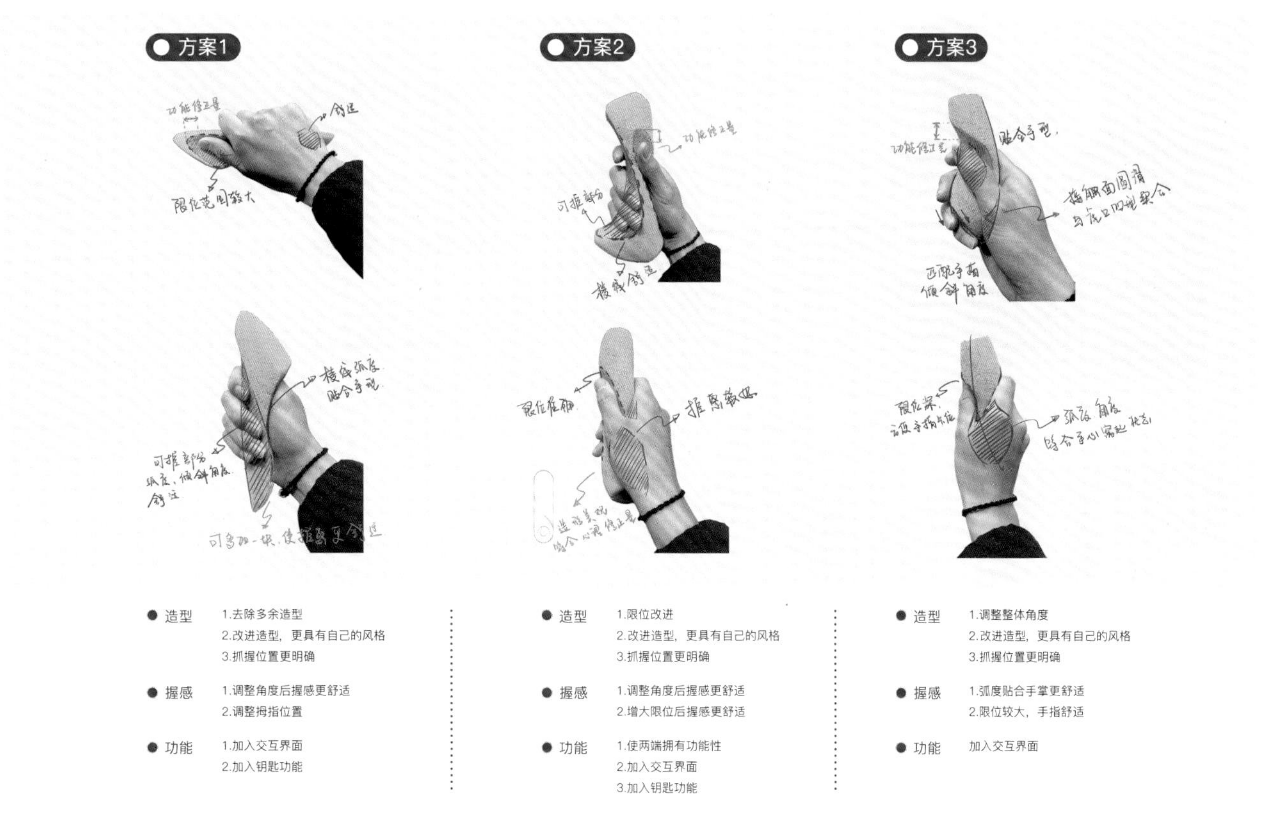


图 9.55　为帕金森病患者而设计－二代样机，设计者：金凡博

# 9.19　样机测试与反馈

与一代的样机测试不同，对二代样机的测试重点要从活动尺度、适用性等因素转移到设计的功能、结构的实现上。这次需要重新邀请一批测试人员，在交代测试的各项任务之后，观察者应适当延长测试时间，来模拟产品真实的使用场景。这一轮的样机测试非常关键，因为它将为下一步的产品概念落地提供各项设计参数。图 9.56 至图 9.58 分别为 3 个优秀课题作业的样机测试与反馈。

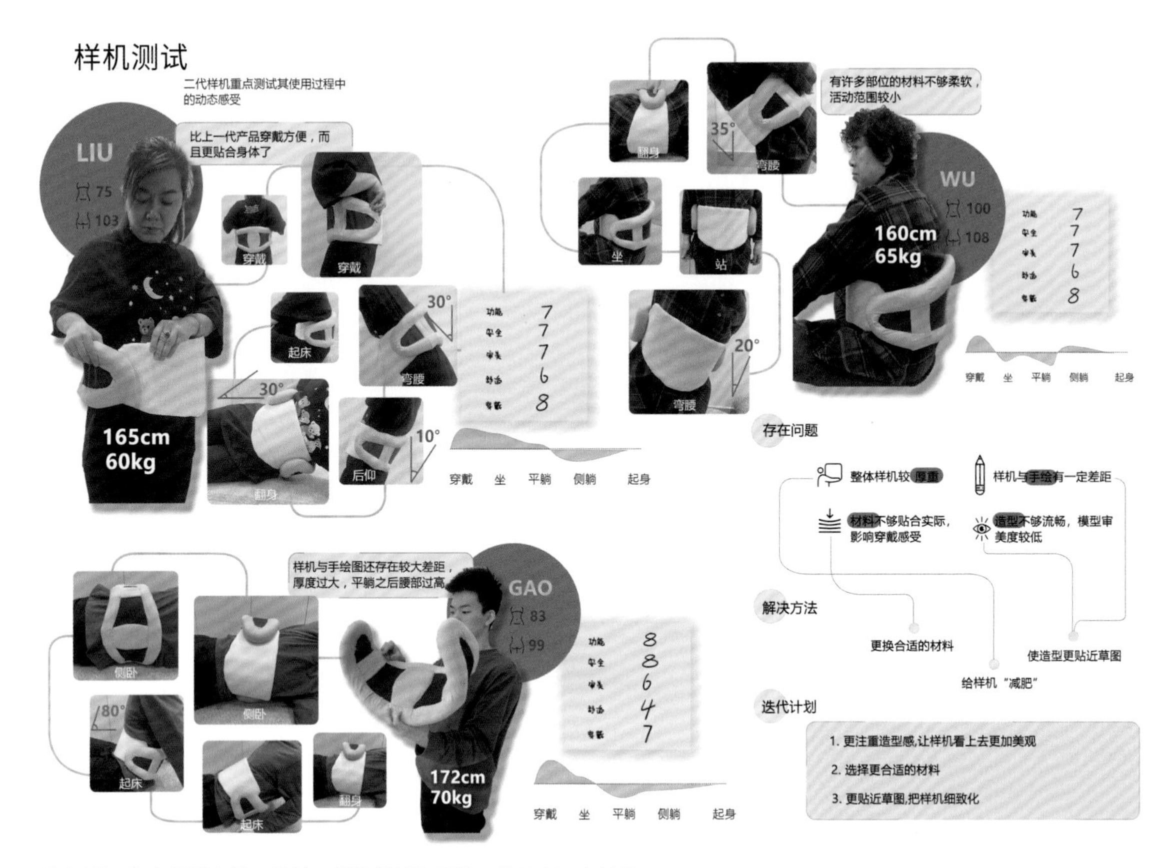


图 9.56 为产褥期女性而设计 - 样机测试与反馈，设计者：高铭泽

## 样机测试与反馈

• 第二代草图方案与样机制作

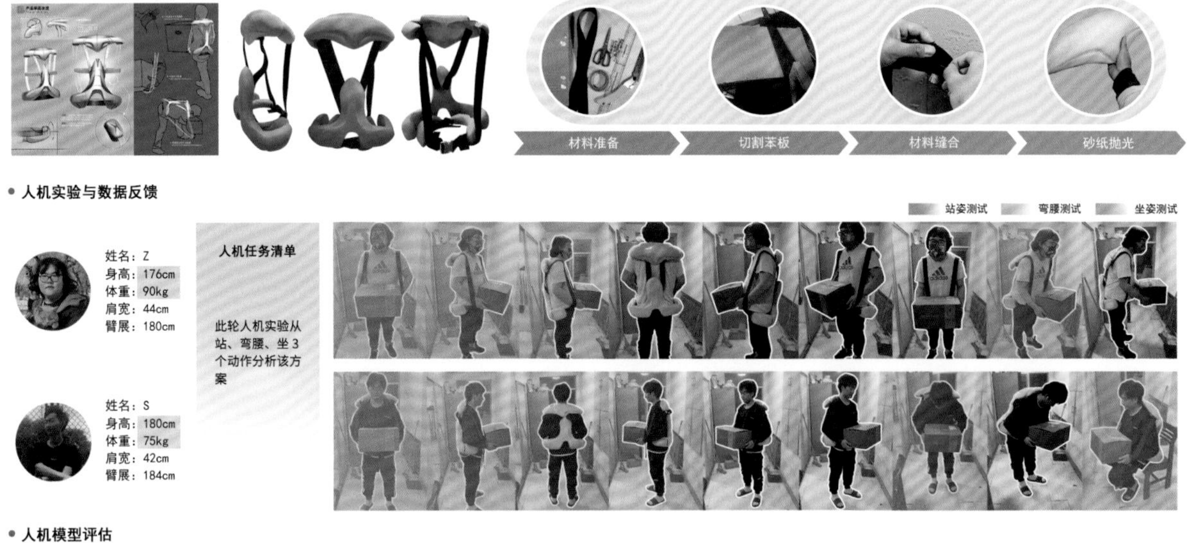


• 人机模型评估

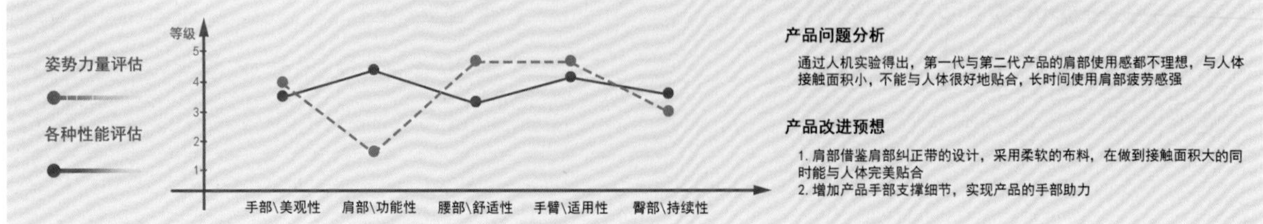


图 9.57 为搬运工人而设计 - 样机测试与反馈，设计者：孙彬

## 样机测试与反馈

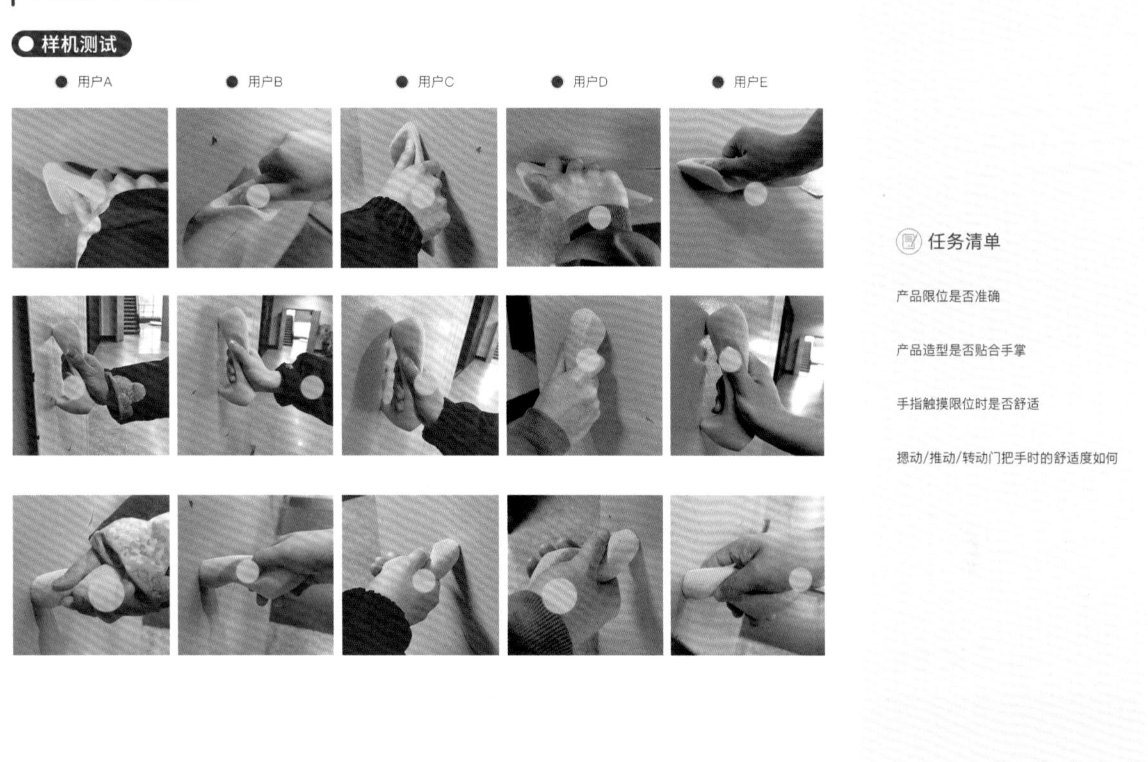

图 9.58　为帕金森病患者而设计 – 样机测试与反馈，设计者：金凡博

# 9.20 方案优化 - 渲染图

经过两轮样机测试和设计优化后，设计方案可以阶段性地表现产品的仿真效果。利用计算机辅助设计软件进行等比例三维模型制作，再根据建立的 3D 模型赋予仿真的材料渲染出图。三维渲染效果图的优势在于快速呈现产品的逼真效果。除了外观效果展示，这一阶段还可以利用三维建模软件对产品的结构、机构运行方式进行仿真模拟实验，在测试中发现问题并进行修改，可以减少手工制作样机的次数，提高工作效率。图 9.59 至图 9.60 分别是为搬运工而设计的搬运背带渲染效果图和为帕金森病患者而设计的门锁的渲染效果图。

**产品效果图展示**

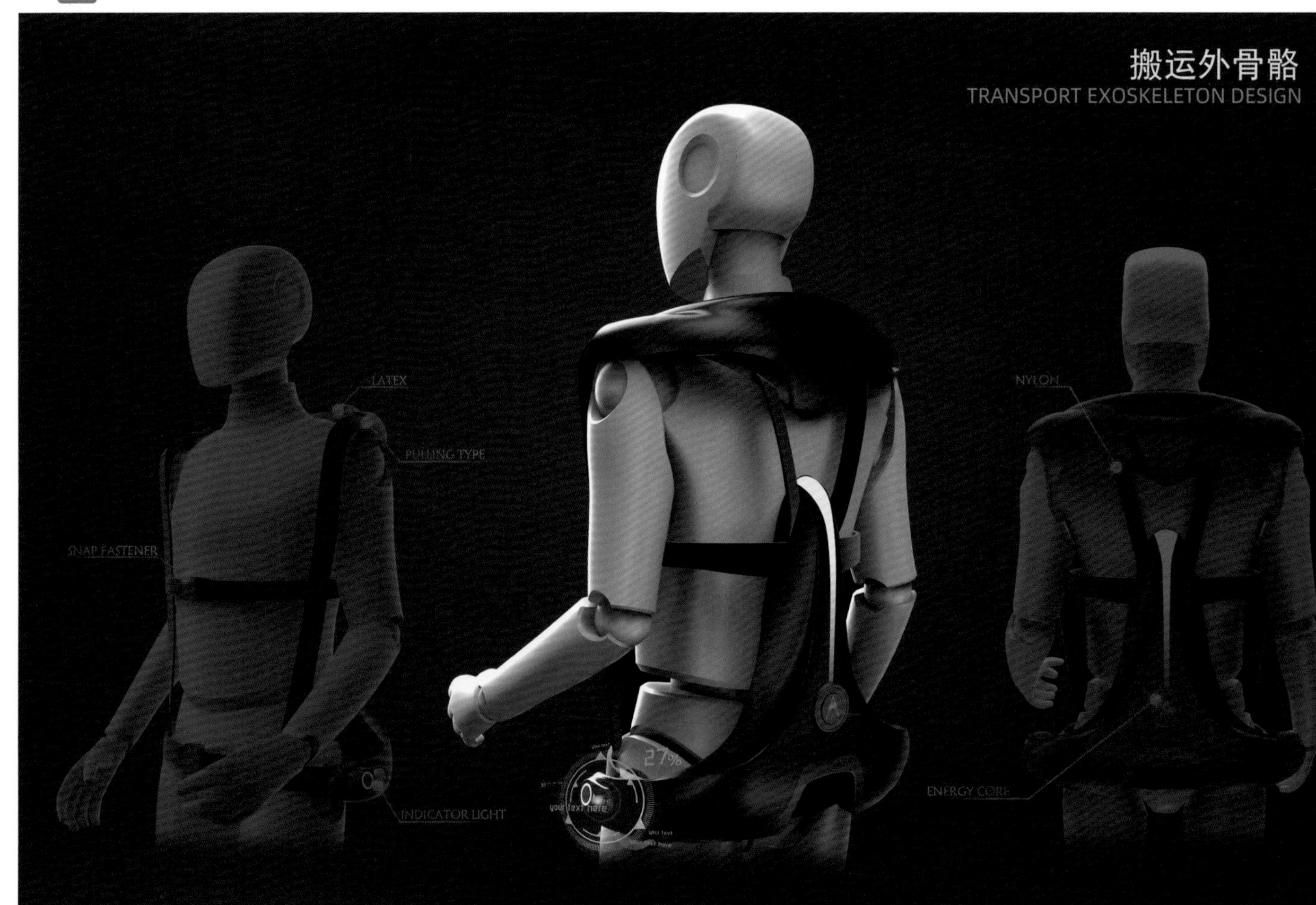


图 9.59　为搬运工人而设计 - 渲染效果图，设计者：孙彬

## 方案展示

## 方案展示

图 9.60　为帕金森病患者而设计－渲染效果图 (2)，设计者：金凡博

# 9.21 方案优化 – 故事板与情境图

在建模渲染阶段，设计者可以将产品效果图置于真实的情境图中展示，一方面可以让观察者明确产品的使用环境；另一方面通过空间中的其他参照物，观察者可以明确产品的尺度感。同时，利用故事板展示产品的使用流程，让观察者直观地了解设计的各项功能。在情境图中，也经常会加入使用者的图像，让用户有一种真实的使用代入感。图 9.61 至图 9.63 分别为 3 个优秀课题作业的产品使用故事板和产品使用情境图。

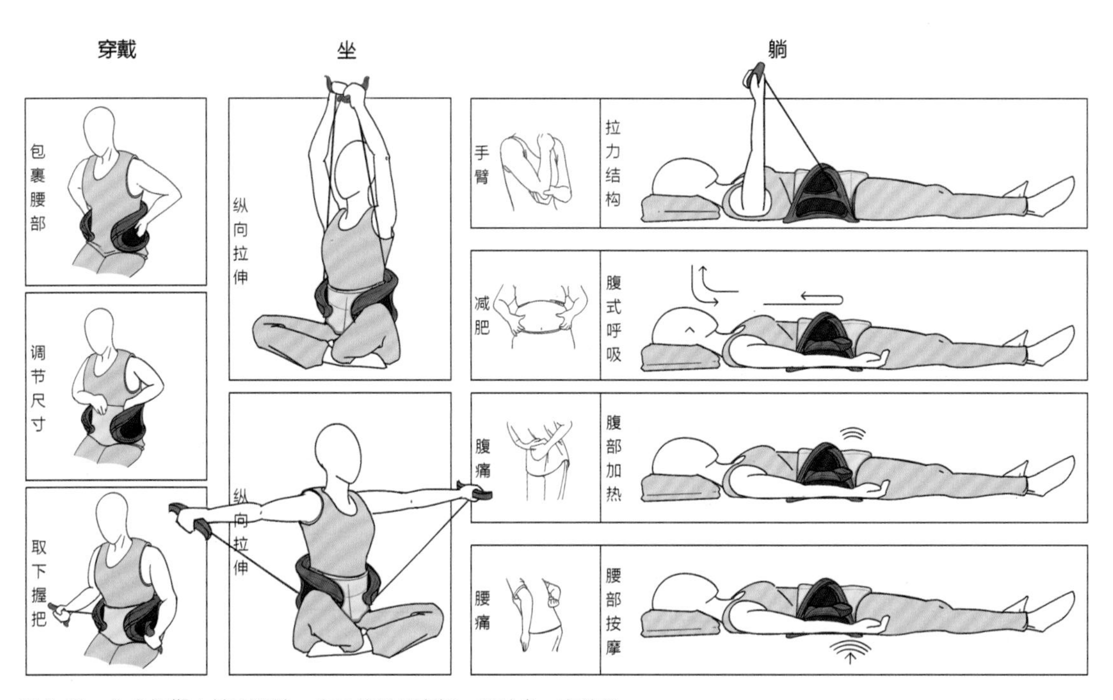


图 9.61　为产褥期女性而设计 – 产品使用故事板，设计者：高铭泽

## 故事板

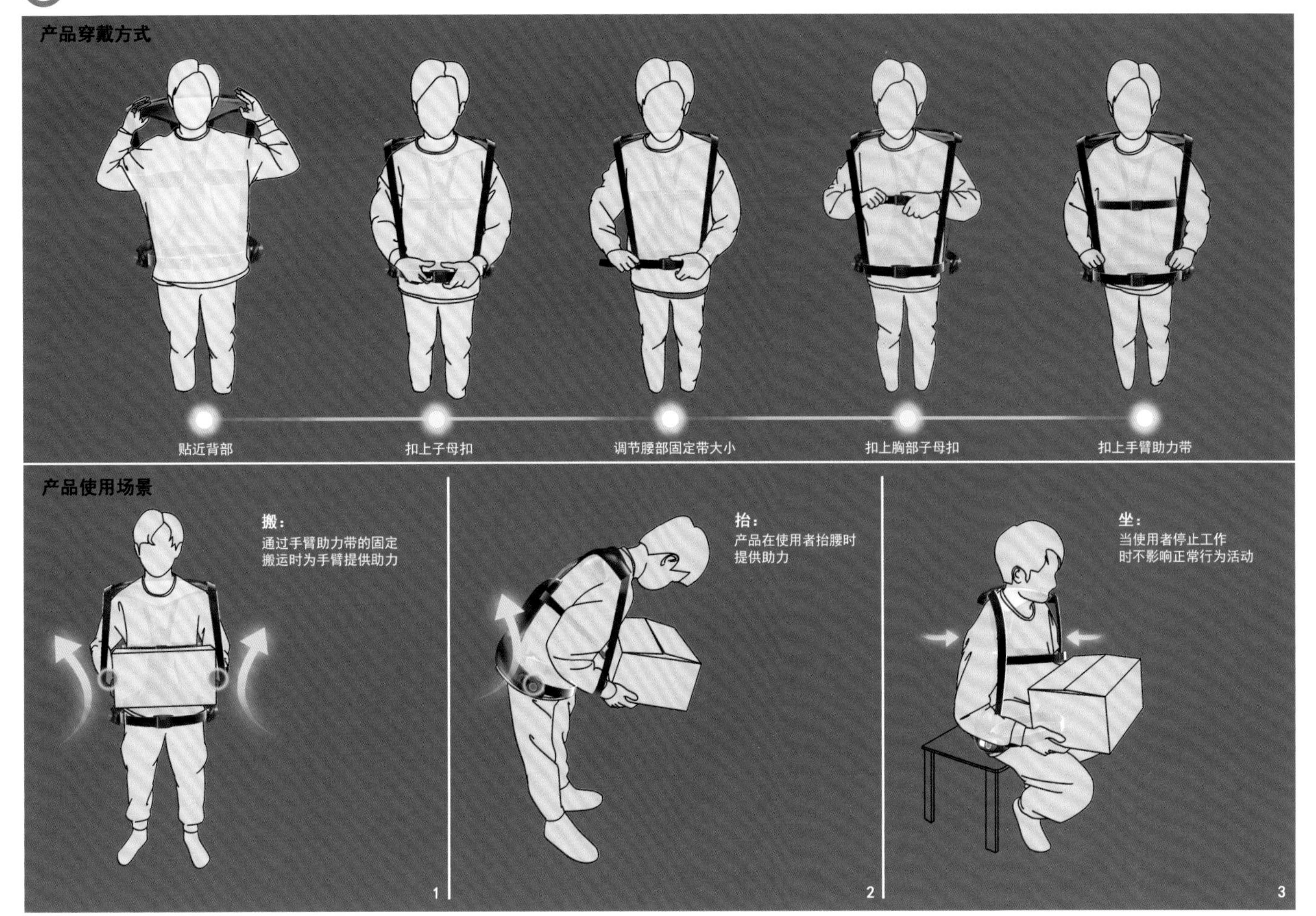


图 9.62　为搬运工人而设计－产品使用故事板，设计者：孙彬

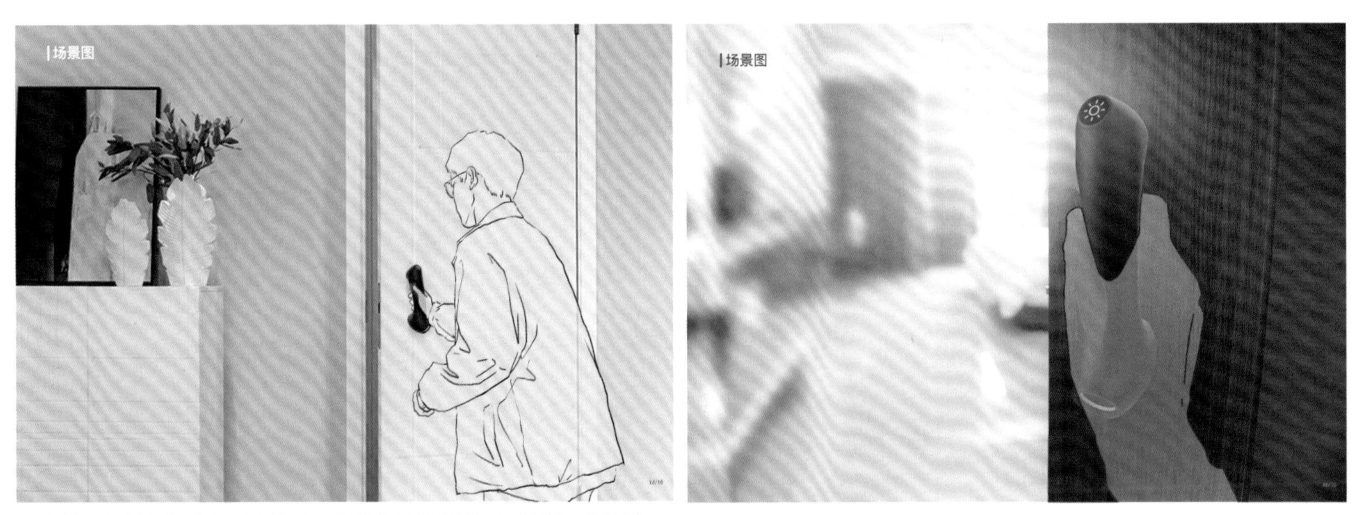


图 9.63　为帕金森病患者而设计－产品使用情境图，设计者：金凡博

# 9.22 人机评估

作为阶段性的总结，人机评估将对目前产品的原型进行多项评价，其中包括产品与人体使用部位的匹配度、使用过程中人体部位的施力和受力情况、产品各项性能的用户满意度、产品的心理修正量和生理修正量的评估等。许多学生以为设计项目到这里就要告一段落了，实际上，这只是从设计概念到设计投产环节中微观迭代的过程。因此，人机评估的目的是为设计者提供一次反思的机会，并为下一步优化设计做好计划和准备。图 9.64、图 9.65 分别是为产褥期女性而设计和为帕金森病患者而设计这两个课题的人机评估。

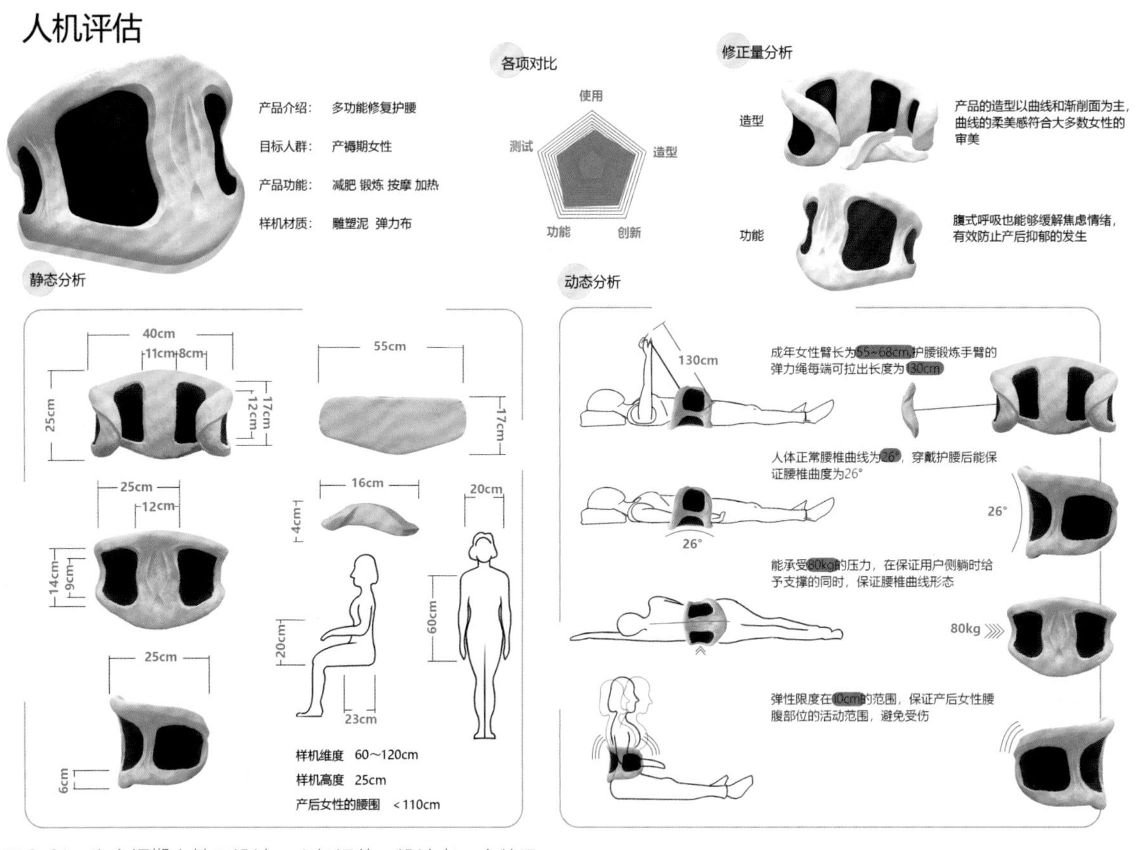


图 9.64 为产褥期女性而设计－人机评估，设计者：高铭泽

## 人机评估

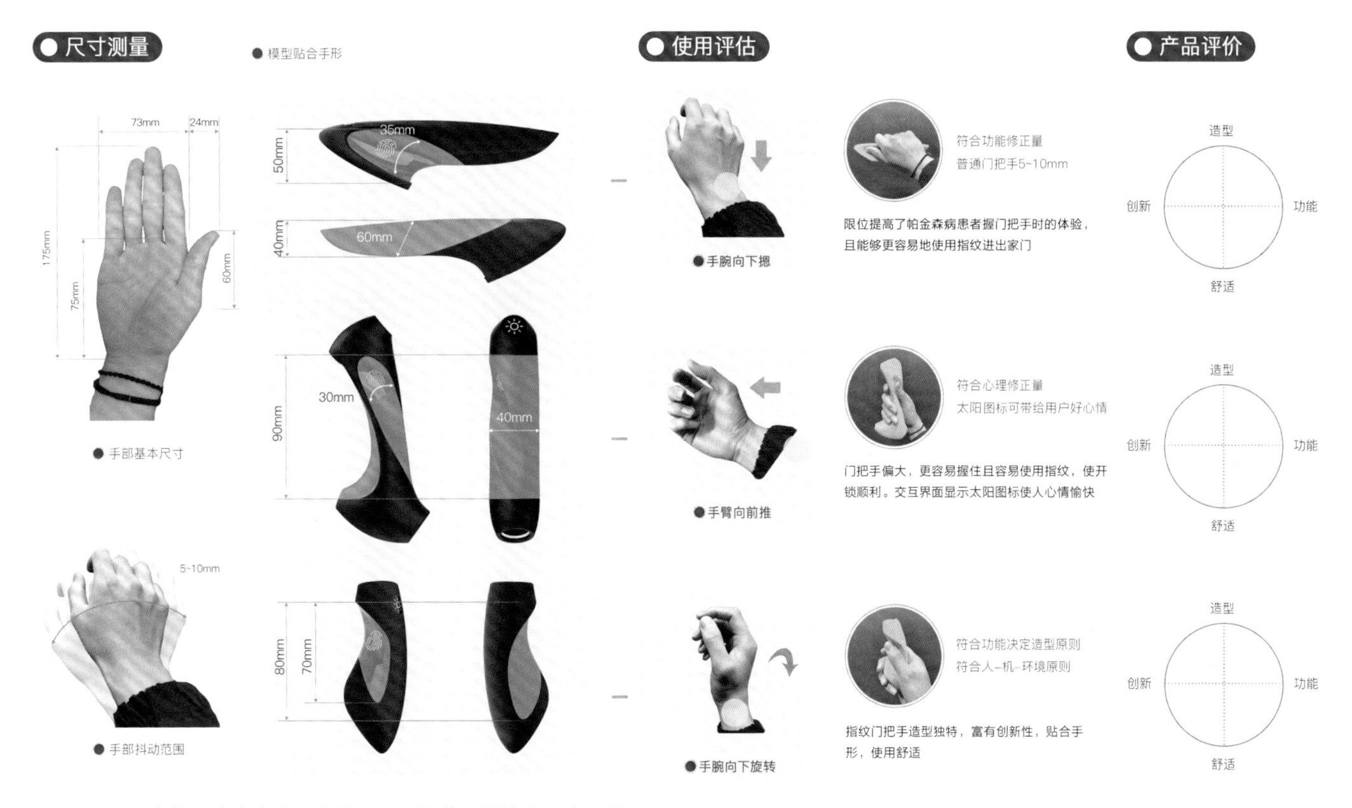


图 9.65　为帕金森病患者而设计 - 人机评估，设计者：金凡博

**思考题**

（1）产品设计人机工程学课题的前期调研有哪些任务？

（2）产品设计人机工程学课题的原型有哪些？

（3）如何进行样机测试与用户反馈？

（4）设计人机评估有哪些评价指标？

（5）如何进行设计优化和迭代？

# 参考文献


丁玉兰，2017. 人机工程学 [M].5 版 . 北京：北京理工大学出版社 .

曹祥哲，2018. 人机工程学 [M]. 北京：清华大学出版社 .

苟锐，2020. 设计中的人机工程学 [M]. 北京：机械工业出版社 .

王保国，王新泉，刘淑艳，等，2016. 安全人机工程学 [M].2 版 . 北京：机械工业出版社 .

阮宝湘，2005. 人机工程学课程设计 / 课程论文选编 [M]. 北京：机械工业出版社 .

杨锆，刘加海，杨向农，等，2015. 基于信息产品的人机工程学 [M]. 北京：清华大学出版社 .

胡海权，2013. 工业设计应用人机工程学 [M]. 辽宁：辽宁科学技术出版社 .

王继成，2010. 产品设计中的人机工程学 [M]. 北京：化学工业出版社 .

Vivek D.Bhise，2014. 汽车设计中的人机工程学 [M]. 李惠彬，刘亚茹，等译 . 北京：机械工业出版社 .

于帆，邹林，许洪滨，2019. 人机工程学界面与交互系统设计 [M]. 北京：中国建筑工业出版社 .

夏敏燕，2017. 人机工程学基础与应用 [M]. 北京：电子工业出版社 .

薛澄岐，等 . 2022. 人机界面系统设计中的人因工程 [M]. 北京：国防工业出版社 .

唐智，黄波，等 . 2020. 人因工程设计及精彩案例解析 [M]. 北京：化学工业出版社 .

马广韬，2013. 人因工程学与设计应用 [M]. 北京：化学工业出版社 .

斯坦顿，萨尔蒙，2017. 人因工程学研究方法：工程与设计实用指南 [M].2 版 . 罗晓利，陈德贤，陈勇刚，译 . 重庆：西南师范大学出版社 .

贾谊，2017. 人体运动学参数采集与测量方法 [M]. 北京：科学技术文献出版社 .

刘伟，2021. 人机融合：超越人工智能 [M]. 北京：清华大学出版社 .

周苏，王文，2016. 人机交互技术 [M]. 北京：清华大学出版社 .

罗丽弦，洪玲，2015. 感性工学设计 [M]. 北京：清华大学出版社 .

李卓，2020. 感性工学设计方法：车身造型适应性研究 [M]. 湖北：武汉理工大学出版社 .

# 结语

在阅读完本书之后，希望读者可以意识到书中所讲述的产品设计人机工程学的各项参数与图表并不是一成不变的，这也意味着，设计师在做设计时，应当避免服从一成不变的准则，而且应在不同情况下灵活应用和及时补充各项人机数据。因为，设计中所涉及的人机工程学因素要根据目标用户进行不断调整，以适应不断出现的设计类型与设计挑战。在产品设计进程中，设计的迭代可能会根据设计的限制、不可控条件、技术变革、时代转变等因素而发生变化；同时，设计师无法决定或推测新的想法和创意会在哪一个绝对点上准时出现。然而，创新往往存在于设计的各项参数之中，通过人机评估可以在设计各个阶段孕育出新的思路和想法。所以，设计一个产品并非一项一次性的任务，设计团队往往会在某个阶段发现问题时，回过头去审视和调整设计的初始阶段；或者因为某个环节受到了启发，直接跳转到设计的最终阶段。由此可见，人机工程学为设计提供的各项参考更有益于产品设计不断走向成熟。

对于许多设计任务而言，设计团队即使认真履行了人机工程学的各项参数，也并不意味着必然会获得产品设计的成功和创新。产品设计中的人机因素，通常会因为一个设计项目具体阶段的改变，而不断帮助设计团队对设计进行评估和完善。在这个过程中根据人机工程学中的提示而发现的设计缺陷和挑战，可以在解决这些问题的过程中找到更多的设计切入点，并引发新的设计创新。然而，设计师不能想当然地以为，当他们走完这些流程就可以得到一个崭新的、完美的产品，很显然，这还远远不够。

随着设计项目实践和经验的积累，设计师可以明确的是产品设计与人机工程学是两个互相依存的系统。虽然人机工程学是一门独立的学科，但许多设计学现存的方法参考了不同学科所提供的依据，并且在学术界现存的上百种研究方法中，均有自己独立的逻辑，能够在不同阶段为设计发挥创新作用。假如产品设计的学习者和实践者在每一次学习和设计之前明确了以上问题，那么，当在设计中遇到困难和挫折时，便可以思辨地跳出固有模式，更加宏观地看待整个设计进程。随着不同学科知识和经验的积累，设计概念将逐渐走向成熟。同时，人机工程学可以独立发掘产品设计过程中存在的创新可能，从设计方法到设计原理，这是一个从量变到质变的过程。

产品设计是一个正在迅速发展的学科，设计师需要不断意识到当下的伦理、环境、社会、文化、政治和技术问题对设计工作的影响。技术和软件方面的创新正在模糊人们所理解的产品设计范围。不断扩大的设计范围和设计挑战，不仅反映了设计师对周围环境所带来改变的感知，而且还帮助他们前瞻性地重新定义世界。面对如此纷繁复杂的世界，产品设计要求设计师具备全面的思考能力。无论是投产产品还是虚拟产品的设计开发，未来都需要设计师具备更加深刻的领悟力与理解力，并且更加关注情感与伦理设计。从宏观的角度来看，今天努力尝试解决的所有设计问题，是设计师未来驰骋设计界的基础与保证。